计 算 机 系 列 教 材

C语言程序设计

主　编　王先水　阳小兰　尤新华

副主编　刘　艳　冯春华　陈　君

WUHAN UNIVERSITY PRESS

武汉大学出版社

图书在版编目(CIP)数据

C语言程序设计/王先水,阳小兰,尤新华主编 . —武汉:武汉大学出版社,
2012.8

计算机系列教材

ISBN 978-7-307-10018-3

Ⅰ.C… Ⅱ.①王… ②阳… ③尤… Ⅲ.①C语言—程序设计—高等
学校—教材 Ⅳ.①TP312

中国版本图书馆 CIP 数据核字(2012)第 169366 号

责任编辑:林 莉 责任校对:黄添生 版式设计:支 笛

出版发行:**武汉大学出版社** (430072 武昌 珞珈山)

(电子邮件:cbs22@whu.edu.cn 网址:www.wdp.com.cn)

印刷:湖北民政印刷厂

开本:787×1092 1/16 印张:22.25 字数:560 千字

版次:2012 年 8 月第 1 版 2012 年 8 月第 1 次印刷

ISBN 978-7-307-10018-3/TP·441 定价:39.00 元

前　言

人类已经步入信息化的 21 世纪，信息化时代，使社会经济向知识经济转变。在高等教育逐步实现大众化后，越来越多的高校面向国民经济发展的第一线，为行业、企业培养各级各类实用型人才。在明确了高等学校应用型人才培养模式、培养目标、教学内容和课程体系的框架下，为更好适应独立学院理工科学生学习程序设计语言知识的需要，在武汉大学出版社的组织下，我们编写了《C 语言程序设计》这本教材。

本教材在 C89 标准 C 基础上增加了 C99 相关内容，采用 Visual C++6.0 的编译环境进行开发，体现了"以语法为基础，以算法为灵魂，以设计为创新，以规范为要求"的理念，以培养学生良好的编程习惯和开发软件的能力。

本教材从 C 语言程序设计的基本原理及程序设计的基本思想出发，紧扣基础，面向应用，循序渐进引导学生学习程序设计的思想和方法；在编写过程中突出"三基"（基本概念、基本原理、基本应用）的讲解与应用；对大部分例题进行了算法分析的讲解及应用过程中的易错内容的提示，通过这些内容的讲解为学生学习程序设计思想减少不必要的弯路；部分章节采用案例形式，通过提出问题、分析问题、解决问题的编写思路，以使学生更好理解 C 语言的知识，提高实际编程能力，从而激发学生学习程序设计浓厚兴趣。

本教材在编写过程中得到了中国地质大学江城学院的大力支持，同时还得到了武昌理工学院、湖北大学知行学院的大力支持与指导。全书在中国地质大学江城学院机械与电子信息学部指导下，由计算机科学与技术教研室编写完成，王先水担任主编并对全书进行了统稿。本教材共分 11 章。第 1 章 C 语言程序设计概述；第 2 章 C 语言基本数据类型和表达式；第 3 章顺序结构程序设计；第 4 章选择结构程序设计；第 5 章循环结构程序设计；第 6 章数组；第 7 章函数与编译预处理；第 8 章指针；第 9 章结构体与共用体；第 10 章文件；第 11 章综合实训。

本教材在编写过程中，参考了 C 语言程序设计的相关书籍及杂志等资料，引用了相关教材的部分内容，吸取了同行的宝贵经验，在此谨表谢意。由于编者水平有限，加上时间仓促，书中难免有不妥和疏漏之处，敬请各位读者提出宝贵意见和建议。

编　者

2012 年 7 月于武汉

计算机系列教材

目　录

第1章　C语言程序设计概述……………………………………………………………1
1.1　程序及程序设计语言…………………………………………………………1
　　1.1.1　程序的基本概念………………………………………………………1
　　1.1.2　程序设计语言…………………………………………………………2
1.2　C语言的发展及特点…………………………………………………………3
　　1.2.1　C语言的发展概述……………………………………………………3
　　1.2.2　C语言的特点…………………………………………………………4
1.3　C语言程序的基本结构………………………………………………………5
1.4　C语言字符集、标识符和关键字……………………………………………9
　　1.4.1　C语言字符集…………………………………………………………9
　　1.4.2　C语言标识符…………………………………………………………9
　　1.4.3　C语言关键字…………………………………………………………10
1.5　C语言程序的开发环境………………………………………………………10
　　1.5.1　Visual C++6.0集成开发环境介绍……………………………………11
　　1.5.2　在Visual C++6.0环境下建立和运行C程序的步骤………………11

第2章　C语言基本数据类型和表达式…………………………………………………20
2.1　C语言的基本数据类型………………………………………………………20
　　2.1.1　数据类型概述…………………………………………………………20
　　2.1.2　整型数据………………………………………………………………21
　　2.1.3　实型数据………………………………………………………………23
　　2.1.4　字符型数据……………………………………………………………23
2.2　常量与变量……………………………………………………………………25
　　2.2.1　常量与符号常量………………………………………………………25
　　2.2.2　变量与变量定义………………………………………………………26
2.3　C语言表达式与运算符………………………………………………………28
　　2.3.1　算术运算符与算术表达式……………………………………………28
　　2.3.2　赋值运算符与赋值表达式……………………………………………29
　　2.3.3　自增自减运算符………………………………………………………30
　　2.3.4　逗号运算符与条件运算符……………………………………………31
2.4　数据类型转换…………………………………………………………………33
　　2.4.1　自动转换………………………………………………………………33
　　2.4.2　赋值转换………………………………………………………………34

2.4.3 强制转换 ⋯⋯⋯⋯⋯⋯⋯⋯⋯⋯⋯⋯⋯⋯⋯⋯⋯⋯⋯⋯⋯⋯⋯⋯⋯⋯⋯35

第3章　顺序结构程序设计 ⋯⋯⋯⋯⋯⋯⋯⋯⋯⋯⋯⋯⋯⋯⋯⋯⋯⋯⋯⋯⋯41
3.1 C 语言的基本语句 ⋯⋯⋯⋯⋯⋯⋯⋯⋯⋯⋯⋯⋯⋯⋯⋯⋯⋯⋯⋯⋯⋯⋯41
　3.1.1 简单语句 ⋯⋯⋯⋯⋯⋯⋯⋯⋯⋯⋯⋯⋯⋯⋯⋯⋯⋯⋯⋯⋯⋯⋯⋯⋯41
　3.1.2 赋值语句 ⋯⋯⋯⋯⋯⋯⋯⋯⋯⋯⋯⋯⋯⋯⋯⋯⋯⋯⋯⋯⋯⋯⋯⋯⋯42
　3.1.3 复合语句 ⋯⋯⋯⋯⋯⋯⋯⋯⋯⋯⋯⋯⋯⋯⋯⋯⋯⋯⋯⋯⋯⋯⋯⋯⋯42
3.2 格式输出函数 printf ⋯⋯⋯⋯⋯⋯⋯⋯⋯⋯⋯⋯⋯⋯⋯⋯⋯⋯⋯⋯⋯⋯42
3.3 格式输入函数 scanf ⋯⋯⋯⋯⋯⋯⋯⋯⋯⋯⋯⋯⋯⋯⋯⋯⋯⋯⋯⋯⋯⋯47
3.4 字符输出函数 putchar ⋯⋯⋯⋯⋯⋯⋯⋯⋯⋯⋯⋯⋯⋯⋯⋯⋯⋯⋯⋯⋯49
3.5 字符输入函数 getchar ⋯⋯⋯⋯⋯⋯⋯⋯⋯⋯⋯⋯⋯⋯⋯⋯⋯⋯⋯⋯⋯50
3.6 程序设计举例 ⋯⋯⋯⋯⋯⋯⋯⋯⋯⋯⋯⋯⋯⋯⋯⋯⋯⋯⋯⋯⋯⋯⋯⋯51

第4章　选择结构程序设计 ⋯⋯⋯⋯⋯⋯⋯⋯⋯⋯⋯⋯⋯⋯⋯⋯⋯⋯⋯⋯⋯60
4.1 关系运算符与关系表达式 ⋯⋯⋯⋯⋯⋯⋯⋯⋯⋯⋯⋯⋯⋯⋯⋯⋯⋯⋯60
　4.1.1 关系运算符 ⋯⋯⋯⋯⋯⋯⋯⋯⋯⋯⋯⋯⋯⋯⋯⋯⋯⋯⋯⋯⋯⋯⋯60
　4.1.2 关系表达式 ⋯⋯⋯⋯⋯⋯⋯⋯⋯⋯⋯⋯⋯⋯⋯⋯⋯⋯⋯⋯⋯⋯⋯61
4.2 逻辑运算符与逻辑表达式 ⋯⋯⋯⋯⋯⋯⋯⋯⋯⋯⋯⋯⋯⋯⋯⋯⋯⋯⋯61
　4.2.1 逻辑运算符 ⋯⋯⋯⋯⋯⋯⋯⋯⋯⋯⋯⋯⋯⋯⋯⋯⋯⋯⋯⋯⋯⋯⋯61
　4.2.2 逻辑表达式 ⋯⋯⋯⋯⋯⋯⋯⋯⋯⋯⋯⋯⋯⋯⋯⋯⋯⋯⋯⋯⋯⋯⋯62
4.3 if 语句 ⋯⋯⋯⋯⋯⋯⋯⋯⋯⋯⋯⋯⋯⋯⋯⋯⋯⋯⋯⋯⋯⋯⋯⋯⋯⋯⋯63
　4.3.1 单分支 if 语句 ⋯⋯⋯⋯⋯⋯⋯⋯⋯⋯⋯⋯⋯⋯⋯⋯⋯⋯⋯⋯⋯⋯63
　4.3.2 双分支 if 语句 ⋯⋯⋯⋯⋯⋯⋯⋯⋯⋯⋯⋯⋯⋯⋯⋯⋯⋯⋯⋯⋯⋯64
　4.3.3 多分支 if 结构 ⋯⋯⋯⋯⋯⋯⋯⋯⋯⋯⋯⋯⋯⋯⋯⋯⋯⋯⋯⋯⋯⋯65
　4.3.4 if 语句的嵌套 ⋯⋯⋯⋯⋯⋯⋯⋯⋯⋯⋯⋯⋯⋯⋯⋯⋯⋯⋯⋯⋯⋯67
4.4 switch 语句 ⋯⋯⋯⋯⋯⋯⋯⋯⋯⋯⋯⋯⋯⋯⋯⋯⋯⋯⋯⋯⋯⋯⋯⋯⋯69
4.5 程序设计举例 ⋯⋯⋯⋯⋯⋯⋯⋯⋯⋯⋯⋯⋯⋯⋯⋯⋯⋯⋯⋯⋯⋯⋯⋯71

第5章　循环结构程序设计 ⋯⋯⋯⋯⋯⋯⋯⋯⋯⋯⋯⋯⋯⋯⋯⋯⋯⋯⋯⋯⋯78
5.1 while 语句 ⋯⋯⋯⋯⋯⋯⋯⋯⋯⋯⋯⋯⋯⋯⋯⋯⋯⋯⋯⋯⋯⋯⋯⋯⋯⋯78
5.2 do-while 语句 ⋯⋯⋯⋯⋯⋯⋯⋯⋯⋯⋯⋯⋯⋯⋯⋯⋯⋯⋯⋯⋯⋯⋯⋯80
5.3 for 语句 ⋯⋯⋯⋯⋯⋯⋯⋯⋯⋯⋯⋯⋯⋯⋯⋯⋯⋯⋯⋯⋯⋯⋯⋯⋯⋯81
　5.3.1 for 语句的基本形式 ⋯⋯⋯⋯⋯⋯⋯⋯⋯⋯⋯⋯⋯⋯⋯⋯⋯⋯⋯⋯81
　5.3.2 for 语句中各表达式含义 ⋯⋯⋯⋯⋯⋯⋯⋯⋯⋯⋯⋯⋯⋯⋯⋯⋯⋯82
　5.3.3 for 语句的变形 ⋯⋯⋯⋯⋯⋯⋯⋯⋯⋯⋯⋯⋯⋯⋯⋯⋯⋯⋯⋯⋯⋯83
　5.3.4 for 语句与 while 语句和 do-while 语句比较 ⋯⋯⋯⋯⋯⋯⋯⋯⋯⋯84
5.4 break 语句和 continue 语句 ⋯⋯⋯⋯⋯⋯⋯⋯⋯⋯⋯⋯⋯⋯⋯⋯⋯⋯84
　5.4.1 break 语句 ⋯⋯⋯⋯⋯⋯⋯⋯⋯⋯⋯⋯⋯⋯⋯⋯⋯⋯⋯⋯⋯⋯⋯⋯84
　5.4.2 continue 语句 ⋯⋯⋯⋯⋯⋯⋯⋯⋯⋯⋯⋯⋯⋯⋯⋯⋯⋯⋯⋯⋯⋯86
　5.4.3 break 语句和 continue 语句的区别 ⋯⋯⋯⋯⋯⋯⋯⋯⋯⋯⋯⋯⋯87

5.5　循环的嵌套结构···87
　　5.5.1　双重循环的嵌套···88
　　5.5.2　多重循环的嵌套···90
5.6　程序设计举例···91

第6章　数组···104
6.1　一维数组的定义和引用···105
　　6.1.1　一维数组的定义方式···105
　　6.1.2　一维数组元素的引用···106
　　6.1.3　一维数组元素的存储结构···108
　　6.1.4　一维数组元素的初始化···108
　　6.1.5　一维数组程序举例···109
6.2　二维数组的定义和引用···112
　　6.2.1　二维数组的定义···112
　　6.2.2　二维数组元素的引用···113
　　6.2.3　二维数组元素的存储结构···114
　　6.2.4　二维数组的初始化···114
　　6.2.5　二维数组程序举例···116
6.3　字符数组··117
　　6.3.1　字符数组的定义···117
　　6.3.2　字符数组元素的引用及初始化···117
　　6.3.3　字符串的概念及存储结构···118
　　6.3.4　字符串的输入与输出···119
　　6.3.5　字符串处理函数···120
6.4　程序举例··123

第7章　函数与编译预处理···135
7.1　模块化程序设计与函数···135
7.2　函数的定义与调用···136
　　7.2.1　标准库函数···137
　　7.2.2　函数的定义···138
　　7.2.3　函数的调用···140
　　7.2.4　函数参数传递···143
　　7.2.5　函数程序设计举例···144
7.3　函数的嵌套调用··146
7.4　函数的递归调用··148
7.5　变量作用域与存储方式···151
　　7.5.1　变量作用域···151
　　7.5.2　变量的存储方式···154
7.6　编译预处理··157

7.6.1 宏定义 ·· 157

7.6.2 文件包含 ·· 160

7.6.3 条件编译 ·· 161

第8章 指针 ··· 169

8.1 指针与指针变量 ···································· 169

8.1.1 指针的概念 ······································ 169

8.1.2 指针变量 ·· 171

8.1.3 指针变量的定义 ·································· 171

8.1.4 指针变量的初始化 ································ 172

8.1.5 指针运算符 ······································ 173

8.1.6 指针运算 ·· 174

*8.1.7 多级指针 ······································· 178

8.2 指针与数组 ·· 178

8.2.1 一维数组元素的指针访问 ·························· 179

8.2.2 二维数组元素的指针访问 ·························· 184

8.2.3 指向一维数组的指针 ······························ 188

8.3 字符指针与字符串 ·································· 193

8.3.1 字符串的表现形式 ································ 194

8.3.2 用字符指针表示字符串 ···························· 195

8.3.3 字符串数组 ······································ 197

8.4 指针数组 ·· 197

8.5 指针与函数 ·· 200

8.5.1 指针作为函数参数 ································ 200

8.5.2 指向函数的指针 ·································· 201

8.5.3 返回指针值的函数 ································ 203

8.6 动态指针 ·· 204

8.7 指针程序设计举例 ·································· 206

第9章 结构体与共用体 ································· 218

9.1 结构体的概念 ······································ 218

9.1.1 结构体类型的定义 ································ 218

9.1.2 结构体类型变量的定义 ···························· 219

9.1.3 结构体类型变量的引用 ···························· 222

9.1.4 结构体类型变量的初始化 ·························· 223

9.2 结构体数组与链表 ·································· 224

9.2.1 结构体数组的定义与引用 ·························· 224

9.2.2 结构体数组初始化和应用 ·························· 225

9.2.3 链表 ·· 226

9.3 共用体的概念 ······································ 235

9.3.1　共用体类型的定义 ………………………………………………235
9.3.2　共用体类型变量的定义 …………………………………………236
9.3.3　共用体类型变量的引用 …………………………………………236
9.4　程序设计举例 ……………………………………………………………239

第10章　文件 ……………………………………………………………………254
10.1　文件的概述 ………………………………………………………………254
10.1.1　文件数据的存储形式 ……………………………………………254
10.1.2　文件的处理方法 …………………………………………………255
10.1.3　文件类型的指针 …………………………………………………255
10.2　文件的常用操作 …………………………………………………………256
10.2.1　文件的打开与关闭 ………………………………………………256
10.2.2　文件的读写与定位 ………………………………………………258
10.2.3　文件的检测 ………………………………………………………264

第11章　C 语言综合实训 ……………………………………………………268
11.1　分支与循环 ………………………………………………………………268
11.1.1　算法与示例 ………………………………………………………268
11.1.2　实训题目 …………………………………………………………270
11.2　数组与函数 ………………………………………………………………270
11.2.1　算法与示例 ………………………………………………………270
11.2.2　实训题目 …………………………………………………………272
11.3　指针 ………………………………………………………………………273
11.3.1　算法与示例 ………………………………………………………273
11.3.2　实训题目 …………………………………………………………275
11.4　结构体 ……………………………………………………………………275
11.4.1　算法与示例 ………………………………………………………275
11.4.2　实训题目 …………………………………………………………277
11.5　综合实训 …………………………………………………………………277
11.5.1　简单的银行自动取款机系统 ……………………………………277
11.5.2　总体设计 …………………………………………………………277
11.5.3　详细设计 …………………………………………………………278
11.5.4　设计代码 …………………………………………………………287
11.5.5　系统测试 …………………………………………………………293
11.5.6　综合实训题目 ……………………………………………………295

附录Ⅰ　ASCII 表 ………………………………………………………………298
附录Ⅱ　运算符及优先级 ………………………………………………………300
附录Ⅲ　C 语言常用语法提要 …………………………………………………301

附录Ⅳ 2008 年 9 月全国计算机等级考试笔试试卷二级公共基础知识
和 C 语言程序设计 ·· 305
附录Ⅴ C 语言函数 ··· 314
附录Ⅵ 第三届"蓝桥杯"全国软件专业人才设计与创业大赛预选赛
（本科组 C 语言）试题 ··· 335

参考文献 ·· 344

第1章　C语言程序设计概述

【学习目标】

1．了解程序设计语言的发展和C语言的特点。

2．掌握C语言程序的基本结构。

3．能正确运用C语言的标识符及关键字。

4．能熟练运用Visual C++集成开发环境创建C语言源程序、编译、连接和运行的基本操作要点。

5．建立程序设计的基本思想。

自1946年第一台计算机问世以来，计算机学科的发展逐步引起人们的高度关注，计算机学科的应用越来越广泛。人们使用计算机管理大量的数据，处理纷繁复杂的办公事务，使用计算机完成复杂的科学计算，加快科学研究的进程，使用计算机实现网络通信拉近人们的空间距离。计算机本身是无生命的机器，要使计算机能为人类完成各种各样的工作，就必须让它执行预先编制好并存储于计算机内存的程序，这些程序是依靠程序设计语言编写出来的。但在众多的程序设计语言中，C语言有其独特之处，C语言不仅能编写操作系统软件，还能编写应用软件，是一种高级语言，学习起来很容易，是众多高级语言学习基础语言。C语言具有直接操作计算机硬件的功能，具备低级语言即汇编语言的特点，也是目前盛行的嵌入系统中应用的语言之一。如果你认真学习本书，认真思考本书介绍的知识，并在本书的指导下认真上机实践，将会很快掌握使用C语言编写程序的方法，并逐渐领悟到C语言的精妙所在。你想编写出人们喜爱的实用程序吗？你想成为一个优秀的程序设计员吗？那我们就一起走进C语言的世界吧。

1.1　程序及程序设计语言

我们都知道，计算机完成的任何工作，都是计算机运行程序的结果。而计算机运行的程序又都是使用某种程序设计语言编写的，自从计算机诞生以来，程序设计语言已经经历了机器语言、汇编语言和高级语言等几个主要发展阶段。

1.1.1　程序的基本概念

让计算机按人们的意图处理事务，人们必须事先设计好完成任务的方法，用计算机语言来描述算法（即方法）称计算机程序。程序是用计算机语言描述的解决某一问题的具体步骤和方法且符合一定语法规则的符号序列。人们借助计算机语言，告诉计算机要做什么（即要处理哪些数据），计算机如何处理（即按什么步骤来处理）这个过程称为程序设计。计算机语言是面向计算机的人造语言，是进行程序设计的工具，称计算机语言为程序设计语言。

在解决某一问题时，由于人们的思维方式不同，所设计的程序有所不同，不同的程序在执行时其效率也是不同的，影响程序的执行效率因素主要有算法和程序运行中的参数的数据类型。作为一名优秀的程序设计人员设计的程序符合：一是程序设计的算法是最优的；二是程序的执行效率是最快的即时间最短；三是程序的开销是最小的即程序存储空间小。

1.1.2　程序设计语言

程序设计语言的发展经历了机器语言、汇编语言和高级语言三个主要阶段。了解程序设计语言的发展，更加有助于读者加深对程序设计语言的认识，更好地运用程序设计语言来解决一些实际问题。

1.　机器语言

机器语言是人们最早使用的程序设计语言。由于计算机硬件只能识别和处理 0 和 1 所组成的代码。因此机器语言是 0 和 1 两个代码组成的机器指令序列，控制硬件完成指定的操作。

例如，以下是某计算机的两条机器指令：

加法指令：10000000

减法指令：10010000

用机器语言编写的程序能够被计算机直接识别并执行，程序的执行效率特别高，这是机器语言的最大优点。但机器语言与人们习惯使用的自然语言相差太大，难读、难记、难写、难修改、用它来编写程序很不方便。并且硬件设备不同的计算机，它的机器语言也有差别，编写的程序缺乏通用性。编写机器语言程序时，要求程序员必须相当熟悉计算机的硬件结构，因而现在人们一般不使用机器语言编写程序来解决一些实际应用问题。

2.　汇编语言

20 世纪 50 年代中期，为了减轻人们使用机器语言编程的负担，开始使用一些助记符号来表示机器语言中的机器指令，便产生了汇编语言。助记符采用代表某种操作的英文单词的缩写。例如：上例中的两条指令用汇编程序描述如下：

ADD A，B ；其中的 A、B 表示的是两个操作数。

SUB A，B

上述两条汇编指令计算机不能直接执行，它必须经过一个汇编程序的系统软件翻译成机器指令后才能执行。用汇编语言编写的程序称汇编语言源程序，将汇编语言源程序翻译成机器能执行的程序称为汇编程序。

汇编语言指令和机器语言指令之间具有一一对应的关系，因此不同的计算机其汇编语言也不尽相同，并且程序编写时仍需要对计算机的内部结构比较熟悉，但相对于机器语言就简单多了。

早期的操作系统软件主要是用汇编语言编写的，汇编语言和机器语言一样，对不同的计算机硬件设备，需要使用不同的汇编语言指令，因此汇编语言程序不利于在不同计算机系统之间移植。所以，现在的汇编语言一般在专业程序设计员中使用，而非专业程序设计员编写应用程序则较少使用汇编语言。

3.　高级语言

汇编语言和机器语言是面向机器的，它们属于低级语言的范畴。人们在使用它设计程序时，要求对机器比较熟悉。为了克服低级语言的缺点，将程序设计的重点放在解决问题(即算法)方面。于是产生了面向过程或面向对象的高级语言。例如：C 语言、C++语言、Visual C++语言、Java 语言。由于高级语言是面向过程或面向对象的计算机语言，它们在形式上非常接近于人们习惯使用的自然语言，它不直接对计算机的硬件操作，因此，用高级语言编写的程序可以适合用于不同硬件设备的计算机，这给人们用计算机语言编程来解决实际应用问题带来了极大的方便。

1.2　C 语言的发展及特点

C 语言是一种结构化的高级语言，它简洁、紧凑、使用方便灵活。用 C 语言编写的程序执行效率高，可移植性好，基本不做修改就能用于各种型号的计算机和各种操作系统，并且 C 语言还能实现汇编语言的大部分功能。C 语言有着广泛的应用领域，不仅用来编写操作系统软件，也可用来编写应用软件，特别是近几年 C 语言成为嵌入系统开发的首选语言。

1.2.1　C 语言的发展概述

C 语言是在 20 世纪 70 年代初由美国贝尔实验室的 Dennis M. Ritchie 设计的，并首先安装在 UNIX 操作系统的 DEC PDP-11 计算机上实现，因而最初的 C 语言是为了描述和实现 UNIX 操作系统而设计的。

到了 1973 年，K.Thompson 和 Dennis M. Ritchie 两人合作把 UNIX 的 90%以上内容用 C 语言改写（即 UNIX 第 5 版）。后来，人们对 C 语言进行了多次的改进，其主要还是在贝尔实验室内部使用，直到 1975 年 UNIX 第 6 版公布后，C 语言的突出优点才引起人们的广泛关注。

1978 年由美国 (AT&T)贝尔实验室正式发表了 C 语言。同时由 B.W.Kernighan 和 D.M.Ritchit 合著了著名的 *THE C PROGRAMMING LANGUAGE* 一书。简称为 *K&R*，也称为 *K&R* 标准。但是，在 *K&R* 中并没有定义一个完整的标准 C 语言，后来由美国国家标准协会（American National Standards Institute）在此基础上制定了一个 C 语言标准，于 1983 年发表，称为 ANSI C。

ANSI C 标准于 1989 年被采用，该标准一般称为 ANXI/ISO Standard C，于是 1989 年定义的 C 标准定义为 C89。其中详细说明了使用 C 语言书写程序的形式，规范对这些程序的解释。包括：C 语言的表示法，C 语言的语法和约束，解释 C 程序的语义规则，C 程序输入和输出的表示，一份标准实现了限定和约束。

到了 1995 年，出现了 C 的修订版，增加了库函数，出现了初步的 C++，C89 便成了 C++的子集。由于 C 语言的不断发展，在 1999 年又推出了 C99，C99 在保留 C 特性基础上增加了一系列新的特性，形成了 C99 标准。

目前在微机上最流行的 C 语言版本主要有：Microsoft C /C++，Turbo C，Quick C，Visual C/C++。

这些 C 语言版本不仅实现了 ANSI C 标准，而且在此基础上各自作了一些扩充，使之更加方便、完美。

本教材以 Visual C++6.0 为集成开发环境。在此环境下对 C 语言做介绍。Visual C++6.0 是 Microsoft 公司推出的在 Windows 环境下，进行应用程序开发的可视化与面向对象程序设计软件开发工具。

1.2.2　C 语言的特点

C 语言是一种用途广泛、功能强大、使用灵活的过程性编程语言，既可用于编写应用软件，又能用于编写系统软件。学习和使用 C 语言的人越来越多，同时也是工科院校学生必修的一门计算机语言课程。掌握 C 语言成了计算机开发人员的一项基本功。C 语言的特点概括起来主要有以下几点：

1. 中级语言

C 语言具有高级的易读易写的特点，将高级语言的设计思想与汇编语言进行了有机整合。具有可以直接访问内存物理地址的汇编语言特性，能进行位、字节和地址的操作，具有对硬件进行编程实现对系统的控制，是目前嵌入式系统开发的首选语言。

2. 易学易用

C 语言简洁、紧凑，使用方便、灵活。ANSI C 一共只有 32 个关键字。如表 1-1 所示。34 种运算符和 9 种结构化控制语句。程序书写格式较为自由，特适合初学程序设计的人员学习使用。

表 1-1　　　　　　　　　　　　　　ANSI C 关键字

auto	break	case	char	const	continue	default
do	double	else	enum	extern	float	for
goto	if	int	long	register	return	short
signed	static	sizeof	struct	switch	typedef	union
unsigned	void	volatile	while			

说明：在 C99 标准中增加了新的关键字。如：_Bool、 _Imaginary、restrict、_Complex、inline。在 C89、C99 的 C 语言中，关键字都是小写的。

3. 结构化语言

C 语言程序的基本单位是函数，一个 C 语言程序文件是由一系列的函数组成，一个函数能较好实现某一特定功能，这就便于进行模块化程序设计，使程序设计人员较好运用"自顶向下、逐步求精"的结构化程序设计技术。

4. 可移植性好

用 C 语言编写的程序不依赖于计算机的硬件系统特性和操作系统，在不同的计算机系统间移植。

5. 目标代码质量高速度快

C 语言程序编译后生成目标代码质量高，程序执行速度快。C 语言编写的程序一般只比汇编程序生成的目标代码效率低 10%~20%。

C 语言的这些特点对初学者来说一时还难以体会其精髓，通过 C 语言的学习后再来领悟就会有不同的理解。

C 语言虽然有很多优点，但是也存在一些缺点，如运算优先级太多、数值运算能力也不像其他高级语言强，语法定义不严格，对数组下标越界不做检查等。尽管 C 语言目前还存在一些不足，由于它目标代码质量高、使用灵活、数据类型丰富、可移植性强而得到广泛的普及和迅速的发展，成为广大用户非常喜爱的程序设计语言。

1.3　C 语言程序的基本结构

为了更进一步理解 C 语言源程序结构的特点，下面通过几个源程序来进行说明。这几个程序由简到难，表现了 C 语言源程序在组成结构上的特点。虽然其有关内容还没有介绍，但可从这几个例子中了解到组成一个 C 源程序的基本部分和书写格式。

【例题 1.1】　在显示器上输出："The university welcomes you！"

程序分析：对初学者来说，要完成这样的一个程序，首先要熟悉 Visual C++6.0 集成开发环境，其次要了解 C 语言源程序的基本结构。

程序代码：

```
#include <stdio.h>                      //编译预处理命令
int main()                             //定义主函数
{                                      //函数开始标志
printf("The university welcomes you！\n");  //输出字符串信息
  return 0;                            //函数执行完返回函数值 0
}                                      //函数结束标志
```

include 称为文件包含命令，扩展名为.h 的文件称为头文件。其作用是将输入输出函数包含到本程序文件中。

main 是函数名，表明是一个主函数并且 main 函数的第一条可执行语句开始执行。该函数的功能是在显示器上打印一串字符 The university welcomes you！

每一个 C 源程序都必须有且只能有一个主函数即 main 函数。main 函数是 C 语言编译系统使用的专用名字。

main 函数后面用花括号对"{ }"括起来的部分是函数体即程序实现的功能。

函数调用语句，printf 函数的功能是把要输出的内容（The university welcomes you！）送到显示器上显示出来。

printf 函数是一个由系统定义的标准函数，可在程序中直接调用。

分号；是 C 语言语句的结束标志。

从这个简单 C 程序中可知：C 语言程序的基本结构由包含命令、主函数、花括号，实现功能要求的函数或语句组成。

调试运行：

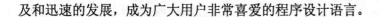

如果程序只能在显示器打印出字符串，那就没有什么意义。程序如何要解决数据的计算并将结果打印在屏幕上。

【例题 1.2】　编写程序：计算两个指定数的和并将结果打印在屏幕上。

程序分析：　主函数功能实现两个数的计算，如何表示这两个数，两数相加的和又如何表示，这就需要用到变量的概念。现用符号 value1、value2 表示两个数分别为 5、2，用符号 sum 表示这两个数的和。运用加法对其进行运算，调用输出函数 printf()将其结果打印在屏幕上。

程序代码：

```
# include <stdio.h>
int main()
{ int value1,value2,sum;
    value1=5;
    value2=2;
    sum=value1+value2;
    printf("The sum is%d\n",sum);
    return 0;
}
```

本题同例题 1.1 相比较有以下不同之处：

定义三个整型数据变量 value1,value2 和 sum。

分别对变量 value1、value2 赋给整型数值 5、2。

将两个变量的值相加得到的和保存在变量 sum 中。

printf 函数的双撇内的"%d"位置上输出一个具体的整型数值，其值是逗号后的变量 sum 的值。双撇内的"\n"是输出结果后光标换行。

调试运行：

```
The sum is 7
Press any key to continue
```

思考：

（1）若将 printf("The sum is %d\n",sum)中的 sum 换成 10，则程序输出的结果是什么？

（2）若要输出算术算式，则如何修改 printf 函数双撇号内的表现形式？

【例题 1.3】 编写程序：要求计算任意两个数的和并以算式形式输出。

程序分析：在例题 1.2 中用符号来表示指定的两个数表明是静态的，而本例中任意两个数表明是动态的，那如何将一个动态的值给这两个符号呢？这就需要调用 C 语言的输入函数 scanf。当两个符号取得值后，运用加法进行运算。如何以算术算式形式输出，这就需要在输出函数 printf 中用三个格式符%d 分别表示被加数、加数及和的形式输出。

程序代码：

```
# include <stdio.h>
int main()
{
    int value1,value2,sum;
    printf("请通过键盘输入两个整数：\n"); //程序运行时在屏幕上打印提示信息
    scanf("%d%d",&value1,&value2);
    sum=value1+value2;
    printf("%d+%d=%d\n",value1,value2,sum);
    return 0;
}
```

本题同例题 1.1、例题 1.2 相比较有以下不同之处：

"//"之后的内容构成 C 语言程序的注释部分。不参与程序的编译和执行，只是起说明作用，增加程序的可读性。读者在学习编程时应养成添加注释的习惯。

函数调用语句。scanf 的功能是从键盘获得输入的两个整型数据 value1、value2。scanf 是一个由系统定义的标准函数，可在程序中直接调用。

scanf("%d%d",&value1,&value2)语句中的双撇内容指的是输入的两个数按整型数据格式输入且输入完第一个数后，按一下空格键或按回车键再输入第二个数。符号&是地址运算符，用以指明输入的两个数被存放在计算机内存以 value1、value2 为名称的单元地址中。

printf("%d+%d=%d\n",value1,value2,sum)语句中的双撇的"%d"位置上输出具体的值并分别对应其逗号后三个变量 value1、value2、sum 的值。其中的"+"和"="按原样形式输出。

printf 和 scanf 这两个函数分别称为格式输出函数和格式输入函数，其意义是按指定的格式输出输入值，其具体使用方法在后续章节中进行学习。

在使用 scanf 和 printf 两个标准函数时，一定要用到 stdio.h 头文件将其包含到 C 源程序中。

【例题 1.4】 编写程序：要求实现输入任意的两个整数输出其中的较大数。

程序分析：通过例题 1.3 的认识，能做到通过键盘输入任意的两个数给指定的符号。如何对两个符号的量的大小进行判断，这就需要用到条件语句即 if 语句。但下列编写的程序代码是采用函数调用方式来实现的，其目的是让学生明白用 C 语言编写程序时采用不同的形式更能充分发挥自己潜在智能，从而激发学生学习程序设计语言的浓厚兴趣。

程序代码：

```
# include <stdio.h>
int main()                          /*主函数*/
{
    int max(int a,int b);                /* 对被调函数的 max 的声明*/
    int value1,value2,largenumber;       /* 定义三个变量 */
    printf("请通过键盘输入两个整数：\n"); /* 提示输入两个整数 */
    scanf("%d%d",&value1,&value2);       /* 输入 value1,value2 变量的值 */
    largenumber=max(value1,value2);      /* 调用 max 函数，得到的值赋给 largenumber*/
    printf("largenumber=%d\n",largenumber);
    return 0;
}
int max(int a,int b)     /*定义 max 函数，其值为整型，形式参数 x、y 也是整型*/
{int c;                  /* max 函数中声明部分，定义本函数中用到的变量 c */
 if(a>b)
 c=a;
 else
 c=b;
 return(c);              /* 将 c 的值返回，通过 max 带回到调用函数的位置 */
}
```

本题同上面几个例子相比较有以下不同之处：

C 语言源程序中包含两个函数，主函数 main 和被调用函数 max，其中 max 函数是用户定义函数。

max 的功能是实现 a 和 b 两数的比较，并将较大数赋给变量 c，并通过 return 语句将 c 的值返回给主调函数 main。

max 函数放在主调函数 main 之后，则要求在主调函数 main 中进行声明，其作用是使编译系统能够正确识别和调用 max 函数；max 函数放在主调函数 main 之前，则在主调函数 main 中可以不作声明。

有关函数的知识将在第 7 章函数与编译预处理中进行详细介绍。

在 Visual C++6.0 集成开发环境下可用"/*…*/"和"//"来表示注释。

通过以上四个例子的阐述，可以归纳出以下结论：

（1）一个 C 语言源程序可以由一个或多个源文件组成。每个源文件可由一个或多个函数组成。

（2）C 语言源程序由函数构成。一个 C 源程序至少且仅包含一个 main 函数，也可包含一个 main 函数和若干个其他函数。因此，函数是 C 程序的基本单位。函数可以是系统提供的库函数如 printf 函数，也可以是用户自定义函数如例题 1.4 中的 max 函数。编写 C 程序就是编写一个个的函数。C 的函数库十分丰富，ANSI C 提供了上百个库函数。

（3）一个函数由函数首部和函数体两部分组成。函数首部由函数名、函数类型、函数属性、函数参数（形式参数）名及参数类型构成，一个函数名后面必须跟一对圆括号，括号内可写函数的参数及其类型，也可没有参数，如：main()的括号内没有参数，max(int a,int b)的括号内有参数及其类型。函数体即函数首部下面的花括号内的部分。如一个函数内有多对花括号，则最外层的一对花括号为函数体的范围。函数体一般由声明部分和执行部分构成，声明部分是对函数体要用到的变量及对其所调用函数的声明，执行部分是由若干个语句构成，实现 C 语言程序的功能。

（4）一个 C 语言源程序总是从 main 函数开始执行，且不论 main 在整个程序中的位置如何。

（5）C 语言程序书写格式自由。一行内可以写几个语句，一个语句可以分写在多行上。

（6）每个语句和声明部分的最后必须有一个分号。分号是 C 语句的必要组成部分，是 C 语句的结束标志。但预处理命令、函数头和花括号"}"之后不能加分号。

（7）标识符、关键字之间必须加一个空格以示隔开。若已经有明显的间隔符，也可不再加空格来间隔。

（8）C 语言源程序中用 "/*…*/"和"//"的形式加注释，注释可以放在程序的任意位置，其作用是增加程序的可读性。

（9）C 语言源程序以小写字母作为基本书写形式，并且 C 语言要区分字母的大小写，同一字母的大小写被作为两个不同的标识符。

从书写清晰、便于阅读，理解，维护的角度出发，在书写程序时应遵循以下规则：

（1）一个说明或一个语句占一行。

（2）用{ }括号起来的部分，通常表示了程序的某一层次结构。{ }一般与该结构语句的第一个字母对齐，并单独占一行。

（3）低一层次的语句或说明可比高一层次的语句或说明缩进若干格书写，以便读起来结构更清晰，增加程序的可读性。

在编程时应力求遵循这些规则，以养成良好的编程风格。

1.4 C语言字符集、标识符和关键字

任何一种高级语言，都有自己的基本词汇符号和语法规则，程序代码都是由这些基本语汇符号并根据该语言的语法规则编写的，当然 C 语言也不例外，C 语言规定了其所需的基本字符集和标识符。

1.4.1 C语言字符集

字符是组成语言的最基本的元素。C 语言字符集由字母、数字、空格、标点和特殊字符组成。在字符常量，字符串常量和注释中还可以使用汉字或其他可表示的图形符号。

（1）英文字母：小写字母 a～z 共 26 个；大写字母 A～Z 共 26 个。

（2）阿拉伯数字：0～9 共 10 个。

（3）空白符：空格符、制表符、换行符统称空白符。空白符只在字符常量和字符串常量中起作用。在其他地方出现时，只起间隔作用，编译程序对它们忽略不计。因此在程序中使用空白符与否对程序的编译不发生影响，但在程序中适当的地方使用空白符将增加程序的清晰性和可读性。

（4）标点和特殊字符：+ - * / % = = { } （ ） [ ] _(下划线) '(单引号) . : ? ~ <> & ; " | ! # ^。

1.4.2 C语言标识符

标识符用来表示函数、类型、常量及变量的名称，它是由字母、下划线和数字的排列而成，但必须用字母或下划线开头。

在程序中使用的变量名、函数名、标号统称为标识符，只起标识作用。除库函数的函数名由系统定义外，其余都由用户自定义。

以下标识符是合法的：

abc,a3,BOOK_1,sum5

以下标识符是非法的

3x   以数字开头

x*y   c 出现非法字符*

-3ab   以减号开头

在使用标识符时应注意以下几点：

（1）标准 C 不限制标识符的长度，但受各种版本的 C 语言编译系统的限制，同时也受到具体机器的限制。如 IBM-PC 的 MS C 规定程序中使用的标识符中只有前 8 个字符有意义，超过 8 个字符以外的字符不作识别。

（2）在标识符中，大小写是有区别的。如 BOOK 和 book 是两个不同的标识符。

（3）标识符虽然由程序员随意定义，但标识符是用于标识某个量的符号。因此，命名应尽量做到有相应的意义，以便于阅读理解，即"顾名思义"。

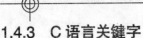

1.4.3　C 语言关键字

关键字是由 C 语言规定的具有特定意义的字符串，通常也称为保留字。用户定义的标识符不应与关键字相同。C 语言的关键字分为以下几类：

1. 类型说明符

用于定义、说明变量、函数或其他数据结构的类型。如前面例题中用到的 int、max 等。

2. 语句定义符

用于表示一个语句的功能。如例 1.4 中用到的 if-else 是条件语句的语句定义符。

3. 预处理命令

用于表示一个预处理命令。如前述的 4 个例子中都用到的#include 以及后述的#define。这将在第 7 章重点介绍。

C 语言除了上述介绍的标识符、关键字外还有以下值得注意的常用词汇。

1. 运算符

C 语言中含有相当丰富的运算符。运算符与变量、函数一起组成表达式，表示各种运算的功能。运算符由一个或多个字符组成。

2. 分隔符

在 C 语言中采用逗号和空格两种。逗号主要用于在类型说明和函数参数列表中，分隔各个变量。空格多用于语句各单词间作间隔符。在关键字、标识符之间必须要有一个以上的空格符作间隔符，否则将会出现语法错误。例如：将 int x；写成 intx；则 C 编译器会把 intx 当成一个标识符处理，其结果就必然出编译错误。

3. 常量

C 语言中使用的常量可分为数字常量、字符常量、字符串常量、符号常量、转义字符等多种。这将在后续的章节中介绍。

4. 注释符

C 语言中的注释有两种：一种是以"/*"开头并以"*/"结尾的串；另一种是以"//"开始的后面跟着的字符串。程序编译时，不对注释作任何处理。注释用来向用户提示或解释程序的作用，可放在程序中的任何位置。

1.5　C 语言程序的开发环境

在 1.3 节我们认识了 4 个 C 语言的源程序，源程序不能直接在计算机上执行，需要用编译程序将源程序翻译成二进制形式有代码。C 语言的源程序的扩展名为".c"或".cpp"。源程序经过编译程序翻译所得到的二进制代码称为目标程序，目标程序的扩展名为".obj"。目标代码尽管已经是机器指令，但是目标代码还没有解决函数调用问题，需要将各个目标程序与库函数连接，才能形成完整的可执行程序。目标程序与库函数连接，形成完整的可在操作系统下独立执行的程序称为可执行程序。可执行程序的扩展名为".exe"。可执行程序能在 DOS 或 Windows 环境下运行。

可执行程序的运行结果是否正确需要经过验证，如果结果不正确则需进行调试。调试程序往往比编写程序更困难、更费时。这就是 C 语言程序的开发过程。C 语言的编译程序软件

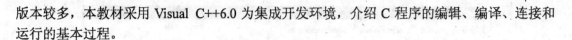

版本较多，本教材采用 Visual C++6.0 为集成开发环境，介绍 C 程序的编辑、编译、连接和运行的基本过程。

1.5.1　Visual C++6.0 集成开发环境介绍

Visual C++6.0 提供了一个支持可视化编程的集成开发环境，是集源程序编辑、代码编译与调试于一体的集成开发环境，同时也是 Windows 环境中最主要的应用系统之一。Visual C++不仅是 C/C++的集成开发环境，而且与 Win32 紧密相连，因此利用 Visual C++完成各种各样的应用程序的开发，从底层软件直到上层直接面向用户的软件，而且 Visual C++强大的调试功能也为大型复杂软件的开发提供了有效的排错手段。

在安装好 Visual C++6.0 环境后，可启动 Visual C++6.0，出现如图 1-1 所示的可视化窗口界面。它和 Windows 窗口一样由标题栏、菜单栏、工具栏、工作区窗口和状态栏组成。

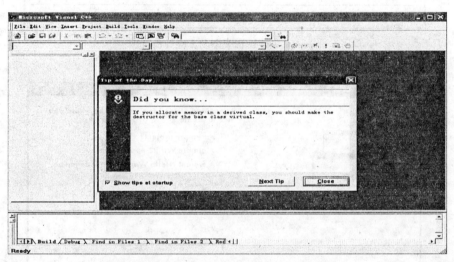

图 1-1　Visual C++6.0 集成开发环境

1.5.2　在 Visual C++6.0 环境下建立和运行 C 程序的步骤

在 Visual C++6.0 集成环境下建立 C 语言程序的一般过程：编写 C 语言源程序；编译 C 语言源程序，得到二进制代码表示的目标程序；连接目标程序即将目标程序与 C 语言提供的标准库函数连接，生成计算机能够运行的可执行程序。下面以 Visual C++6.0 集成开发环境来说明创建 C 程序的基本步骤。

【例题 1.5】　编写程序：在屏幕上打印"The university welcomes you！"的字符串。

1. 建立一个 C 程序项目

（1）启动 Visual C++6.0，选择菜单"File"下的"New"命令，单击"project"选项卡，如图1-2 所示，选择工程类型为"Win32 console Application"，并在右边的 Project name 文本框中输入 C 程序项目名称：例题 1.5，在 Location 文本中输入当前程序所存放的路径，若要改变可单击右边的"…"按钮在弹出的对话框中选择目录进行更改，如 D：\学号+姓名+实验 1，单击"OK"按钮，打开如图 1-3 所示的对话框。

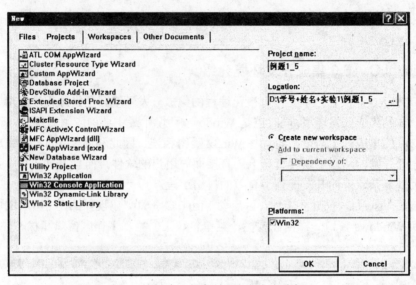

图 1-2　创建工程类型及工程名和路径

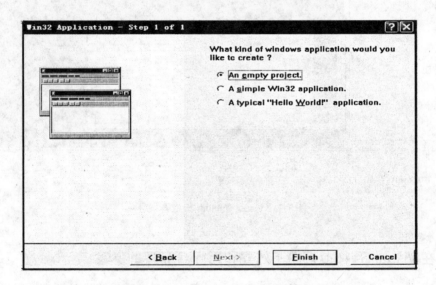

图 1-3　选择 Windows 应用程序类型

（2）在图 1-3 的对话框中选择"An empty project"，单击"Finish"按钮。然后系统会显示工程信息，单击"OK"即可。一个工程名为"例题 1.5"的工程项目创建好了，如图 1-4 所示。但该工程中没有任何文件，需要再创建一个 C 语言源文件加载到该工程中。

2. 添加 C 源程序文件到工程项目

（1）选择菜单"File"下的"New"命令，单击"Files"选项卡。单击"C++ Source File"后，在右边的"File"下输入文件名称。如例题 1.5，则进入如图 1-5 所示的"添加文件名"窗口。单击"OK"按钮，则进入到编辑 C 语言源程序的窗口工作区。编辑的 C 语言源程序如图 1-6 所示。

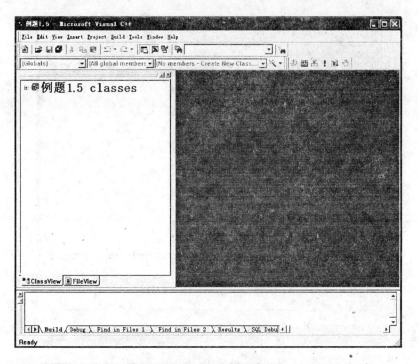

图1-4 新建工程项目窗口

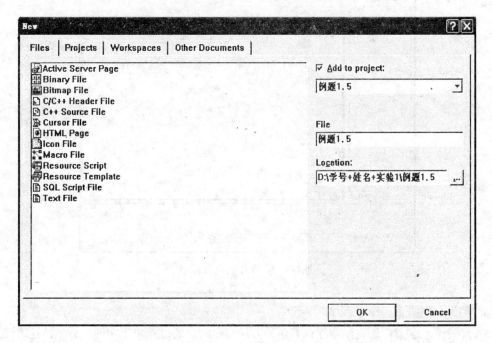

图1-5 添加文件名

（2）编辑C语言源程序如图1-7所示。

计算机系列教材

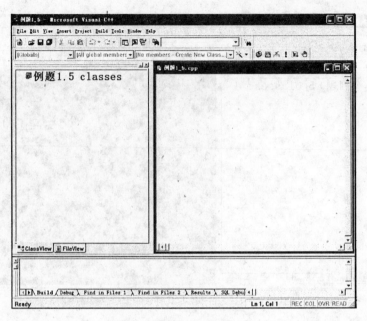

图 1-6　编辑 C 语言源程序

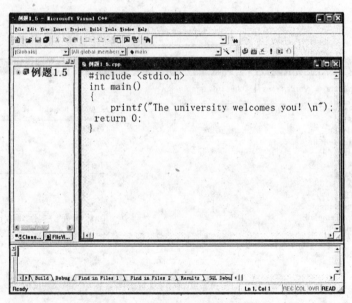

图 1-7　编辑 C 语言源程序

3. 编译、连接和运行 C 程序

（1）编译、连接 C 语言源程序。有两种方法：一种是通过菜单来实现；另一种是通过工具栏的按钮来实现。单击"Build MiniBar"工具栏的"Compile"按钮，若提示信息窗口没有错误提示信息，说明没有语法错误并生成了目标文件，则可继续单击"Build"按钮，若提示信息窗口没有错误提示信息，说明生成的目标文件与 C 语言提供的库函数连接成功并生成可执行文件。若上述过程中出现错误信息提示，则需要修改直至无错误为止。编译和连接如图 1-8 所示。

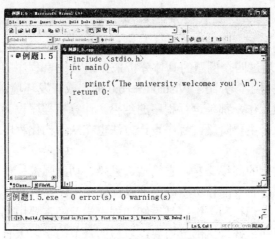

图 1-8 编译连接 C 程序

（2）运行程序显示程序执行结果。有两种方法：一种是通过菜单来实现；另一种是通过工具栏的按钮来实现。单击"Build MiniBar"工具栏的"Execute program"按钮，则程序运行结果如图 1-9 所示。按任意键则显示结果窗口消失。

图 1-9 程序运行结果

（3）编译和连接后得到的文件保存在如图 1-10 所示的文件列表中的 Debug 文件夹里。

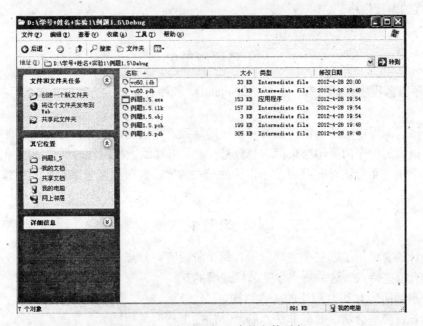

图 1-10 项目例题 1.5 中的文件列表

本 章 小 结

本章介绍了程序的概念及程序设计语言的发展历程，介绍了 C 语言的基本特点和 C 语言程序书写的基本原则，通过四个例题的具体分析来介绍 C 语言程序的基本结构，介绍了 C 语言字符集、标识符及关键字，介绍了 Visual C++6.0 的集成开发环境。

计算机完成的各项工作，都是运行程序的结果。计算机程序设计语言经历了机器语言、汇编语言、高级语言三个主要阶段，程序设计方法也在从结构化程序设计方法向面向对象的程序设计方法发展。

C 语言是一种结构化的高级语言，它简洁、紧凑、功能强大、使用方便、可移植性好。C 语言可以实现汇编语言的大部分功能，也可以直接操作计算机硬件。

C 语言的字符集、标识符和关键字是后续课程中学习经常要用到内容，也是在编写程序时容易发生错误，学习和掌握好这部分内容，对后面章节的学习大有帮助并且能起到很好的作用。

用 Visual C++6.0 集成开发环境创建 C 语言的基本过程是：

（1）创建工程项目；

（2）在该项目下创建一 C 语言文件；

（3）编辑 C 语言源程序；

（4）编译 C 语言源程序得到目标程序，将目标程序与 C 语言的库函数连接生成可执行程序，运行可执行程序将得到程序的运行结果。

使用 C 语言编写程序，必须遵循 C 程序的基本规则，C 程序由函数构成，每个 C 程序有且只有一个主函数，C 程序总是从主函数开始执行，C 程序中的每条语句必须用分号结尾，程序中的变量必须先定义后使用，先赋值后引用，C 语言程序严格区分字母的大小写。

初学者编写 C 语言程序时，要注重培养良好的书写风格，要注意不遗漏每条语句后面的分号，要注意字母的大小写不能混用，要培养科学、严谨的学习作风，更要在学习实践中形成自己独有的编程风格。

【易错提示】

1．C 语言源程序有且只有一个主函数 main()，程序总是从主函数的第 1 条可执行语句开始执行。

2．C 语言源程序的基本结构是书写程序的基础，特别要注意花括号、头文件等的运用。

3．C 语言源程序的语句结束标志是分号";"，书写或上机编程时不要遗漏掉了。

4．程序中使用标识符时要遵循标识符的相关约定，同时要区分字符的大小写。

习题 1

1．程序设计语言经历了哪三个主要阶段？每个阶段有何特点？

2．C 语言有哪些特点？这些特点你是怎样理解的？

3．用一个事例简述 C 语言程序的基本结构。

4．下列标识符哪些合法，哪些非法，若是非法的要指明其原因。

　　3H_R　　　_3H_R　　　_3H&R　　　H3R　if　D.K.Jon　a*b2　Sstu

5．单项选择题。

（1）C 语言是一种_____。

　　A．机器语言　　　B．汇编语言　　　C．高级语言　　　D．以上都不是

（2）C 程序总是从_____ 开始执行。

　　A．程序中的第一条语句　　　　　　B．程序中第一条可执行语句

　　C．程序中的第一个函数　　　　　　D．程序中的 main 函数

（3）下列叙述正确的是_____ 。

　　A．C 语言源程序可以直接在 Windows 环境下运行

　　B．编译 C 语言源程序得到目标程序可以直接在 Windows 环境下运行

　　C．C 语言源程序经过编译、连接得到可执行程序可以运行

　　D．以上说法都是正确的

6．判断题。

（1）主函数是系统提供的标准函数。

（2）一个 C 程序可以有一个或多个主函数。

（3）C 程序首先执行程序的第一个函数。

（4）调用大多数 C 语言标准函数，可以不使用包含命令。

（5）C 语言允许多条语句写在同一行。

（6）语句"int number；"和"int Number"定义的是同一个整形变量。

7．参考本章例题，编写下列程序。

（1）编写一个 C 程序，要求在屏幕上打印以下信息：

　　　　* *

　　　　　　　　我是一名大学生

　　　　　　　　我热爱我的学校

　　　　* *

（2）通过键盘输入一个实数，要求在屏幕上输出该数的平方值（提示数 x 的平方可用 x*x 来表示）。

（3）在 Visual C++6.0 集成环境下运行本章的 4 个事例，熟悉上机方法和步骤。

【上机实验 1】编程环境与简单程序的运行

　　1．实验目的

　　（1）了解和使用 Visual C++6.0 集成开发环境。

　　（2）能在 Visual C++6.0 集成开发环境编写运行简单的 C 程序。

　　（3）掌握 C 语言源程序的建立、编辑、修改、保存扩编译和运行的基本步骤。

　　2．实验预备

　　（1）Visual C++6.0 集成开发环境界面划分成四个主要区域：菜单栏和工具栏、工作区窗口、代码编辑窗口和信息提示窗口。同学们启动 Visual C++6.0 开发环境后加以对照认识。

　　（2）预习教材的 1.5.2 在 Visual C++6.0 环境下建立和运行 C 程序的步骤。

　　3．实验内容

　　（1）编写程序 1：已知圆的半径，求圆的周长和面积。

（2）编写程序 2：输入任意的 3 个数，求这 3 个数的平均数。

（3）编写程序 3：输入矩形的两个边长，求矩形的面积。

4．实验提示

`（1）启动 Visual C++6.0，在 D:\下建立学号姓名实验 1 的项目名称，建立学号姓名实验 1 的文件名并添加到"学号姓名实验 1"的项目里。

（2）编辑 C 语言源程序。

程序 1 代码：
```c
#include<stdio.h>
int main()
{
    int r;
    float l,s;
    r=5;
    l=2*3.14159*r;
    s=3.14159*r*r;
    printf("r=%d,l=%f,s=%f\n",r,l,s);
    return 0;
}
```

程序 2 代码：
```c
#include<stdio.h>
int main()
{
    int a,b,c;
    float aver;
    printf("请输入三个数 a,b,c:");
    scanf("%d%d%d",&a,&b,&c);
    aver=(a+b+c)/3;
    printf("aver=%f\n",aver);
    return 0;
}
```

程序 3 代码：
```c
#include<stdio.h>
int main()
{
    int x,y;
    float area;
    printf("please input x,y:");
    scanf("%d%d",&x,&y);
    area=x*y;
    printf("area is %f\n",area);
    return 0;
}
```

（3）"学号姓名实验 1"的文件包含有以上三个 C 源程序。当编辑完成程序 1 后，对其进行编译、连接和运行，分析其结果是否符合题目要求，符合后则对 C 语言源程序加上注释。
编辑程序 2 并对其进行编译连接和运行。编辑程序 3 并对其进行编译连接和运行。

5．实验报告

（1）实验过程的基本步骤。

（2）实验过程中使用到的变量的数据类型、使用的相关格式符的含义。

（3）实验结论数据的分析。

（4）实验过程遇到的问题的解决方法。

第2章 C语言基本数据类型和表达式

【学习目标】

1. 了解C语言中的数据类型、各类数值型数据间的混合运算。

2. 掌握基本数据类型（整型数据、实型数据、字符型数据）的数据在内存中的存放形式。

3. 熟练掌握常量的分类、变量的定义和赋初值。

4. 熟练掌握运算符的优先级和结合性、自增自减运算符、算术运算符和表达式、赋值运算符和表达式、逗号运算符和条件运算符。

5. 掌握不同数据类型之间的转换。

2.1 C语言的基本数据类型

2.1.1 数据类型概述

数据是程序的重要组成部分，也是程序处理的对象。数据类型是指数据的内存表现形式，即数据在加工运算中的特征。不同类型的数据在数据表现形式、合法的取值范围、内存中的存放形式和可以参与的运算种类等方面有所不同。C程序处理数据之前，要求数据具有明确的数据类型，一个数据只能有一种类型。C语言提供了丰富的数据类型，如图2-1所示。

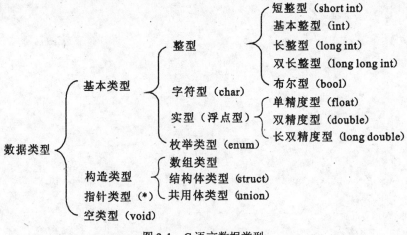

图2-1　C语言数据类型

本章主要介绍C语言的基本数据类型。

2.1.2　整型数据

1. 整型数据的表示方法

在 C 语言中，整数一般有以下三种形式的表示方法。

（1）十进制整数。就是通常整数的写法，例如：2、30、-10 等。

（2）八进制整数。以 0 开头的数是八进制数。例如 01、25 等，它们分别表示十进制整数 1、21。

（3）十六进制整数。以 0x 开头的数是十六进制。例如 0x15、-0x23 等，它们分别表示十进制整数 21、-35。

2. 整型数据的分类

在 C 语言中，整型数据可分为有符号（signed）和无符号（unsigned）两个版本，整型数据的基本类型如下所述。

（1）基本整型。用 int 表示。

（2）短整型。用 short int 表示，或者用 short 表示。

（3）长整型。用 long int 表示，或者用 long 表示。

（4）双长整型。用 long long int 表示，或者用 long long 表示。

（5）无符号基本整型。用 unsigned int 表示，或者用 unsigned 表示。

（6）无符号短整型。用 unsigned short int 表示，或者用 unsigned short 表示。

（7）无符号长整型。用 unsigned long int 表示，或者用 unsigned long 表示。

（8）无符号双长整型。用 unsigned long long int 表示，或者用 unsigned long long 表示。

若不明确指定为无符号（unsigned）型，则隐含为有符号（signed）型。无符号整型数据只能存放不带符号的整数，如 22、980，而不能存放负数，如-22、-980，而有符号整型数据既能存放正数也能存放负数。

C 语言标准没有具体规定以上各类数据所占内存字节数，各种数据类型随机器硬件不同所占字节数也不同。整型数据中各类型符及取值范围如表 2-1 所示（以 IBM PC 机为例）。

表 2-1　　　　　　　　　　　整型数据及其取值范围

符号	数据类型	字节数	取值范围
有	int	2	$-32768\sim32767$，即$-2^{15}\sim(2^{15}-1)$
	short	2	$-32768\sim32767$，即$-2^{15}\sim(2^{15}-1)$
	long	4	$-2147483648\sim2147483647$，即$-2^{31}\sim(2^{31}-1)$
	long long	8	$-9223372036854775808\sim9223372036854775807$ 即$-2^{63}\sim(2^{63}-1)$
无	unsigned int	2	$0\sim65535$，即$0\sim(2^{16}-1)$
	unsigned short	2	$0\sim65535$，即$0\sim(2^{16}-1)$
	unsigned long	4	$0\sim4294967295$，即$0\sim(2^{32}-1)$
	unsigned long long	8	$0\sim18446744073709551615$，即$0\sim(2^{64}-1)$

注意：用不同的编译系统时，具体情况可能与表 2-1 有些差别。例如 Visual C++ 6.0 为基本整型数据分配 4 个字节。

字节数反映了各类型数据的取值范围。例如，Turbo C 2.0 和 Turbo C++ 3.0 为一个 int 型数据在内存中分配 2 个字节的存储单元，所能存储的值的范围是-32768～32767，不能表示大于 32767 或小于-32768 的数；如果数据的取值超过这个范围，则要考虑选择其他的类型，否则可能会发生数据的溢出错误。

3. 整型数据在内存中的存放形式

计算机中只有二进制数，且都是以二进制形式存储和运算的。数值用整数的补码形式存放。一个正数的补码和该数的原码相同。其中原码是一个数的二进制形式。如果是一个负数，则应先求出负数的补码。负数补码的求法：将该数的绝对值的二进制形式，按位取反再加 1。例如 8 和-8 两个数的补码如图 2-2 和图 2-3 所示。

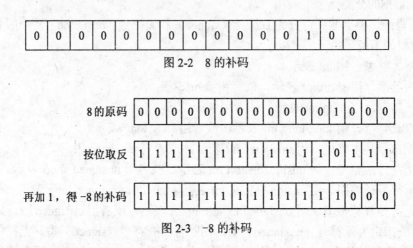

| 0 | 0 | 0 | 0 | 0 | 0 | 0 | 0 | 0 | 0 | 0 | 0 | 1 | 0 | 0 | 0 |

图 2-2　8 的补码

8 的原码

| 0 | 0 | 0 | 0 | 0 | 0 | 0 | 0 | 0 | 0 | 0 | 0 | 1 | 0 | 0 | 0 |

按位取反

| 1 | 1 | 1 | 1 | 1 | 1 | 1 | 1 | 1 | 1 | 1 | 1 | 0 | 1 | 1 | 1 |

再加 1，得-8 的补码

| 1 | 1 | 1 | 1 | 1 | 1 | 1 | 1 | 1 | 1 | 1 | 1 | 1 | 0 | 0 | 0 |

图 2-3　-8 的补码

由上图可知，数的正、负号也用二进制代码表示，最左面的一位表示符号，"0"表示正数，"1"表示负数。如果是有符号型数据，则存储单元中最高位代表符号。如果是无符号型数据，则存储单元中所有二进制位用做存放数本身，而不包括符号。图 2-4（a）表示有符号 int 型数据-1，图 2-4（b）表示无符号 int 型的最大值 65535。

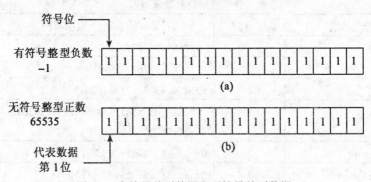

符号位

有符号整型负数
-1

| 1 | 1 | 1 | 1 | 1 | 1 | 1 | 1 | 1 | 1 | 1 | 1 | 1 | 1 | 1 | 1 |

(a)

无符号整型正数
65535

| 1 | 1 | 1 | 1 | 1 | 1 | 1 | 1 | 1 | 1 | 1 | 1 | 1 | 1 | 1 | 1 |

(b)

代表数据
第 1 位

图 2-4　有符号整型数据和无符号整型数据

虽然图 2-4（a）和图 2-4（b）中的数据的二进制表示完全相同，但是不同的数据类型则值完全不同。

有关补码的知识不属于本书范围，在此不做深入介绍，如需进一步了解，可参考有关计算机原理的书籍。

2.1.3 实型数据

计算机中的实型数据以浮点形式表示，即小数点的位置是可以浮动的，因此实型数据又称为浮点型数据。

1. 实数的表示方法

在 C 语言中，实数只采用十进制形式表示。它有两种形式：十进制小数形式和指数形式。

（1）十进制小数形式。它由数字和小数点组成，其中小数点是必须要有的。例如：2.5、0.15、0.0、150.、150.0 等。

（2）指数形式。它是由尾数、字母 e（大小写均可）和指数三部分组成，其一般形式为：a e n(a 为十进制数，n 为十进制整数)。

其值为：$a*10^n$。

例如：156e0、1.56e2、15.6e1、0.156e3、1560e-1 都代表 156。

注意：字母 e（或 E）之前必须要有数字，之后必须为整数。下面是不正确的实型数据：1.5e、e6、2e2.5、e。

2. 实型数据的分类

C 语言中实数类型分为 float 、double 和 long double 三种。实数类型字面值在缺省情况下都是 double 类型的，除非它的后面跟一个 L 或 l 表示它是一个 long double 类型的值，或者后面跟一个 F 或 f 表示它是一个 float 类型的值。

下面分别介绍这三种类型。

（1）单精度实型数据（float）。编译系统为每个 float 型数据分配 4 个字节，数的范围约是 10^{-38}～10^{38}，有效数字为 6～7 位。

（2）双精度实型数据（double）。编译系统为每个 double 型数据分配 8 个字节，数的范围约是 10^{-308}～10^{308}，有效数字为 15～16 位。

（3）长双精度实型数据（long double）。不同的编译系统为每个 long double 型数据分配的字节数不同。Turbo C 为 long double 型数据分配 16 个字节，数的范围约是 10^{-4932}～10^{4932}，有效数字为 18～19 位。而 Visual C++ 6.0 为 long double 型数据分配 8 个字节，数的范围和有效数字位数与 double 型数据相同。

实型数据在计算机中是用二进制数来表示的，系统将其转换成指数形式来存储，将指数部分和小数部分分别存放。但究竟用多少位来分别表示指数部分和小数部分，由各编译系统来决定。小数部分占的位数越多，则数的有效数字越多，精度也越高。指数部分占的位数越多，则能够表示的数值范围越大。由于实型数据是由有限的存储单元组成的，因此能够提供的有效数字是有限的，故实型数据的存储是有误差的。

2.1.4 字符型数据

1. 字符

字符型数据是一对单引号括起来的一个字符。例如'a'、'D'、'2'等。

在 C 语言中，并不是随便写一个字符，程序都能识别的。例如圆周率∏在程序中是不能识别的，只能使用系统的字符集中的字符，目前大多数系统采用 ASCII 码字符集。

C 语言的字符集主要分为以下几类。

（1）字母：小写英文字母 a～z，大写英文字母 A～Z。

（2）数字：0～9。

（3）键盘符号。

（4）转义字符。

转义字符是一种特殊的字符，以反斜杠"\"开头，后跟一个或多个字符，主要用来表示那些一般字符不便于表示的控制代码或特殊符号，例如回车换行符、换页符等。

常用的转义字符如表 2-2 所示。

表 2-2 　　　　　　　　　　　　　常用的转义字符

转义字符	意　　义
\n	回车换行符号
\t	水平制表（跳到下一个 Tab 位置）
\b	退格，将当前位置移到前一列
\r	回车，将当前位置移到本行开头
\f	换页，将当前位置移到下页开头
\a	响铃符号
\\	反斜杠（\）
\'	单引号字符
\"	双引号字符
\0	空字符
\ddd	1～3 位 8 进制数所代表的字符
\xhh	1～2 位 16 进制数所代表的字符

表 2-2 中的\ddd、\xhh 转义字符分别表示八进制转义字符和十六进制转义字符。例如"\110"代表 ASCII 码（八进制）为 110 的字符'H'。八进制数 110 相当于十进制数 72，ASCII 码（十进制数）为 72 的字符是大写字母'H'。

2. 字符型数据在内存中的存放形式

在 C 语言中，字符型数据用 char 来表示，编译系统为每个字符型数据分配 1 个字节。在内存中，实际存放的并不是字符本身，而是字符对应的 ASCII 码值。例如字符'a'的 ASCII 码为十进制数 97，在内存中存放的是 97 的二进制形式，如图 2-5 所示。

0	1	1	0	0	0	0	1

图 2-5 十进制数 97 的二进制形式

既然在内存中，字符型数据以 ASCII 码存储，它的存储形式与整数的存储形式类似。因此，字符型数据和整型数据关系密切，可以把字符型数据看做一种特殊的整型数据。一个字符型数据既可以以字符形式输出，也可以以整数形式输出。

【例题 2.1】 执行如下程序：

```
#include <stdio.h>
int     main()
{
        char c1,c2;
        c1='A';
        c2=97;
        printf("%c,%d\n",c1,c1);
        printf("%c,%d\n",c2,c2);
        return 0;
}
```

输出结果为：

A,65

a,97

由上例可以看到：字符型数据和整型数据是通用的。

因为字符型数据在内存中占一个字节，所以有符号字符型数据的取值范围是−128～127，无符号字符型数据的取值范围是 0～255，ASCII 字符中的标准字符 ASCII 值为 0～127。如果字符型数据的 ASCII 码值在 0～127 时，由于在字节中最高位为 0，用%d 输出的是一个正整数。如果字符型数据的 ASCII 码值在 128～255 时，由于在字节中最高位为 1，用%d 输出时，会得到一个负整数。

2.2　常量与变量

2.2.1　常量与符号常量

常量是指在程序运行过程中其值保持不变的量。常量又分为直接常量和符号常量。常量也有类型，例如 10、0、−6 为整型常量，2.65、−6.5、15.66 为实型常量，'a'、'B'为字符常量。常量一般从其字面形式即可判别，这种常量称为直接常量。在 C 语言中，可用一个标识符代表一个常量，称为符号常量。

1. 字符串常量

在 C 语言中，使用字符型数据时，经常遇到的不是单个字符，而是字符串。字符常量是用单引号括起来的单个字符，而字符串常量是用双引号括起来的零个或多个字符的序列。例如"China"、"12345"等都是合法的字符串常量。

字符串在计算机内存中存储时，C 编译系统总是自动在字符串的结尾处加一个转义字符'\0'（ASCII 码为 0）作为字符串结束的标志，以便系统判断字符串是否结束。因此，长度为 n 个字符的字符串，在内存中占用 n+1 个字节的空间。

例如，字符常量'a'在内存中占一个字节，而字符串常量"a"在内存中占二个字节。

例如，字符串"Program"有 7 个字符，作为字符串常量"Program"存储于内存时，共占 8 个字节，系统自动在后面加上字符串结束标志'\0'，其在内存中的形式如图 2-6 所示。

图 2-6　字符串存储

2. 符号常量

C 语言中使用宏定义命令#define 定义符号常量。其格式如下：

#define　符号常量标识符　常数表达式

【例题 2.2】　输入圆的半径，求圆的面积。

```
#define PI 3.14159
#include <stdio.h>
int    main()
{
      float r,s;
      printf("请输入半径： ");
      scanf("%f",&r);
      s=PI*r*r;
      printf("圆的面积为：%f\n",s);
      return 0;
}
```

假设输入半径为 3，则输出结果如图 2-7 所示。

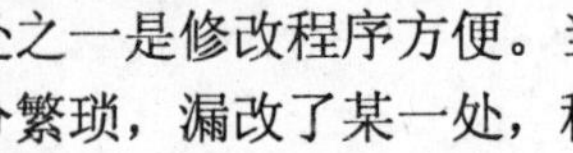

```
请输入半径：3
圆的面积为：28.274310
```

图 2-7　例题 2.2 程序结果

　　本程序在最开始用宏定义命令定义 PI 为 3.14159，在程序中即以该值代替 PI。为了区别一般变量，习惯上符号常量用大写字母表示。

　　在程序中使用符号常量的好处之一是修改程序方便。当程序中多处使用了某个变量而又要修改该变量时，修改的操作十分繁琐，漏改了某一处，程序运行结果就会出错。当采用符号常量代替该变量时，只需修改宏定义中的常量值即可，修改非常方便。

2.2.2　变量与变量定义

　　变量是指在程序运行过程中其值是可以改变的量。一个变量有三个基本要素：变量名、类型和值。可以通过变量的变量名来访问一个变量，而数据类型则决定了该变量的存储方式和在内存中占据存储空间的大小。变量名实际上是一个符号地址，在对程序进行编译连接时，由系统给每个变量分配一个内存地址，在该地址所指的存储单元中存放变量的值，从变量中取值，实际上是通过变量名找到相应的内存地址，从该存储单元中读取数据。

　　变量名和变量值是两个不同的概念，如图 2-8 所示。变量名实际上是以一个名字代表一个地址，在内存中占有一定的存储空间；变量值是存放该存储空间中的值，会随着为变量重新赋值而改变。

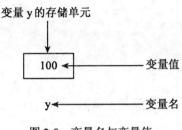

图 2-8　变量名与变量值

1.　变量的定义

在 C 语言中要求对所有用到的变量做强制定义，即必须"先定义，后使用"。否则在编译时会给出相关"出错提示信息"。一条变量定义语句由数据类型和其后的一个或多个变量名组成。变量定义的形式如下：

数据类型　变量名列表；

此处的数据类型必须是有效的数据类型，变量名列表可以一个或多个变量名，每两个变量名之间用"，"分隔。例如：

int x,y;　　　　　　　　//定义整型变量 x,y

char c;　　　　　　　　//定义字符型变量 c

float a,b,c;　　　　　　//定义单精度实型变量 a,b,c

说明：程序中的每一个变量被指定为一个确定类型，在编译时就会在内存中分配相应的存储单元，不同数据类型的变量在计算机内存中所占字节数不同、存放形式不同，且参与的运算也不同。

2.　变量赋初值

变量定义后，系统只是按照定义的数据类型分配相应的存储空间，并没有对其空间初始化，如果在赋值之前直接使用该变量，则是一个不确定的值。

例如：

```
int main()
{
        int i;
    i=i+50;
        printf("i=%d\n",i);
        return 0;
}
```

程序运行时，输出 i 的值是一个无意义的不确定值，且不同系统环境下运行的结果也可能不同。

给变量赋值就是给已定义的变量赋予一个特定值。变量采用以下格式赋初值：

变量名=表达式；

【例题 2.3】 变量赋值示例。

```c
#include <stdio.h>
int    main()
{
    float r,s;
    r=5.0;                      //给变量 r 赋值
    s=3.14*r*r;
    printf("圆的面积为：%f\n",s);
    return 0;
}
```

输出结果为：

圆的面积为：78.500000

在 C 语言中，有多种方法对变量赋初值，在定义变量时赋予初值的方法，称为变量初始化，一般形式为：

数据类型 变量 1=值 1，变量 2=值 2，变量 3=值 3，…;

【例题 2.4】 变量初始化示例。

```c
#include <stdio.h>
int    main()
{
    float r=5.0,s;              //给变量 r 初始化
    s=3.14*r*r;
    printf("圆的面积为：%f\n",s);
    return 0;
}
```

2.3 C 语言表达式与运算符

前面已经讲述了 C 语言中的基本数据类型，计算机可以通过一些运算符来完成对数据的处理，例如对数据进行加、减、乘、除等运算。当然，C 语言中所能进行的不仅仅是算术运算，还可以对数据进行其他运算，如赋值运算、关系运算等。C 语言中的运算符种类较多，本章首先介绍算术运算符、赋值运算符、自增自减运算符、逗号运算符和条件运算符，在以后各章节中结合有关内容将陆续介绍其他运算符。

2.3.1 算术运算符与算术表达式

常用算术运算符，如表 2-3 所示。

表2-3		常用算术运算符		
对象数目	运算符	含义	举例	结果
双目	+	加	a+b	a与b的和
	–	减	a–b	a与b的差
	*	乘	a*b	a与b的乘积
	/	除	a/b	a除b的商
	%	求余	a%b	a除b的余数
单目	+	正号	+a	a的值
	–	负号	–b	a的算术负值

说明：

（1）两个单目运算符都是出现在运算对象的前面。例如+2 的结果是正整数 2，–2 的结果是负整数 2。

（2）双目运算符中的加（+）、减（–）、乘（*）运算和普通运算中的加、减、乘运算相同。

（3）双目运算符除（/）与运算对象的数据类型有关。两个整数相除结果取整，例如 3/2 结果为 1，舍去小数部分。若两个运算对象中有一个或两个都是实型数据，则运算结果为实型数据，例如 5.0/2 结果为 2.5。

（4）双目运算符求余（%）的运算对象必须为整型数据，结果也是整数，其结果等于两数相除后的余数。例如 7%6 的结果为 1。

用算术运算符和括号将运算对象（也称操作数）连接起来的、符合 C 语言语法规则的式子，称为算术表达式。运算对象包括常量、变量、函数等。例如：

23/12+6%4*5+'a'

是一个合法的算术表达式。在计算机语言中，算术表达式的求值规律与数学中的四则运算规律类似。在对表达式进行运算时，应首先分清楚哪些运算符先算，哪些运算符后算，即按优先级由高到低运算；当优先级相同时，按其结合性来运算。

C 语言规定了各种运算符的结合方向（结合性），算术运算符的结合方向都是"自左至右"，即先左后右。自左至右的结合方向又称"左结合性"，即运算对象先与左面的运算符结合。有些运算符的结合方向为"自右至左"，即右结合性。

C 语言表达式书写原则如下：

（1）表达式中所有运算符和操作数必须并排书写，不能出现上下标和数学中的分数线。

（2）数学表达式中省略乘号的地方，在 C 语言表达式中不能省。如 xy 应写成 x*y。

（3）表达式中不能出现 C 语言字符集以外的字符，如≤、≥、÷、∑、§等。

2.3.2　赋值运算符与赋值表达式

1. 赋值运算符

C 语言的赋值运算符用"="表示。其功能是把其右侧表达式的值赋给左侧的变量，赋值表达式的一般形式为：

变量=表达式

如 x=2 表示把数值 2 赋给变量 x。

赋值运算符"="表示把表达式的值送到变量代表的内存单元中去。因此，赋值运算符的左侧只能是变量，因为它表示一个存放值的地方。表达式 2=x 和 x+y=n 都是不合法的。

2. 复合赋值运算符

在赋值运算符"="之前加上其他双目运算符可以构成复合的运算符，如+=、-=、*=、/=、%=、<<=、&=等。

复合赋值表达式的一般形式为：

   变量 双目运算符 表达式

它等效于：

   变量 = 变量 运算符 表达式

注意：如果表达式包含若干项，则它相当于有括号。

例如：

   a+=10   等价于 a=a+10

   x/=y-5   等价于 x=x/(y-5)

   m*=n+5   等价于 m=m*(n+5)

复合赋值运算符的写法，同样有利于编译处理，能提高编译效率并产生质量较高的目标代码。

3. 赋值表达式

由赋值运算符或复合赋值运算符将一个变量和一个表达式连接起来的式子称为赋值表达式。一般形式如下：

  变量 赋值运算符 表达式

其运算过程是：先计算表达式的值，然后将该值赋给左侧的变量，整个表达式的值就是左侧变量的值。

赋值运算符的优先级是：只高于逗号运算符，比其他运算符优先级都低。

赋值运算符具有右结合性。例如"a=b=c=100"可理解为"a=(b=(c=100))"，经过连续赋值后，a、b、c 的值都是 100，但最后表达式的值是 a 的值 100。

说明：

（1）赋值表达式中的"表达式"可以是算术表达式、赋值表达式等，也可以是一个常量或变量。例如，x=(m=10)－(n=5)是合法的。其功能是把 10 赋值给 m，5 赋值给 n，再把 m、n 相减，最后将差赋值给 x，因此 x 的值为 5。

（2）赋值表达式也可以包含复合赋值运算符。例如"a+=a-=a*a"是一个赋值表达式。如果 a 的初值为 10，此赋值表达式的求解步骤如下：

①先进行"a-=a*a"的运算，它相当于 a=a-(a*a)，a 的值为 10-10*10= -90。

②再进行"a+=-90"的运算，它相当于 a=a+(-90)，a 的值为-90-90= -180。

2.3.3 自增自减运算符

自增（++）、自减（--）运算符的作用是使变量的值自增 1 和自减 1，均为单目运算符。自增、自减运算符可用在操作数的前面，也可放在操作数的后面。在表达式中，这两种用法是有区别的：自增、自减运算符在操作数前面，则先执行加 1 或减 1 操作，再引用操作数；运算符在操作数后面，则先引用操作数的值，再执行加 1 或减 1 操作。

  ++i、--i   先使 i 的值加（减）1，再参与其他运算

i++、i--　　　　先让 i 参与其他运算，再使 i 的值加（减）1

++i、i++（或--i、i--）均可以让 i 的值加 1（或减 1），相当于 i=i+1（或 i=i-1），但++i 和 i++有不同之处。例如，设 i 的初值为 8，则下列语句是不同的：

j=++i;　　//i 先加 1 变成 9，再赋值给 j，最后 j 的值为 9

j=i++;　　//先将 i 的值 8 赋值给 j，j 的值为 8，再将 i 加 1 变为 9

【例题 2.5】 自增自减运算符使用示例。

```
#include <stdio.h>
int    main()
{
        int a=8,b=15,c,d;
        c=++a*5;
        d=b++*5;
        printf("c=%d,d=%d\n",c,d);
        return 0;
}
```

输出结果为：

c=45,d=75

说明：

（1）自增、自减运算符只能用于变量，不能用于常量或表达式。 例如 5--，（x+y）++均为不合法的。

（2）前缀形式的自增、自减操作符出现在操作数的前面，操作数的值被增加或减少，而表达式的值就是操作数增加或减少后的值。后缀形式的自增、自减操作符出现在操作数的后面，操作数的值仍然被增加或减少，但是表达式的值是操作数增加或减少前的值。结合操作符的位置，这个规则很容易记住——在操作数之前的操作符在变量值被使用之前增加或减少它的值，在操作数之后的操作符在变量值被使用之后才增加或减少它的值。

（3）自增、自减运算符的优先级高于算术运算符，低于括号运算符，具有右结合性。

（4）在使用自增、自减运算符时，常常会出现一些意想不到的副作用。例如"i+++j"是理解为"(i++)+j"，还是"i+（++j）"。为避免产生歧义，可以加一些括号，因此"i+++j"可写成"(i++)+j"。

2.3.4　逗号运算符与条件运算符

1. 逗号运算符

逗号运算符用逗号（,）表示，是双目运算符，其运算对象是表达式。用逗号运算符把两个或多个表达式连接起来的式子称为逗号表达式。逗号运算符的优先级是 C 语言所有运算符中最低的，结合性是从左到右。

逗号表达式的一般形式如下：

表达式 1，表达式 2，…，表达式 n

逗号表达式的求值过程是：依次求解表达式 1，表达式 2，…，表达式 n，整个逗号表达式的值为表达式 n 的值。例如，表达式：

x=3*5，x*6

由于赋值表达式的优先级高于逗号表达式，因此上述表达式相当于"（x=3*5），x*6"，在求解过程中，先求解 x=3*5，再求解 x*6，使得变量 x 的值为 15，而整个表达式的值为 15*6，即为 90。

再如下面两个逗号表达式将得到不同的结果：

①　y=（x=2,5*6）

这是一个赋值表达式，将一个逗号表达式的值赋给 y，y 的值为 30。

②　y=x=2,5*6

这是一个逗号表达式，包括一个赋值表达式和一个算术表达式，y 的值为 2，整个逗号表达式的值为 30。

其实，逗号表达式就是把若干个表达式"串联"起来。注意并不是所有出现逗号的地方都组成逗号表达式，如在变量说明、函数参数表中的逗号只是用做各变量的间隔符。

2. 条件运算符

条件运算符用"？"和"："表示，是 C 语言中唯一的一个三目运算符。条件表达式就是由条件运算符构成的表达式。条件运算符有 3 个运算对象，分别由"？"和"："把它们连接起来。条件表达式的一般形式为：

表达式 1 ？ 表达式 2 ： 表达式 3

其求值规则为：先求解表达式 1，如果表达式 1 的值为真（即为非 0 值），则求表达式 2 的值，并把它作为整个表达式的值，如果表达式 1 的值为假（即为 0 值），则求表达式 3 的值，并把它作为整个表达式的值。

条件表达式可以用分支结构来表示，例如条件表达式：

max=（a>b）?a:b

可表示为：

if（a>b）max=a;

else max=b;

该语句的含义是：如果 a>b 为真，则把 a 的值赋值给 max，否则把 b 的值赋值给 max，也就是将 a 和 b 中的最大者赋给 max。使用条件表达式时，应注意以下几点：

（1）条件运算符的优先级低于关系运算符和算术运算符，但高于赋值运算符。因此"max=（a>b）?a:b"可以去掉括号，写成"max=a>b?a:b"。

（2）条件运算符的"？"和"："是成对出现的，不能单独使用。

（3）条件运算符的结合方向是自右至左。

例如，"a>b？a:c>d？c:d"等价于"a>b？a:（c>d？c:d）"

【例题 2.6】 用关系运算符实现输入一个字符，如果该字符为小写字母则转换为大写字母，否则不转换，然后输出最后得到的字符。

```
#include <stdio.h>
int   main()
{
        char c1,c2;
        printf("请输入字符：");
```

```
    scanf("%c",&c1);
    c2=(c1>='a'&&c1<='z')?(c1-32):c1;
    printf("%c 对应的大写字母为：%c\n",c1,c2);
    return 0;
}
```

假设输入的字符为 d，则运行结果如下：

请输入字符：d <回车>

d 对应的大写字母为：D

条件表达式"(c1>='a'&&c1<='z')?(c1-32):c1"的作用是：如果字符变量 c1 的值为小写字母，则条件表达式的值为 c1-32，即相应的大写字母，其中 32 是大写字母与小写字母的 ASCII 码差值。如果 c1 的值不是小写字母，则条件表达式的值为 c1，即不进行转换。

2.4　数据类型转换

2.4.1　自动转换

C 语言表达式中常常有不同类型的常量和变量参与运算。整型和浮点型可以混合运算，字符型可以与整型通用，因此，整型、浮点型、字符型数据可以混合运算。在进行运算时，不同类型的数据要先转换成同一类型，然后进行运算。这种由混合类型计算引起的类型转换由编译系统自动完成称为自动转换。转换规则如图 2-9 所示。

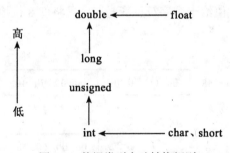

图 2-9　数据类型自动转换规则

（1）图 2-9 中的横向箭头表示必定转换。如字符型数据必定转换成整型数据，short 型转换为 int 型，float 型数据在运算时先转换为双精度型，以提高计算精度（即使是两个 float 型数据相加，也都转换为 double 型，然后再相加）。

（2）图 2-9 中的纵向箭头表示当运算对象为不同类型时的转换方向。由箭头方向可以看出数据总是由低级别向高级别转换，即按数据长度增加的方向进行，保证精度不降低。

例如，有下列式子：

8+x*y+'a'

假设上式中，x 为 int 型变量，y 为 float 型变量。运算次序为：

①由于"*"比"+"优先级高，先进行 x*y 运算。先将 x 与 y 都转换成 double 型，运算结果

为 double 型。

②整数 8 与 x*y 的积相加。先将整数 8 转换成双精度数，结果为 double 型。

③进行 8+x*y+'a' 的运算，先将 'a' 转换成整数 97，再转换成 double 型，运算结果为 double 型。

上述类型转换是由系统自动进行的。转换的总趋势是存储长度较短的数据被转换为存储长度较长的数据。

2.4.2 赋值转换

在赋值时，如果赋值运算符两边的类型不一致，但都是数值型或字符型时，则将赋值运算符右边表达式值的类型转换成与其左边变量类型一致的类型。转换规则如下：

（1）将实型数据赋值给整型变量时，取实型数据的整数部分，舍去小数部分后赋值。例如 i 为整型变量，执行"i=5.68"的结果是使 i 的值为 5。

（2）将整型数据赋值给实型变量时，数值不变，将以实数形式（在整数后添上小数点及若干个 0）存储到变量中。

例如：

float f=35;先将 35 补足 7 位有效数字为 35.00000，再存储到 f 中。

double f=35; 先将 35 补足 16 位有效数字为 35.000 000 000 000 00，再存储到 f 中。

（3）将一个 double 型数据赋值给 float 型变量时，截取其前面 7 位有效数字，存放到 float 变量的存储单元中。相反，将一个 float 型数据赋值给 double 型变量时，数值不变，有效位数扩展到 16 位。

（4）将一个整型数据赋值给一个字符型变量时，只将低 8 位原封不动地送到 char 型变量中。如图 2-10 所示。

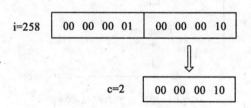

图 2-10　将整型数据赋值给字符型变量

（5）将字符型数据赋值给整型变量时，由于字符型数据在内存中只占 1 个字节，而整型变量占 2 个字节，因此只需将字符数据放到整型变量的低 8 位中，高 8 位补 0 或补 1 有两种情况。

①如果所用系统将字符型数据处理为无符号型的或在程序中定义为 unsigned char 型变量，则高 8 位补 0。例如，将字符 '\211' 赋值给 int 型变量，如图 2-11（a）所示。

②如果所用系统将字符型数据处理为有符号型的，则高 8 位补 0 或 1。如果字符最高位为 0，则整型变量高 8 为补 0；如果字符最高位为 1，则整型变量高 8 为补 1。如图 2-11（b）所示。

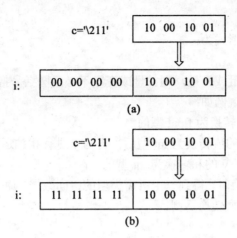

图 2-11 将字符'\211'赋值给 int 型变量

（6）将无符号 int 型数据赋值给 long 型变量时，只需将高位补 0。将一个无符号型数据赋值给一个占字节数相同的有符号型变量，只要将无符号型变量的内容原样送到有符号型变量的内存中。

（7）将有符号的 int 型数据赋值给 long 型变量时，只需将有符号 int 型数据放入 long 型变量的低 16 位中，long 型变量的高 16 位补有符号 int 型数据的符号位。

（8）将有符号型数据赋值给长度相同的无符号型变量，则原样赋值，连原有的符号位也作为数值一起传送。

总之，不同类型的整型数据间的赋值均按存储单元中的存储形式直接传送。

【例题 2.7】 将无符号型数据赋值给有符号变量的应用。

```
#include <stdio.h>
int    main()
{
    unsigned x=65535;
    int y;
    y=x;
    printf("y=%d\n",y);
    return 0 ;
}
```

运行结果为：

y=-1

无符号型变量 x 的值为 65535，它在内存中是以 16 个"1"存放的。当将 x 的值赋值给有符号整型变量时，只需将 x 内存中的内容原样放到 y 变量内存中。由于 y 为有符号型变量，内存中最高位为 1，为负数，是以补码形式存放的。在输出时，需将补码转换为原码后再输出，因此输出结果为-1。

2.4.3 强制转换

强制类型转换符是由类型名加一对圆括号构成，其功能是强制将一个表达式结果的类型转换为特定类型。

强制类型转换的一般形式为：

（类型名）（表达式）

如果表达式是单个常量或变量，则常量或变量不必用圆括号括起来；若是含有运算符的表达式，则必须加圆括号。例如：

（float）x   //将 x 转换为 float 型的

（int）x+y   //将 x 的值转换为 int 型后，再与 y 进行相加运算

（int）（x+y）   //将 x+y 的和转换为 int 型的

注意：在强制类型转换时，得到一个所需类型的中间数据，原来变量的类型未发生变化。

【例题 2.8】 强制类型转换示例。

```c
#include <stdio.h>
int    main()
{
        int a=5,b;
        float c;
        b=a/2;
        c=(float)a/2;
        printf("b=%d,c=%f\n",b,c);
        return 0;
}
```

程序运行结果为：

b=2,c=2.500000

变量 a 的数据类型仍为 int 型，其数值大小仍为 5。

本 章 小 结

本章学习的数据类型、常量、变量、运算符和表达式、数据类型转换是 C 语言程序设计的基础。

（1）C 语言的基本数据类型有整型、实型和字符型。整型可以分为有符号整型和无符号整型，这两种类型又分别可以分为基本整型、短整型、长整型和双长整型。实型可以分为单精度型、双精度型和长双精度型。

（2）常量是指在程序运行过程中其值保持不变的量。常量按其在程序中出现的形式分为整型常量、实型常量、字符常量、字符串常量和符号常量。字符常量是用单引号括起来的单个字符，字符串常量是用双引号括起来的零个或多个字符。符号常量只有通过宏定义后才可以使用。

（3）变量是指在程序运行过程中其值是可以改变的量。变量在使用前必须先定义，变量定义后，编译程序会根据变量的类型在内存中分配一定的空间。本章主要介绍的变量的基本类型有整型变量、实型变量和字符型变量。

（4）运算符包括算术运算符、赋值运算符、自增自减运算符、逗号运算符、条件运算符等几种。算术运算符完成算术运算；赋值运算符对一个变量进行赋值；逗号运算符是几个表

达式的并列。使用运算符时，应注意不同运算符的优先级和结合性。

（5）表达式的类型十分丰富。初学者在写 C 表达式时，通常容易犯的错误有以下几种：

①出现 2x+y、3xy 等形式的省略乘号的数学表达式。

②表达式中出现≤、≥、÷、×等数学运算符。

③表达式中出现如∏、∑、log 的字母作为对应的变量名。

④将条件"1≤x≤10"写成"1<=x<=10"（正确的写法应该是：x>=1 && x<=10）。

（6）在算术表达式中，不同类型的数据可以混合运算。在进行运算时，不同类型的数据需按一定的规则转换成同一类型后再进行运算。数据类型转换的方法有三种：自动转换、赋值转换、强制转换。

【易错提示】

（1）C 语言的变量必须先定义后使用。

（2）前缀形式的自增、自减操作符和后缀形式的自增、自减操作符的区别：在操作数之前的操作符在变量值被使用之前增加或减少它的值，在操作数之后的操作符在变量值被使用之后才增加或减少它的值。

（3）条件操作符?:接受三个参数，它会对表达式的求值过程施加控制。如果第一个操作符的值为真，那么整个表达式的结果就是第二个操作数的值，第三个操作数不会执行。否则整个表达式的结果就是第三个操作数的值，第二个操作数不会执行。

（4）类型转换可能会丢失数据的高位部分或是损失数据的精度。譬如当把较长的整数转换为较短的整数或 char 类型时，超出的高位部分将被丢弃。

习题 2

1. 在 C 语言中，下列哪个是合法的实型常量（　　）。

A. 356e　　　　　B. e-5　　　　　C. 12.5e3　　　　　D. 256

2. C 语言中要求运算量必须是整型的运算符是（　　）。

A. +　　　　　B. /　　　　　C. %　　　　　D. -

3. 能正确表达逻辑关系"a>=5 或 a<-3"的 C 语言表达式是（　　）。

A. a>=5 or a<=-3　　　　　　　　B. a>=5 || a<=-3

C. a>=5 && a<=-3　　　　　　　　D. a>=5 | a<=-3

4. 已知字母 A 的 ASCII 码值为十进制数 65，设 ch 为字符型变量，则表达式 ch='A'+'6'-'3' 的值为____。

5. 设 a、b、c 为整型变量，初值为 a=5，b=3，执行完语句 c=（a>b）？b：a 后，c 的值为____。

6. 写出下列程序的运行结果。

```c
#include <stdio.h>
void main()
{
    int a,b,c;
    a=10;
```

```
        b=20;
        c=30;
        printf("%d, %d, %d\n",++a,b++,--c);
}
```

7. 写出下列程序的运行结果。
```
#include <stdio.h>
void main()
{
        int x=10,y=20,m,n;
        m= --x;
        n= y--;
        printf("x=%d,y=%d,m=%d,n=%d \n",x,y,m,n);
}
```

8. 设 a=3，b=10，写出下面算术表达式的值。

（1）b/a + a   （2）(b % a + b) / a

9. 设 a=3，b=4，c=5，写出下面逻辑表达式的值。

（1）a + b>c || a == c   （2）!(a == b) && (b == c)

（3）!(a+b−c) && (b−c)   （4）(a>c)||(a−c)

10. 编写程序，从键盘输入三角形底边和高，输出三角形的面积。

11. 编写程序，输入两个整数，求出它们的商数和余数并输出结果。

12. 编写程序，输入三个整数，输出它们的最大值。

【上机实验 2】数据类型、运算符、表达式

　　1. 实验目的

　　（1）掌握 C 语言的数据类型，熟悉如何定义基本的数据类型以及对它们赋值的方法。

　　（2）掌握 C 语言的有关运算符，以及使用这些运算符的表达式。

　　（3）进一步熟悉 C 语言源程序的建立、编辑、修改、保存、编译和运行的基本步骤。

　　2. 实验预备

　　（1）变量定义。

　　（2）运算符的使用及优先级。

　　3. 实验内容

　　（1）分析下面程序的运行结果。
```
#include<stdio.h>
int main()
{
int x,y;
x=20;
y=(x=x-5.0/5);
printf("y=%d\n",y);
return 0;
```

}

根据编译、连接和运行回答下列问题：

① 在编译时，有一个警告错误提示，其提示内容是什么？是否影响该程序的连接？

② 分析表达式的执行过程？并说明 5.0 与 5 的含义？

（2）分析下面的程序，写出运行结果。

```c
#include<stdio.h>
int main()
{
    int i,j,m,n;
    i=5;
    j=15;
    m=i++;
    n=++j;
    printf("i=%d, j=%d, m=%d, n=%d\n",i,j,m,n);
    return 0;
}
```

根据编译、连接和运行回答下列问题：

① 写出程序运行的结果？

② 分析表达式 m=i++和 n=++j 的执行过程及有所区别？

（3）下面的程序是输入一个字符，判断它是否为大写字母，如果是将把它转换成小写字母；如果不是不进行转换，最后输出这个字符。

```c
#include<stdio.h>
int main()
{
    char ch;
    scanf("%c",&ch);
    ch=(ch>='A'&&ch<='Z')?(ch+32):ch;
    printf("%c\n",ch);
    return 0;
}
```

根据编译、连接和运行回答下列问题：

① 本程序运用的是格式输入输出，若修改为 getchar()和 putchar()，则程序如何？

② 分析表达式 ch=(ch>='A'&&ch<='Z')?(ch+32):ch;的执行过程？若用户输入 B，则输出什么？若用户输入 b，则输出什么？

（4）上机运行程序：

```c
#include<stdio.h>
#define PRICE 35
int main()
{
    int x=10;
```

```
PRICE=PRICE*x;
printf("%d;%d\n",x,PRICE);
return 0;
}
```

根据编译、连接和运行回答下列问题：

① 编译时是否有错误信息提示，有请分析提示信息的含义？并修改后重新编译，直到没有错误为止。

② #define PRICE 35 的含义？若 x 表明购买商品的件数，PRICE 表明是该商品的价格，则该程序实现什么功能？

4.实验报告

（1）将上述 C 程序文件放在一个"学号姓名实验 2"的文件名下，并以该文件名的电子档提交给教师。

（2）按实验报告的格式完成每题后的要求。

第3章  顺序结构程序设计

【学习目标】

1. 掌握表达式语句的格式，理解表达式与表达式语句的区别。
2. 熟练掌握字符的输入/输出函数、格式输入/输出函数的使用方法。

3.1　C 语言的基本语句

C 语言程序的基本组成单位是函数。其中有些是用户自编的，有些则是 C 的库函数。这些函数可以出现在同一源文件中，也可以出现在多个源文件中，但最后总是编译连接成一个可执行 C 程序(.exe)。如图 3-1 所示。

主函数是 C 程序运行的起点，所以主函数必须唯一，其函数名固定为 main。C 语言程序由一个或多个函数组成，其中有且仅有一个主函数 main。最简单的 C 语言程序只有一个函数，即主函数。

C 程序的基本组成单位是函数，而函数由语句构成。所以语句是 C 程序的基本组成成分。语句能完成特定操作，语句的有机组合能实现指定的计算处理功能。语句最后必须有一个分号，分号是 C 语句的组成部分。

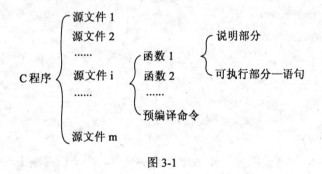

图 3-1

3.1.1　简单语句

运算符、常量、变量等可以组成表达式，而表达式后加分号就构成表达式语句。

例如，max=a 是赋值表达式，而 max=a；就构成了赋值语句。

printf（"%d"，a）是函数表达式，而 printf（"%d"，a）；是函数调用语句。

x+y 是算术表达式，而 x+y；是语句。尽管 x+y；无实际意义，实际编程中并不采用它，但 x+y；的确是合法语句。

3.1.2 赋值语句

赋值语句是由赋值表达式加上一个分号构成
例：a=100　　　　　　赋值表达式
　　a=100;　　　　　　赋值语句

3.1.3 复合语句

用一对大括号括起一条或多条语句，称为复合语句。复合语句的一对大括号中无论有多少语句，复合语句只视为一条语句。例如，{t=a; a=b;　　　　　b=t；}是复合语句，是一条语句，所以执行复合语句实际是执行该复合语句一对大括号中所有语句。注意，复合语句的"}"后面不能出现分号，而"}"前复合语句中最后一条语句的分号不能省略。

如：

{ t=a ;a=b;b=t; };

{ t=a ;a=b;b=t }

均是错误的复合语句。

3.2　格式输出函数 printf

在程序运行时，常常需要用户输入一些数据，通过程序执行后再将结果输出给用户，因此实现用户与计算机间的交互。可见，在程序设计中，输入/输出语句是必不可少的重要语句。

在 C 语言中，没有专门的输入/输出语句，所有的输入/输出操作都是由标准 I/O 库函数完成的，因此称为函数语句。

在使用库函数时，要用预编译命令"#include"将相关的"头文件"包含到源程序文件中，由于输入/输出函数的头文件包含在"stdio.h"文件中，因此源程序文件开头是预编译命令：
#include<stdio.h>或#include"stdio.h"。

1. printf()的一般调用格式

printf 函数是一个标准的库函数，它的作用是向终端（或系统隐含指定的输出设备）输出若干个任意类型的数据。

一般形式为：

printf（"格式控制字符串"，输出列表）

括号内包括两部分：

（1）"格式控制字符串"是用双引号括起来的字符串，用于指定输出项的格式和需要原样输出的字符串。它一般由以下三部分组成。

①格式说明。格式说明由"%"和格式字符组成，如%d、%c 等，它的作用是将输出的数据转换为指定的格式输出。格式说明总是由"%"字符开始。

②普通字符。普通字符就是需要原样输出的字符，其作用是作为输出时数据的间隔，在显示中起提示的作用。

③转义字符。如同第 2 章所讲的转义字符的功能，其作用是控制产生特殊的输出效果。常用的转义字符有'\n'、'\t'等。

（2）输出列表可以是常量、变量或表达式，其类型、顺序和个数必须与格式控制字符串中的格式说明字符的类型、顺序与个数一致，当有多个输出时，各输出项之间用逗号分隔。

例如： printf ("a=%d, b=%f\n"，a,b)

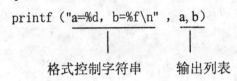

格式控制字符串　　　输出列表

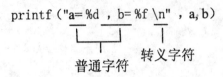

普通字符　　转义字符

其中，%d、%f 为格式说明。如果 a 和 b 的值分别为 5 和 6，则输出为：

a=5，b=6

执行'\n'使输出控制移到下一行开头，从显示屏幕上可以看出光标已移到下一行的开头。

2. 格式说明

格式说明由字符"%"开始，后面跟有不同的格式字符，用来说明各个输出数据的类型、长度、小数位等。常用的有以下几种格式字符。

（1）d 格式符。用来输出一个有符号的十进制整数。通常有以下几种用法：

①%d。按十进制整数的实际长度输出。

②%md。m 为指定的输出字段的宽度。如果数据的位数小于 m，则左端补空格；如果数据的位数大于 m，则按实际位数输出。例如：

printf ("a=%4d，b=%4d\n"，a,b)；

假设 a=100,b=10000,则输出结果为

a= 100，b=10000

其中，100 的前面有一个空格。

③%ld 和%lld。%ld 输出长整型数据（1 代表 long），%lld 输出双长整型数据（ll 代表 long long）。对长整型数据和双长整型数据也可以指定字段的宽度，如%9ld，%9lld。

（2）o 格式符。以八进制整数形式输出。将内存单元中的各位的值按八进制形式输出，因此输出的数值不带符号，即将符号位一起作为八进制数的一部分输出。

（3）x 格式符。以十六进制整数形式输出。与 o 格式符类似，x 格式符同样不会输出的负的十六进制整数。

【例题 3.1】 以不同进制输出同一个整型数据。

```
#include <stdio.h>
int main()
{
    int a=110;
    printf("%d,%o,%x\n",a,a,a);
    return 0;
}
```

输出结果为：

110,156,6e

（4）u 格式符。用来输出无符号型数据，以十进制整数形式输出。

（5）c 格式符。用来输出一个字符。例如：

char c1='A';

printf（"%c\n", c1）;

输出结果为：

A

也可以指定输出字符的宽度，例如

printf（"%3c\n", c1）;

输出结果为：

   A   //A 的前面有两个空格

如果一个整数在 0～127 范围内，也可以用"%c"输出其字符形式，在输出前，系统会将该整数作为 ASCII 码转换成相应的字符；反之，一个字符型数据也可以用整数形式输出。

【例题 3.2】 字符型数据的输出。

```c
#include <stdio.h>
int main()
{
        int a=80;
        char c='A';
        printf("%c,%d\n",a,a);
        printf("%c,%d\n",c,c);
        return 0;
}
```

输出结果为：

P,80

A,65

（6）s 格式符。用来输出一个字符串。通常有以下几种用法：

①%s。按字符串的实际长度输出。例如：

printf("%s","Hello!");

输出字符串"Hello!"（不包括双引号）。

②%ms。输出的字符串占 m 列。如果字符串长度大于 m，则按字符串实际长度输出；如果字符串长度小于 m，则左补空格。

③%-ms。与%ms 类似，区别是：如果字符串长度小于 m，则字符串向左靠，右补空格。

④%m.ns。输出字符串占 m 列，但只取字符串中左端 n 个字符。这 n 个字符输出在 m 列的右侧，左补空格。

⑤%-m.ns。其中 m、n 的含义同%m.ns，区别是：n 个字符输出在 m 列的左侧，右补空格。

注意：如果 n>m，则 m 自动取 n 值，即保证 n 个字符正常输出。

【例题 3.3】 字符串的输出。

#include <stdio.h>

```
int main()
{
        printf("%3s\n","Hello!");
        printf("%-8s\n","Hello!");
        printf("%8.2s\n","Hello!");
        printf("%.2s\n","Hello!");
        return 0;
}
```

输出结果为：

Hello!　　　　　　//按字符串实际长度输出，字符串前后没有空格

Hello!　　　　　　//字符串向左靠，在"Hello!"后有 2 个空格

　　　　He　　　　//取字符串中左端 2 个字符，字符串向右靠，在"He"前有 6 个空格

He　　　　　　　　//取字符串中左端 2 个字符，在"He"前后没有空格

其中"%.2s"，只指定了 n 值，没有指定 m 值，自动使 m=n=2，因此输出占 2 列。

（7）f 格式符。用来输出实数，包括单精度型、双精度型、长双精度型，以小数形式输出。通常有以下几种用法：

①%f。不指定输出数据的长度，由系统自动指定，使整数部分全部输出，小数部分输出 6 位。

②%m.nf。指定输出的数据共占 m 列，其中小数部分占 n 列。如果数值长度小于 m，则左补空格。

③%-m.nf。与 %m.nf 类似，区别是：如果数值长度小于 m，则右补空格。

【例题 3.4】　f 格式符的使用。

```
#include <stdio.h>
int main()
{
        float f=3.5;
        printf("%f\n",f);
        printf("%6.3f\n",f);
        printf("%-6.3f\n",f);
        printf("%.2f\n",f);
        return 0;
}
```

输出结果为：

3.500000　　　　//按数据实际长度输出，数值前后没有空格

　3.500　　　　//输出 3 位小数，数值向右靠，数值前有 1 个空格

3.500　　　　//输出 3 位小数，数值向左靠，数值后有 1 个空格

3.50　　　　//输出 2 位小数，数值前后没有空格

注意：在输出的数字中并非全部都是有效数字。单精度型数据一般只能保证 7 位有效数字，双精度型数据一般只能保证 16 位有效数字。

【例题 3.5】　实型数据的有效位数。

```
#include <stdio.h>
int main()
{
        float a=123123.111,b=234234.222,c;
        c=a+b;
        printf("%f\n",c);
        return 0;
}
```

输出结果为：

357357.328125

由输出结果可以看出，只有前 7 位是有效位数。千万不要以为凡是计算机输出的数字都是准确的。

（8）e 格式符。用来输出实数，以指数形式输出。通常有以下几种用法：

①%e。不指定输出数据所占的宽度和数字部分的小数位数，有的编译系统（如 Visual C++）会自动给出数字部分的小数位数为 6 位，指数部分占 5 列，如 e+010，其中"e"占 1 列，指数符号占 1 列，指数占 3 列。数值按标准化指数形式输出，即小数点前有且只能有 1 位非零数字。

②%m.ne 和%-m.ne。其中 m、n 和-的含义与前面的相同。

【例题 3.6】 实型数据的输出。

```
#include <stdio.h>
int main()
{
        float a=123.456;
        printf("%f,%e,%10.2e\n",a,a,a);
        return 0;
}
```

输出结果为：

123.456001，1.234560e+002， 1.23e+002

其中数值"1.23e+002"的前面有 1 个空格。

格式符 e 也可以写成大写字母 E，此时，输出的数据中的指数以大写字母 E 表示，如 1.234E+002

（9）g 格式符。用来输出实数，系统自动选 f 格式或 e 格式输出，选择其中长度较短的格式，不输出无意义的 0。例如：

float a=123.456;

printf("%f,%e,%g\n",a,a,a);

输出结果为：

123.456001,1.234560e+002,123.456

用%f 格式输出占 10 列，用%e 输出占 13 列，用%g 格式时，自动从上面两种格式中选择较短的，上例中%f 格式较短，因此按%f 格式输出，最后 3 个小数位为无意义的 0，不输出，因此输出 123.456，然后右补 3 个空格。%g 格式用得较少。

（10）i 格式符。作用与 d 格式符相同，按十进制整型数据的实际长度输出。一般用 d 格式符。

以上介绍的格式符，可归纳为表 3-1。

表 3-1　　　　　　　　　　　　printf 格式符

格式字符	说　　明
d 或 i	以十进制形式输出带符号的整数（正数不输出符号）
o	以八进制无符号形式输出整数（不输出前导符 0）
x 或 X	以十六进制无符号形式输出整数（不输出前导符 0x）
u	以十进制形式输出无符号整数
c	以字符形式输出单个字符
s	输出字符串中的字符
f	以小数形式输出单、双精度型数据，隐含输出 6 位小数
e 或 E	以标准指数形式输出单、双精度型数据，小数部分默认输出 6 位小数，格式字符用 e 时指数以"e"表示，用 E 时指数以"E"表示
g 或 G	以%f 或%e 格式中较短的输出宽度输出单、双精度型数据，不输出无意义的 0

在格式说明中，在%和格式字符间可以插入几种附加说明符，如表 3-2 所示。

表 3-2　　　　　　　　　　　printf 附加格式说明符

字符	说　　明
l	用于指定长整型或双精度型，可加在格式字符 d、o、x、u 的前面
m	用于指定数据最小宽度
n	对实型数，表示输出 n 位小数；对字符串，表示截取的字符个数
-	输出的数据或字符在域内向左靠

注意：

（1）除了 x、e、g 外，其他格式字符都不能大写，如"%d"不能写成"%D"。

（2）上面介绍的 d、o、x、u、c 等字符前如果未加%，可当成普通字符使用。

（3）如果想输出%，可用%%来表示。例如：

printf("%d%%\n",10);

输出结果为：

10%

3.3　格式输入函数 scanf

在 C 语言中，函数 scanf()的作用是把从终端（如键盘）上输入的数据存放到变量的存储单元中，该函数能实现任意类型的数据输入，其输入数据的类型由格式符来决定。

1. scanf()的一般调用格式

scanf 函数的一般形式为：

scanf（"格式控制字符串"，输入地址列表）

其中"格式控制字符串"的含义同 printf 函数；"输入地址列表"由若干个变量地址组成，各变量地址之间用逗号隔开，地址是由地址运算符"&"和变量名组成的：&变量名。

2. scanf()中的格式说明

与 printf 函数中的格式说明类似，以"%"开头，以一个格式字符结束，格式说明的个数必须与输入项的个数相等，数据类型必须从左到右一一对应，scanf()函数常用的格式字符如表 3-3 所示。在%和格式字符之间可以插入附加的说明符，如表 3-4 所示。

表 3-3　　　　　　　　　　　　　　　　scanf 格式符

格式字符	说　　　明
d 或 i	以有符号的十进制形式输入整数
o	以八进制无符号形式输入整数
x 或 X	以十六进制无符号形式输入整数
u	以无符号的十进制形式输入整数
c	以字符形式输入单个字符
s	输入字符串。以非空字符开始，以第一个空白字符结束
f	用来输入实型数据，可以用小数形式或指数形式输入
e、E、g、G	与 f 作用相同，e 与 f、g 可以互相替换（大小写作用相同）

表 3-4　　　　　　　　　　　　　　　　scanf 附加格式说明符

字符	说　　　明
l	用于输入长整型数据和双精度型数据，可加在格式符 d、o、x、u、f、e 的前面
h	用于输入短整型数据，可加在格式符 d、o、x 的前面
m	表示输入数据的最小宽度（列数），m 应为正整数
*	表示本输入项在输入后不赋值给相应的变量

3. 输入地址列表

（1）输入项地址列表是若干个变量地址，而不是变量名，与 printf()的输出列表不同。表示方法是在变量名前加地址运算符"&"，例如&a 指变量 a 在内存的地址。例如：

scanf（"%d",a）；

是不合法的，应该改为 scanf（"%d",&a）；

（2）输入时不能规定精度。例如，scanf（"%7.2f",&a）；是非法的。

4. 输入数据时的格式和输入方法

（1）如果在格式控制字符串中除了格式说明外还有其他字符，则在输入数据时在对应的位置上应输入与这些字符相同的字符。例如：

scanf（"a=%d,b=%d",a,b）；

在输入数据时，应在对应的位置上输入同样的字符。正确的输入方式如下：

a=5,b=6 <回车>

下面两种输入方式都是错误的：

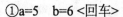

①a=5　　b=6 <回车>

②5,6 <回车>

（2）如果在格式控制字符串中每个格式说明之间不加其他符号，则在输入时，输入的数据之间用一个或多个空格间隔，也可以用回车、Tab 键。例如：

scanf（"%d%d",&a,&b）；

以下两种输入方式都是合法的：

①5　　6 <回车>

②5 <回车>

　6 <回车>

如下输入方式是错误的：

5,6<回车>

（3）在用%c 格式输入字符时，空格字符和转义字符都作为有效字符。例如：

scanf（"%c%c%c",&a,&b,&c）；

在输入时，应连续输入 3 个字符，中间不需要有空格。因此正确的输入方式为：

xyz<回车>

若在两个字符间插入空格就不对了。如：

x y z<回车>

此种输入方式中，第 1 个字符'x'赋值给变量 a，第 2 个字符是空格' '，赋值给变量 b，第 3 个字符'y'赋值给变量 c。

注意：连续输入字符时，在两个字符之间不要插入空格或其他分隔符，除非在 scanf 函数中的格式控制字符串中有普通字符，这时在输入时要在对应位置输入这些字符。

（4）在输入数据时，遇到以下情况时认为该数据输入结束。

①遇空格、回车、Tab 键。

②遇宽度结束。例如，scanf（"%5d",&a）；只取 5 列。

③遇非法输入。例如，scanf（"%d%c%f",&a,&b,&c）；若输入

365x456.36y0.5<回车>

则第 1 个数据对应%d 格式，输入 365 后遇到字符'x'，认为第 1 个数据输入结束，把 365 赋值给变量 a。字符'x'赋值给变量 b，因为只要求输入一个字符，因此'x'后面不需要空格，后面的数值赋值给变量 c，由于 456.36 后面出现字符'y'，认为该数值结束，将 456.36 赋值给变量 c。

3.4　字符输出函数 putchar

前面介绍的函数 printf()和 scanf()一次可以输出或输入若干个任意类型的数据，而函数 putchar()和 getchar()每次只能输出或输入一个字符。putchar()和 getchar()也是库函数，在使用时同样需要预编译命令：#include<stdio.h>或#include"stdio.h"。

函数 putchar()的作用是把一个字符输出到标准输出设备（通常指显示器或打印机）上。一般形式为：

putchar(ch)

功能：向显示器或打印机输出一个字符。其中，ch 可以是一个字符常量或变量，也可以

是一个整型常量或变量。

说明：

（1）当 ch 为字符型常量或变量时，它输出的是 ch 的值；当 ch 为整型常量或变量时，它输出的是 ASCII 码为 ch 的字符。

（2）putchar()函数只能用于单个字符的输出，且一次只能输出一个字符。

（3）从功能角度来看，printf()函数完全可以代替 putchar()函数，其等价形式：printf("%c",ch)。

【例题 3.7】 输出字符 A，用转义字符输出换行。

```c
#include <stdio.h>
int main()
{
        char a='A';
        int b=65;
        putchar(a);
        putchar('\n');
        putchar(b);
        return 0;
}
```

输出结果为：

A

A

整型变量 b 的值为 65，，对应的是 ASCII 码值 65 的字符'A'。程序运行时，先输出字符型变量 a 的值 A，之后，用转义字符常量'\n'输出一个换行，执行"putchar(b);"输出一个字符 A。

3.5 字符输入函数 getchar

函数 getchar()的作用是从标准输入设备（通常是键盘）向计算机输入一个字符。一般形式为：

getchar()

函数返回值可以赋值给一个字符型变量或整型变量。

说明：

（1）getchar()函数只能接受单个字符，即调用一次只能输入一个字符。

（2）从功能角度来看，scanf()函数完全可以代替 getchar()函数。

例如，有语句:char c;

则"c=getchar();"等价于"scanf("%c",&c);"。

【例题 3.8】 从键盘输入两个字符 NO，然后把它们输出到屏幕上。

```c
#include <stdio.h>
int main()
{
        char a,b;
```

```
        a=getchar();
        b=getchar();
        putchar(a);
        putchar(b);
        putchar('\n');
        return 0;
}
```

程序运行时输入：

NO<回车>

运行结果为：

NO

注意：在连续输入 NO 并按回车键后，字符才送到计算机中，然后输出 NO。

在用键盘输入信息时，并不是在键盘上输入一个字符，该字符就立即送到计算机中。这些字符先暂存在键盘缓冲区中，只有按了回车键才把这些字符一起输入到计算机中，然后按顺序赋值给相应的变量。

如果在运行时，输入一个字符后马上按回车键，则得到如下结果：

N

N

输入字符 N 后马上按回车键，马上会输出字符 N。

原因：第一行输入的不是一个字符 N，而是两个字符：N 和换行符。其中 N 赋值给变量 a，换行符赋值给变量 b。在用 putchar 函数输出变量 a,b 的值时，就输出了字符 N，然后输出换行，再执行 putchar('\n')，换行。

用 getchar()函数得到的字符可以赋值给一个字符型变量或整型变量，也可以不赋值给任何变量，而作为表达式的一部分，在表达式中利用它的值。例题 3.8 改写如下：

```
#include <stdio.h>
int main()
{
        putchar(getchar());
        putchar(getchar());
        putchar('\n');
        return 0;
}
```

也可以在 printf 函数中输出刚接收的字符，例如：printf("%c", getchar())。

3.6　程序设计举例

【例题 3.9】　编写程序，从键盘输入一个三位整数，逆序输出之。

算法分析：本题算法的关键是如何将一个三位数分离出百位数、十位数、个位数。这可采用 C 语言的整除运算和求余运算来实现。

```
#include <stdio.h>
```

```
int main()
{
    int num;
    int bw,sw,gw;
    scanf("%d",&num);
    gw=num%10;
    sw=num/10%10;
    bw=num/100;
    printf("%d\n",gw*100+sw*10+bw);
    return 0;
}
```

【例题 3.10】 求方程 $ax^2+bx+c=0$ 的实根。

算法分析：输入实型数据 a、b、c，要求满足 $a \neq 0$ 且 $b^2-4ac > 0$；按数学知识求判别式；调用求平方根函数 sqrt( )求方程的根；输入方程的根。

```
#include <stdio.h>
#include <math.h>
int main()
{   float a,b,c,disc,x1,x2,p,q;
    scanf("a=%f,b=%f,c=%f",&a,&b,&c);
    disc=b*b-4*a*c;
    p=-b/(2*a);   q=sqrt(disc)/(2*a);
    x1=p+q;     x2=p-q;
    printf("\n\nx1=%5.2f\nx2=%5.2f\n",x1,x2);
    return 0;
}
```

【例题 3.11】 从键盘输入一个字母，要求改用小写字母输出。

算法分析：定义一个变量 c1 用来接收从键盘输入的小写字母，小写字母与大写字母的 ASCII 值相关 32，因此小写字母转换成大写字母 c1=c1-32。输出该大写字母。

```
#include "stdio.h"
    int main()
{ char c1,c2;
    c1=getchar();
    printf("%c,%d\n",c1,c1);
     c2=c1+32;
printf("%c,%c\n",c1,c2);
return 0;
    }
```

【例题 3.12】 从键盘输入圆的半径，求圆的周长和面积。输出结果要求保留 3 位小数。

算法分析：由数学知识求圆的周长和面积公式知，周长=$2\pi r$；面积=πr^2。

```
#define PI 3.1415
```

```
#include <stdio.h>
int main()
{
        float r,c,s;
        printf("Please enter r: ");
        scanf("%f",&r);
        c=2*PI*r;
        s=PI*r*r;
        printf("c=%.3f,s=%.3f\n",c,s);
        return 0;
}
```

运行结果为：

Please enter r:2.2

c=13.823,s=15.205

【例题 3.13】 编写程序，从键盘输入两个整数给变量 a 和 b，然后交换 a 和 b 的值，再输出 a 和 b。

算法分析：交换两变量的值的方法有：第一种是通过第三变量来实现；第二种是运用 C 语言算术表达式来实现。定义两变量 a，b。通过 a=a+b，b=a-b；a=a-b 三个表达式来实现两数的交换。下面分别采用这两种方式编程。

第一种方法

```
#include <stdio.h>
int   main()
{
    int a,b,c;
    printf("请输入 a 和 b 的值：");
    scanf("%d,%d",&a,&b);
    printf("交换前：a=%d,b=%d\n",a,b);
    c=a;
    a=b;
    b=c;
    printf("交换后：a=%d,b=%d\n",a,b);
    return 0;
}
```

第二种方法

```
#include"stdio.h"
int main()
{
    int a,b;
    printf("\nPlease input two numbers:");
    scanf("%d%d",&a,&b);
```

```
printf("a=%d;b=%d\n",a,b);
a=a+b;
b=a-b;
a=a-b;
printf("a=%d;b=%d\n",a,b);
return 0;
}
```

运行结果为：

请输入 a 和 b 的值：5,9

交换前：a=5,b=9

交换后：a=9,b=5

本 章 小 结

C 语言程序中使用频率最高也是最基本的语句是赋值语句，它是一种表达式语句。应当注意的是，赋值运算符 "=" 左侧一定代表内存中某存储单元，通常是变量，a+b=12;是错误的。

C 语言中没有提供输入输出语句，在其库函数中提供了一组输入输出函数。本章介绍的是其中对标准输入输出设备进行格式化输入输出的函数：scanf 和 printf。字符输出函数 putchar 和字符输入函数 getchar，适当使用格式，能使输入整齐、规范，使输出结果清楚而美观。

本章介绍的语句和函数可以进行顺序结构程序设计。顺序结构的特点是结构中的语句按其先后顺序执行。

【易错提示】

printf( )和 scanf( )的格式化输入/输出，以及附加格式的应用。当使用 getchar( ) 和 scanf( )的"%c"格式进行单个字符输入时，要特别注意"回车键"的问题，因为当输入一组数据按下"回车键"后，"回车键"转换为'\f'(换行)字符保留在键盘缓冲区中，就会被后续的接收输入的 getchar( ) 和 scanf( )的"%c"所收，从而造成错误。

习题 3

1. C 语言所有的输入/输出函数都包含在头文件_____中。

2. 下面选项中不是 C 语句的是（   ）。

   A．{int a=10； printf("%d",a)；}   B．；

   C．x=65   D．{；}

3. 有如下程序片段，则下列说法正确的是（   ）。

   float a=-1234.53689;

   printf("%-3.2f\n",a);

   A．输出格式描述符的域宽不够，不能输出

B．输出-1234.53

C．输出-1234.54

D．输出 1234.53

4. 当执行完以下语句后，变量 a、b、c、d、e 的值分别是多少？

```
a=8;
b=++a;
c=--a;
d=a++;
e=a--;
```

5. 写出下列程序的运行结果。

```c
#include <stdio.h>
int   main()
{
        int a=2,b;
        char c='A';
        b=c+a;
        printf("a=%d,b=%d,c=%c\n",a,b,c);
        return 0;
}
```

6. 写出下列程序的运行结果。

```c
#include <stdio.h>
int   main()
{
        int a=2,b=5;
        a=a+b;
        b=a-b;
        a=a-b;
        printf("a=%d,b=%d\n",a,b);
        return 0;
}
```

7. 分析下列程序。

```c
#include <stdio.h>
int main()
{
        char ch;
        ch=getchar();
        putchar(ch);
        printf("\n%c 的 ASCII 码为:%d\n",ch,ch);
        return 0;
}
```

（1）如果输入数据"a<回车>"，得到什么结果？

（2）如果输入数据"ab<回车>"，得到什么结果？

8. 用下面的 scanf 函数输入数据，使 a=2，b=5，c1='a'，c2='b'，x=3.5，y=56.88。请问在键盘上如何输入？

```c
#include <stdio.h>
int   main()
{
        int a,b;
        char c1,c2;
        float x,y;
        scanf("%d,%d",&a,&b);
        scanf("%c%c",&c1,&c2);
        scanf("x=%f,y=%f",&x,&y);
        printf("a=%d,b=%d\nc1=%c,c2=%c\nx=%f,y=%f\n",a,b,c1,c2,x,y);
        return 0;
}
```

9. 编写程序，用 getchar 函数读入两个字符赋值给变量 c1、c2，然后分别用 putchar 函数和 printf 函数输出这两个字符。

10. 输入三角形三边长，求三角形面积，输出计算结果。输出时要有文字说明，取小数点后 2 位小数。已知三角形的三边长求三角形面积的公式为：

area=$\sqrt{s(s-a)(s-b)(s-c)}$，其中 a、b、c 分别为三角形的三边，s=(a+b+c)/2。

11. 编写程序，输入一个 3 位数将它反向输出。例如输入 123，输出 321。

【上机实验3】 顺序结构程序设计

1. 实验目的

（1）掌握 C 语言数据类型，掌握变量定义，进一步理解变量先定义、后使用；先赋值、后引用的含义。

（2）掌握 C 语言各种类型的常量。

（3）掌握不同数据类型之间赋值的规律。

（4）掌握 C 的有关算术运算符，以及包含这些运算符的表达式的求值规则。

（5）熟悉顺序结构，掌握 printf( )和 scanf( )函数。

2. 实验预备

（1）Visual C++6.0 集成开发环境界面划分成四个主要区域：菜单栏和工具栏、工作区窗口、代码编辑窗口和信息提示窗口。同学们启动 Visual C++6.0 开发环境后加以对照认识。

（2）预习教材的 在 Visual C++6.0 环境下建立和运行 C 程序的步骤。

3. 实验内容

在 VC++6.0 集成开发环境下完成下列程序的编辑、编译和运行。

【程序1】 分析下列程序，并上机运行。

```c
#include"stdio.h"
int main()
```

```
{
    long x,y;
    int a,b,c,d;
    x=5;
    y=6;
    a=7;
    b=8;
    c=x+a;
    d=y+b;
    printf("c=x+a=%d,d=y+b=%d\n",c,d);
    return 0;
}
```

根据编译、连接和运行回答下列问题：

① printf("c=x+a=%d,d=y+b=%d\n",c,d);语句中 c=x+a=的含义；d=y+b=的含义；%d 的含义；c,d 的含义。

② x,y 和 a,b,c,d 的数据类型是否相同？它们是怎样进行数据类型转换的和运算的？

③ 将%d 修改为%ld 后再编译、连接和运行程序，比较两个程序运行的结果是否一致，并说明它们两者间有无区别。

【程序 2】 分析下列程序，并上机运行。

```
#include"stdio.h"
int main()
{
    int a,b,c;
    a=5;b=6;c=7;
    printf("   ab   c\tde\rf\n");
    printf("hijk\tL\bM\n");
    return 0;
}
```

根据编译、连接和运行回答下列问题：

① \t、\r、\f、\b、\n 转义字符的作用是什么？程序运行后输出的结果格式如何？

② 整型变量 a、b、c 均有具体的值，在输出结果中却没有，是何原因？若输出它们的值，如何修改程序？

【程序 3】 分析下列程序，并上机运行。

```
#include "stdio.h"
int main()
{
    int i,j,m,n;
    i=2;
```

```
        j=5;
        m=++i;
        n=j++;
        printf("%d,%d,%d,%d\n",i,j,m,n);
        return 0;
}
```

根据编译、连接和运行回答下列问题：

① 程序运行的结果是多少？

② ++i 语句和 j++语句有何区别？它们的执行过程如何？

【程序 4】 分析下列程序，并上机运行。

```
#include"stdio.h"
int main()
{
        char c1,c2;
        c1='a';c2='b';
        c1=c1-32;c2=c2-32;
        printf("%c %c\n ",c1,c2);
        printf("%d %d\n ",c1,c2);
        return 0;
}
```

根据编译、连接和运行回答下列问题：

① 该程序实现了什么功能？程序输出结果是什么？

② c1-32 和 c2-32 是怎样进行运算的？%d 和%c 格式符的含义是什么？

【程序 5】 用下面的 scanf 函数输入数据，使 i=40，j=78，k=56.89，m=2.3，c1='R'，c2='T'。请问在键盘上如何输入？

```
#include "stdio.h"
int main()
{
        int i,j;
        float k,m;
        char c1,c2;
        scanf("i=%d**j=%d",&i,&j);
        scanf("%f##%f",&k,&m);
        scanf("%c,%c",&c1,&c2);
        printf("i=%d,j=%d,k=%f,m=%f,c1=%c,c2=%c ",i,j,k,m,c1,c2);
        return 0;
}
```

根据编译、连接和运行回答下列问题：

① 若某同学直接输入 40 78 56.89 2.3 R T（各数据以空格间隔），程序运行的结果如何？分析结果是否符合要求，为什么？

② 写出 3 个输入语句在键盘输入时的数据格式。

4. 实验报告

（1）将上述 C 程序文件放在一个"学号姓名实验 3"的文件名下，并以该文件名的电子档提交给教师。

（2）按实验报告的格式完成每题后的要求。

第4章 选择结构程序设计

【学习目标】
1. 掌握正确使用关系运算符和关系表达式。
2. 掌握 C 语言的逻辑运算符和逻辑表达式，学会表示逻辑值的方法。
3. 熟练掌握条件语句，学习选择结构程序设计的方法及应用。
4. 熟悉多分支选择 switch 语句编程。

4.1 关系运算符与关系表达式

在程序中经常需要比较两个量的大小关系，以决定程序下一步的流程，比较两个量大小的运算符称为关系运算符。

4.1.1 关系运算符

C 语言提供了六种关系运算符，如表 4-1 所示。

表 4-1　　　　　　　　C 语言中的关系运算符及其优先级

运算符	含义	优先级
>	大于	高
<	小于	
>=	大于等于	
<=	小于等于	
==	等于	低
!=	不等于	

在表 4-1 中，前四个关系运算符的优先级相同，后两个关系运算符的优先级相同，前四个运算符的优先级高于后两个运算符的优先级。

关系运算符都是双目运算符，其结合性均为左结合性（即自左至右）。

【说明】
(1) 关系运算符的优先级低于算术运算符。
(2) 关系运算符的优先级高于赋值运算符。
按照运算符的优先顺序可以得出：
x>y+z 等价于 x>(y+z)
x= =y>=z 等价于 x= =(y>=z)

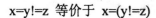

x=y!=z 等价于 x=(y!=z)

4.1.2 关系表达式

用关系运算符将两个表达式（可以是算术表达式、关系表达式、逻辑表达式、赋值表达式或字符表达式）连接起来的式子，称为关系表达式。例如，下面都是合法的关系表达式：

(x=8)>(y=7)

x+y>y+z

'a'<'c'

(x>y)<(y<z)

关系运算的结果是整数值0或者1。在C语言中，没有专门的"逻辑值"，而是用0代表"假"，用1代表"真"。例如，

5>4 (表达式为真。故值为1)

5= =3 （表达式为假，故值为0）

5>4<2 (先计算5>4，结果为1，再计算1<2，结果为1)

6>3<2 (先计算6>3，结果为1，再计算1<2，结果为1)

上述关系表达式看上去像数学中的不等式，但实际上它们与不等式完全不同。

说明：从本质上来说，关系运算的结果不是数值，而是逻辑值，但由于C语言追求精练灵活，没有提供逻辑型数据（C99增加了逻辑型数据，用关键字bool定义逻辑型变量），为了处理关系运算和逻辑运算的结果，C语言指定1代表真，0代表假。用了1和0代表真和假，而1和0又是数值，所以在C程序中还允许把关系运算的结果看作和其他数值型数据一样，可以参加数值运算，或者把它赋值给数值型变量。如下：

f=6>3 (f的值为1)

f=5>4>3 (f的值为0)

4.2 逻辑运算符与逻辑表达式

从前面知道，关系表达式只能描述单一条件，有时需要判断的条件不是一个简单的条件，而是一个复合的条件。例如，数学中的表达式 x>y>z，在C语言中该如何表示呢？如何将x>y和y>z合并到一起呢？这就需要使用逻辑运算。

4.2.1 逻辑运算符

C语言中的逻辑运算符有如下三种：

（1）&& 逻辑"与"（相当于其他语言中的AND）。

（2）|| 逻辑"或"(相当于其他语言中的OR)。

（3）! 逻辑"非"(相当于其他语言中的NOT)。

其中，&&和||是双目运算符，如（a>b）&&(b>c),它要求在运算符的左右两侧各有一个操作数；! 是单目运算符，如!(a>b),! 出现在操作数的左边。逻辑运算符的运算方向是自左向右的。

逻辑运算符举例如下：

x&&y 读作"x 与 y"。若 x 和 y 为真，则表达式 x&&y 的值为真。

x||y 读作"x 或 y"。若 x 和 y 之一为真，则表达式 x||y 的值为真。

! x 读作"非 x"。 若 x 为真，则表达式!x 的值为假。

表 4-1 是逻辑运算符的运算规则表。

表 4-1 逻辑运算符的运算规则

x	y	!x	!y	x&&y	x||y
非 0	非 0	0	0	1	1
非 0	0	0	1	0	1
0	非 0	1	0	0	1
0	0	1	1	0	0

上述三种逻辑运算符的优先级次序是：!（逻辑非）级别最高，&&（逻辑与）次之，||（逻辑或）最低。

逻辑运算符与赋值运算符、算术运算符、关系运算符之间从低到高的运算优先次序是：

!（逻辑非） 高
算术运算符
关系运算符
&&（逻辑与）
||（逻辑非）
赋值运算 低

4.2.2 逻辑表达式

由逻辑运算符将表达式连接起来构成的式子就是逻辑表达式。例如：

!(a>b)

(a>b)&&(b>c)

(a>b)&&(b>c)||(b= =0)

从前面知道，逻辑表达式的值应该是一个逻辑量"真"或"假"。C 语言在表示逻辑运算结果时，以数值 1 代表"真"，以数值 0 代表"假"，但在判断一个量是否为"真"时，以 0 代表"假"，以非 0 代表"真"。也就是将一个非零的数值认作为"真"。例如：

（1）若 x=8，则!x 的值为 0。因为 8 是非零的数，被认作"真"，对它进行"非"运算，得"假"，"假"用 0 代表。

（2）若 x='a',y='b'，则 x&&y 的值为 1。因 x,y 均是非 0 的数，被认为是"真"，因此 x&&y 的值也为"真"，值为 1。

（3）若 a=4,b=6，则表达式 !a||b>5 的值为 1。先计算||左边!a 的值为 0，再计算||右边 b>5 的值为 1，故表达式!a||b>5 的值为 1。

说明：

（1）C 语言逻辑运算符运算方向：自左向右。表达式中出现优先级别为同一级别的运算符时，按照从左向右的结合方向处理。例如：a&&b&&c 等价于(a&&b)&&c。

（2）在多个&&运算符相连的表达式中，计算从左向右进行时，若遇到运算符左边的操作数为 0（逻辑假），则停止运算。因为此时已经可以判定逻辑表达式结果为假。

例如：

若 a=0,b=4;

c=a&&(b=3);

则运算结果是 c 的值为 0，b 的值仍为 4。由于 a 为 0，逻辑表达式运算停止，（b=3）没有参与运算。

（3）在多个‖运算符相连的表达式中，计算从左至右进行时，若遇到运算符左边的操作数为 1（逻辑真），则停止运算。因为已经可以断定逻辑表达式结果为真。

例如：

a=6;b=5;c=0;

d=a‖b‖(c=b+3);

运算结果是 d 的值为 1，c 的值仍为 0。

由于 a 为 1，逻辑表达式运算停止，（c=b+3）没有参与运算。

4.3 if 语句

先来看这样一个问题，计算分段函数：

$$y = \begin{cases} 5x+4 & (x>=0) \\ 2x-3 & (x<0) \end{cases}$$

求解问题的流程如下：

(1) 输入 x;

(2) 如果 x>=0，则 y=5x+4，否则 y=2x-3;

(3) 输出 y 的值。

显然程序的流程由 x 的值确定。这类程序结构又称为分支结构，分支的依据是根据某个变量或表达式的值作出判断，以决定执行某些语句和跳过哪些语句。分支流程控制可以用 if 语句实现。

C 语言的 if 语句有 3 种形式：单分支选择 if 语句、双分支选择 if 语句和多分支选择 if 语句。

4.3.1 单分支 if 语句

单分支 if 语句的基本形式为：

if(表达式)　语句

其语义是：如果表达式的值为真，则执行其后的语句，否则不执行该语句。其过程如图 4-1 所示。

例如：if(a>b)　　max=b;

　　　if(a<b)　　{t=a;a=b;b=t;}

上述两例因执行过程比较简单，在此省略。

计
算
机
系
列
教
材

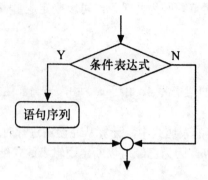

图 4-1 if 语句的执行过程图

【例题 4.1】 if 语句的测试。

```
int main( )
{
    int a,b,max;
    printf("\n input two numbers:    ");
    scanf("%d%d",&a,&b);
    max=a;
    if (max<b) max=b;
    printf("max=%d",max);
    return 0;
}
```

　　程序说明：本例程序中，输入两个数 a,b。把 a 先赋予变量 max，再用 if 语句判别 max 和 b 的大小，如 max 小于 b，则把 b 赋予 max。因此 max 中总是大数，最后输出 max 的值。

4.3.2　双分支 if 语句

　　双分支 if 语句的基本形式为：if-else

```
        if(表达式)
            语句 1；
        else
            语句 2；
```

　　其语义是：如果表达式的值为真，则执行语句 1，否则执行语句 2。其执行过程可表示 如图 4-2 所示。

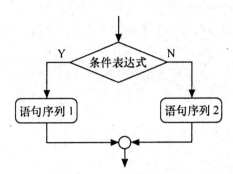

图 4-2 if-else 语句的执行过程图

【例题 4.2】 if-else 语句的测试。

```
int main ( )
{
int a, b;
printf("input two numbers:");
scanf("%d%d",&a,&b);
if(a>b)
printf("max=%d\n",a);
else
printf("max=%d\n",b);
return 0;
}
```

　　程序说明：输入两个整数，输出其中的大数。改用 if-else 语句判别 a,b 的大小，若 a 大，则输出 a，否则输出 b。

4.3.3 多分支 if 结构

　　前两种形式的 if 语句一般都用于两个分支的情况。 当有多个分支选择时，可采用 if-else-if 语句，其一般形式为：

```
    if(表达式 1)
        语句 1；
    else   if(表达式 2)
        语句 2；
    else   if(表达式 3)
        语句 3；
        …
    else   if(表达式 m)
        语句 m；
    else
        语句 n；
```

其语义是：依次判断表达式的值，当出现某个值为真时，则执行其对应的语句。然后跳到整个 if 语句之外继续执行程序。 如果所有的表达式均为假，则执行语句 n。然后继续执行后续程序。 if-else-if 语句的执行过程如图 4-3 所示。

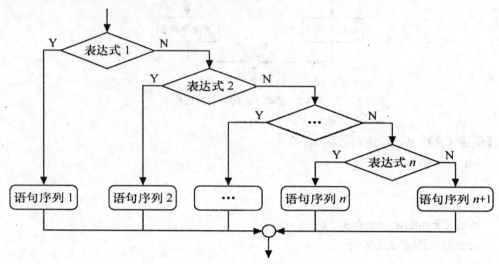

图 4-3　if-else-if 语句的执行过程图

【**例题 4.3**】　if-else-if 语句的测试。

```c
#include "stdio.h"
int main(){
    char c;
    printf("input a character:       ");
    c=getchar();
    if(c<32)
        printf("This is a control character\n");
    else if(c>='0'&&c<='9')
        printf("This is a digit\n");
    else if(c>='A'&&c<='Z')
        printf("This is a capital letter\n");
    else if(c>='a'&&c<='z')
        printf("This is a small letter\n");
    else
        printf("This is an other character\n");
}
```

程序说明：本例要求判别键盘输入字符的类别。可以根据输入字符的 ASCII 码来判别类型。 由 ASCII 码表可知 ASCII 值小于 32 的为控制字符。 在"0"和"9"之间的为数字，在"A"和"Z"之间为大写字母， 在"a"和"z"之间为小写字母，其余则为其他字符。这是一个多分支选择的问题，用 if-else-if 语句编程，判断输入字符 ASCII 码所在的范围，分别给出不同的输出。例如输入为"g"，输出显示它为小写字符。

总之，在使用 if 语句中还应注意以下问题：

（1）在三种形式的 if 语句中，在 if 关键字之后均为表达式。该表达式通常是逻辑表达式或关系表达式，但也可以是其他表达式，如赋值表达式等，甚至还可以是一个变量。

例如：

    if(a=5) 语句；
    if(b) 语句；

都是允许的。只要表达式的值为非 0，即为"真"。

如在：

    if(a=5)…；

的值永远为非 0，所以其后的语句总是要执行的，当然这种情况在程有程序序中不一定会出现，但在语法上是合法的。

又如：

    if(a=b)
        printf("%d",a);
      else
        printf("a=0");
  if(a=5)…；

本语句的语义是，把 b 值赋予 a，如为非 0 则输出该值，否则输出"a=0"字符串。这种用法在程序中是经常出现的。

（2）在 if 语句中，条件判断表达式必须用括号括起来，在语句之后必须加分号。

（3）在 if 语句的三种形式中，所有的语句应为单个语句，如果要想在满足条件时执行一组(多个)语句，则必须把这一组语句用{}括起来组成一个复合语句。但要注意的是在}之后不能再加分号。

例如：

```
if（a>b)
    {a++;
     b++;}
else
    {a=0;
     b=10;}
```

4.3.4　if 语句的嵌套

当 if 语句中的执行语句又是 if 语句时，则构成了 if 语句嵌套的情形。其一般形式可表示如下：

    if(表达式)
        if 语句；

或者为：

    if(表达式)
        if 语句；

```
    else
        if 语句;
```

在嵌套内的 if 语句可能又是 if-else 型的,这将会出现多个 if 和多个 else 重叠的情况,这时要特别注意 if 和 else 的配对问题。

例如:
```
if(表达式 1)
  if(表达式 2)
      语句 1;
  else
      语句 2;
```

其中的 else 究竟是与哪一个 if 配对呢?

应该理解为:
```
if(表达式 1)
    if(表达式 2)
        语句 1;
    else
        语句 2;
```

还是应理解为:
```
if(表达式 1)
    if(表达式 2)
        语句 1;
    else
        语句 2;
```

为了避免这种二义性,C语言规定,else 总是与它前面最近的 if 配对,因此对上述例子应按前一种情况理解。

【例题 4.4】 比较两个数的大小关系。

```
int main( )
{
    int a,b;
    printf("please input A,B:      ");
    scanf("%d%d",&a,&b);
    if(a!=b)
     if(a>b)   printf("A>B\n");
        else    printf("A<B\n");
        else    printf("A=B\n");
}
```

程序说明:比较两个数的大小关系,本例中用了 if 语句的嵌套结构。采用嵌套结构实质上是为了进行多分支选择,实际上有三种选择即 A>B、A<B 或 A=B。这种问题用 if-else-if 语句也可以完成,而且程序更加清晰。因此,在一般情况下较少使用 if 语句的嵌套结构,以使程序更便于阅读理解。

【例题 4.5】 对例题 4-4 程序的改写。

```
int main( )
{
  int a,b;
  printf("please input A,B: ");
  scanf("%d%d",&a,&b);
  if(a= =b) printf("A=B\n");
  else if(a>b)  printf("A>B\n");
  else  printf("A< B\n");
  return 0;
}
```

程序说明：用一般的 if 语句结构同样可以实现 if 语句嵌套的效果。例题 4.4 与例题 4.5 功能等同。

4.4 switch 语句

一条 if 语句解决了根据一个条件进行判断所形成的两路分支的流程控制问题。如果条件多于两个时，必须要用多个 if 语句实现多路分支的流程控制。当多路分支有一个表达式的取值决定时，采用 if 语句嵌套结构可以实现所需的功能，但是结构不清楚、不简洁。

因此，C 语言还提供了另一种用于多分支选择的 switch 语句，其一般形式为：

```
switch(表达式)
{
    case 常量表达式 1:  语句 1;
    case 常量表达式 2:  语句 2;
    case 常量表达式 n:  语句 n;
        …
    default       :  语句 n+1;
}
```

其语义是：计算表达式的值。并逐个与其后的常量表达式值相比较，当表达式的值与某个常量表达式的值相等时，即执行其后的语句，然后不再进行判断，继续执行后面所有 case 后的语句。如表达式的值与所有 case 后的常量表达式均不相同时，则执行 default 的语句。

【例题 4.6】 输入一个整数，输出对应的星期。

```
int main( )
{
  int a;
  printf("input integer number: ");
  scanf("%d",&a);
  switch （a）
      {
```

```
        case 1:printf("Monday y\n");
        case 2:printf("Tuesday\n");
        case 3:printf("Wednesday\n");
        case 4:printf("Thursday\n");
        case 5:printf("Friday\n");
        case 6:printf("Saturday\n");
        case 7:printf( "Sunday\n");
        default:printf("error\n");
        }
    }
```

程序说明：本程序是要求输入一个数字，输出一个星期几的英文单词。但是当输入 3 之后，却执行了 case3 以及以后的所有语句，输出了 Wednesday 及以后的所有单词。这当然是不希望的。为什么会出现这种情种况呢?这恰恰反映了 switch 语句的一个特点。在 switch 语句中，"case 常量表达式"只相当于一个语句标号，表达式的值和某标号相等则转向该标号执行，但不能在执行完该标号的语句后自动跳出整个 switch 语句，所以出现了继续执行所有后面 case 语句的情况。这是与前面介绍的 if 语句完全不同的，应特别注意。

为了避免上述情况，C 语言还提供了一种 break 语句，专用于跳出 switch 语句，break 语句只有关键字 break，没有参数。在后面还将详细介绍。修改例题的程序，在每一 case 语句之后增加 break 语句，使每一次执行之后均可跳出 switch 语句，从而避免输出不应有的结果。

【例题 4.7】 增加 break 语句之后的程序。

```
int main( )
{
    int a;
    printf("input integer number:   ");
    scanf("%d",&a);
    switch （a)
        {
        case 1:printf("Monday y\n"); break；
        case 2:printf("Tuesday\n"); break；
        case 3:printf("Wednesday\n"); break；
        case 4:printf("Thursday\n"); break；
        case 5:printf("Friday\n"); break；
        case 6:printf("Saturday\n"); break；
        case 7:printf( "Sunday\n"); break；
        default:printf("error\n"); break；
        }
    }
```

总之，在使用 switch 语句时还应注意以下几点：

（1）在 case 后的各常量表达式的值不能相同，否则会出现错误。

（2）在 case 后，允许有多个语句，可以不用{}括起来。

（3）各 case 和 default 子句的先后顺序可以变动，而不会影响程序执行结果。

（4）default 子句可以省略不用。

4.5 程序设计举例

本节通过几个程序设计的实例，来讲解 C 语言选择结构语句的应用领域。

【例题 4.8】 输入三个整数，输出最大数和最小数。

```c
#include"stdio.h"
int main( )
{
int a,b,c,max,min;
printf("input three numbers:");
scanf("%d%d%d",&a,&b,&c);
if(a>b)
{
    max=a;min=b;
    }
else
    {
       max=b;min=a;
    }
      if(min>c)
            min=c;
      if(max<c)
          max=c;
     else
     printf("max=%d;min=%d",max,min);
     return 0;
     }
```

程序说明：本程序中，首先比较输入的 a,b 的大小，并把大数装入 max，小数装入 min 中，然后再与 c 比较，若 max 小于 c，则把 c 赋予 max；如果 c 小于 min，则把 c 赋予 min。因此 max 内总是最大数，而 min 内总是最小数。最后输出 max 和 min 的值即可。

【例题 4.9】 计算器程序。用户输入运算数和四则运算符，输出计算结果。

```c
#include<stdio.h>
int main( )
{
float a,b;
char c;
printf("input expression: a+(-,*,/)b \n");
```

```
    scanf("%f%c%f",&a,&c,&b);
    switch(c)
     {
     case '+': printf("%f\n",a+b);break;
     case '-': printf("%f\n",a-b);break;
     case '*': printf("%f\n",a*b);break;
     case '/': printf("%f\n",a/b);break;
     default: printf("input error\n");
        }
   Return 0;
  }
```

程序说明：本例可用于四则运算求值。switch 语句用于判断运算符，然后输出运算值。当输入运算符不是+,-,*,/时给出错误提示。

本 章 小 结

　　C 语言程序的执行部分是由语句组成的，程序的功能也是由执行语句实现的。在本章中，讲解了 C 语言中两种重要的表达式，即关系表达式和逻辑表达式，它们主要用于条件执行的判断和循环执行的判断。同时还介绍了两种实现选择结构的语句：if 语句和 switch 语句。if 语句主要用于单向选择；if-else 语句主要用于双向选择；if-else-if 语和 switch 语句用于多向选择。任何一种选择结构都可以用 if 语句来实现，但并非所有的 if 语句都有等价的 switch 语句。switch 语句只能用来实现以相等关系作为选择条件的选择结构。

【易错提示】

　　（1）在 if 语句中，if 后面圆括号中的表达式，可以是任意合法的 C 语言表达式（如：逻辑表达式、关系表达式、算术表达式、赋值表达式等），也可以是任意类型的数据（如：整型、实型、字符型等）。

　　例如，以下都是合法的表示：
　　if('a'>'b')　　printf("两个字符比较大小");
　　if(c=3+4)　　printf("OK1");
　　if(5)　　printf("OK2");
　　if('b')　　printf("OK3");

　　（2）在 if 子句中嵌套不含 else 子句的 if 语句。
　　语句形式如下：
　　if(表达式 1)
　　　　{if（表达式 2）　　语句 1}
　　else
　　　　语句 2
　　注意：在 if 子句中的一对花括号不可缺少。因为 C 语言的语法规定：else 子句总是与前面最近的不带 else 的 if 相结合，与书写的格式无关。因此以上语句如果写成：

```
if(表达式 1)
    if（表达式 2）    语句 1
else
        语句 2
```

实质上等价于：

```
if(表达式 1)
    if（表达式 2）    语句 1
        else    语句 2
```

当用花括号把内层 if 语句括起来后，使得此内层 if 语句在语法上成为一条独立的语句，从而使得 else 与外层的 if 配对。

为避免 else 与 if 的搭配错误，建议读者在设计嵌套的 if 语句时，尽量把内嵌的 if 语句嵌在 else 子句中。

习题 4

1. 填空题

（1）能表示 10<x<20 或 x<-10 的 C 语言表达式是_____。

（2）将下列数学式改写成 C 语言的关系表达式或逻辑表达式(A)_____；(B)_____。

（A）a=b 或 a<c   (B)|x|>5

（3）请写出以下程序的输出结果_____。

```
void main()
{ int a=100;
  if(a>100)
        printf("%d\n",a>100);
  else
        printf("%d\n",a<=100);
}
```

（4）当 a=1,b=2,c=3 时，以下 if 语句执行后，a,b,c 中的值分别为____；____；____。

```
if(a>c)   b=a;a=c;c=b;
```

（5）若从键盘输入58，则以下程序输出的结果是_____。

```
int main( )
{ int a;
  scanf("%d",&a);
  if(a>50) printf("%d",a);
  if(a>40) printf("%d",a);
  if(a>30) printf("%d",a);
  return 0;
}
```

（6）以下程序输出的结果是_____。

```
int main( )
{ int a=5,b=4,c=3,d;
  d=(a>b>c);
  printf("%d\n",d);
  return 0;
}
```

（7）以下程序运行后的输出结果是_____。

```
int main( )
{int x=10,y=20,t=0;
 if(x= =y)    t=x;x=y;y=t;
 printf("%d,%d\n",x,y);
 return 0;
}
```

(8) 若有以下程序

```
int main( )
{ int a=4,b=3,c=5,t=0;
  if(a<b) t=a;a=b;b=t;
  if(a<c) t=a;a=c;c=t;
  printf("%d %d %d\n",a,b,c);
  return 0 ;
} 执行后输出结果为_____。
```

2. 选择题

(1)设 a、b 和 c 都是 int 型变量,且 a=3,b=4,c=5, 则以下的表达式中,值为 0 的表达式是( )。

    A.a&&b   B.a<=b   C.a||b+c&&b-c   D.!((a<b)&&!c||1)

(2)有以下程序

```
int main( )
{ int a=1,b=2,m=0,n=0,k;
  k=(n=b>a)||(m=a);
  printf("%d,%d\n",k,m);
  return 0;
}程序运行后的输出结果是 ( )。
```

    A. 0,0   B. 0,1   C. 1,0   D.1,1

(3)已有定义：int x=3,y=4,z=5;，则表达式!(x+y)+z-1&&y+z/2的值是( )。

    A. 6   B. 0   C. 2   D. 1

(4)设 int x=1, y=1; 表达式(!x||y--)的值是( )。

    A. 0   B. 1   C. 2   D. -1

(5)有如下程序段

```
int a=14,b=15,x;
```

```
char c='A';
x=(a&&b)&&(c<'B');
```

执行该程序段后，x的值为（　　　）。

A. true　　　　B.false　　　　C. 0　　　　D. 1

(6)阅读以下程序：

```
int main()
{ int x;
  scanf("%d",&x);
  if(x--<5) printf("%d",x);
  else printf("%d",x++);
  return 0;
}
```

程序运行后，如果从键盘上输入5，则输出结果是(　　　)。

A. 3　　　　B. 4　　　　C. 5　　　　D. 6

(7)有以下程序

```
int main( )
{ int a=15,b=21,m=0;
  switch(a%3)
  { case 0:m++;break;
    case 1:m++;
    switch(b%2)
    { default: m++;
      case 0: m++;break;
    }
  }
  printf("%d\n",m);
  return 0;
}
```

程序运行后的输出结果是(　　　)。

A. 1　　　　B. 2　　　　C. 3　　　　D. 4

(8)以下程序的输出结果是(　　　)。

```
int main()
{ int a=0,i;
  for(i=1;i<5;i++)
  {switch(i)
    {case 0:
     case 3: a+=2;
     case 1:
     case 2: a+=3;
     default: a+=5;
    }
```

```
    }
    printf("%d\n",a);
    return 0;
}
```

    A. 31   B. 13   C. 10   D. 20

3．代码设计

（1）当 a 为正数时，请将以下语句改写成 switch 语句。

```
if(a<30)   m=1;
else if(a<40)   m=2;
else if(a<50)   m=3;
else if(a<60)   m=4;
else m=5;
```

（2）编写程序，输入 a,b,c 三个数，打印出最大者。

（3）输入三个整数，按照由大到小的顺序输出这三个数。

（4）分别用 if-else 语句和 switch 语句编写给出一个百分制，要求输出成绩等级 A、B、C、
D、E。成绩在 90 分以上为 A，在 80~89 分间为 B，在 70~79 分间为 C，在 60~69 分间为
D，在 60 分以下为 E。

（5）给一个不多于 4 位的正整数。

　①求出它是几位数。

　②分别打印出每一位数字。

　③按反序打印出每位数字，例如：原数是 321，应输出 123。

【上机实验 4】选择结构程序设计

1．实验目的

(1)理解 C 语言表达式逻辑量的方法。以 0 代表假，非 0 代表真。

(2)正确使用逻辑运算符和逻辑表达式、关系运算符和关系表达式并运用其表达条件。

(3)熟练掌握 if 语句和 switch 语句。

2．实验预备

(1)熟悉逻辑运算符和逻辑表达式、关系运算符和关系表达。

(2)熟悉 if 语句、if-else 语句及其嵌套、switch 语句和 break 语句。

3．实验内容

(1)编写程序：通过键盘输入 3 个整数 a,b,c，输出其中最大的数。

　　算法提示：首先假设 a 是最大并装入到 max 变量中，然后用 max 变量分别与 b、c 比较，
若小，则将 b 或 c 的值赋给 max。最后输出 max 就是 3 个整数中的最大数。

(2)分别用 if-else 语句、switch 编写程序完成下列函数的输入 x 并输出 y 的值。

$$y=\begin{cases} x^2-1 & -5<x<0 \\ x & x=0 \\ x+1 & 0<x<8 \end{cases}$$

(3)下列程序是输入 x 的值，计算 y1 和 y2 的值。

　　　　y1=2/x,y2=3/x　当 x<0

```
    y1=0,y2=0        当 x=0
    y1=2x,y2=3x       当 x>0
代码设计：#include"stdio.h"
         int main()
         {
             float x,y1,y2;
             printf("\n x=?");
             scanf("%f",&x);
             if(x<0)
                 y1=2/x;
                 y2=3/x;
             else if(x=0)
                 y1=0;
                 y2=0;
             else
                 y1=2*x;
                 y2=3*x;
             printf("\ny1=%6.3f;y2=%6.3f\n",y1,y2);
             return 0;
         }
```

输入程序后，进行编译、链接和运行。判断程序是否有错，若有是什么错误？运行结果是否正确？若不正确，请找出错误原因，修改后重新运行，直到结果正确为止。

（4）求解任意的一元二次方程 $ax^2+bx+c=0$ 的根，其中的 a,b,c 由键盘输入要求考虑解的各种情况。算法提示：

① a=0,不是二次方程。

② $b^2-4ac=0$ 有两个相等的实根。

③ $b^2-4ac>0$ 有两个不等的实根，求 x1 和 x2。

④ $b^2-4ac<0$ 没有实数解。

（5）输入任意的四个整数，要求按由小到大的顺序输出。

算法提示：采用 if 语句实现即 if(a>b)真则交换使 a 最小。

4. 实验报告

（1）将上述 C 程序文件放在一个"学号姓名实验 4"的文件名下，并以该文件名的电子档提交给教师。

（2）按实验报告的格式完成每题后的要求。

第5章 循环结构程序设计

【学习目标】

掌握循环结构三种语句 while、do while 和 for 的基本特点及其循环控制过程，能运用循环结构的三种语句熟练进行循环结构程序设计；掌握 break 和 continue 语句在循环结构中的不同作用；掌握多重循环程序的结构特点，能设计简单的多重循环结构程序。

程序有三种基本结构：顺序结构、选择结构和循环结构，它们是各种复杂程序的基本构成单元。前面我们已经介绍了顺序结构和选择结构，但仅仅只有这两种结构是不够的，还需要引入循环结构。循环最主要的特点是重复，在日常生活中或者在利用程序所处理的问题中，我们常常会遇到需要重复处理的问题。例如：

对 30 个整数进行累加求和；

求 30 个整数中的最大数。

请读者思考一下，利用我们前面所学的顺序程序或者选择程序能否解决以上问题，如果可以解决，请写出代码，并分析有什么缺点。

引入循环程序就可以很方便地解决类似以上这些需要重复执行相同操作的问题，并且可以大大减少程序员编程的工作量，提高工作效率。

能够顺利设计出循环程序，需要读者在两方面下工夫。一方面，要熟练掌握三种循环控制语句的语法格式，它们分别是 while 语句、do-while 语句和 for 语句，下面三小节将会分别详细地介绍这三种控制语句的语法格式以及区别。另一方面，要在循环程序的算法上下工夫，由于每个具体问题的算法都不尽相同，所以本书不可能把所有问题的算法都一一罗列出来，那么关于循环程序的算法，只有靠读者多看程序，多分析，多实践，这就靠自己的积累了。

5.1 while 语句

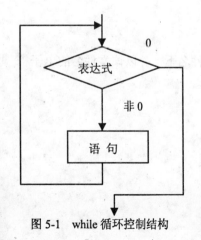

图 5-1 while 循环控制结构

while 语句的一般形式为：

while (表达式)
　　语句

while 语句的执行过程：首先计算表达式的值，如果表达式的值为非 0（为真），重复执行语句，直到表达式的值为 0（为假），结束循环，执行循环体下面的语句。

while 语句的执行流程如图 5-1 所示。其中，while 后的表达式通常是循环进行的条件，语句部分被反复执行，叫做循环体部分。

注意： while 语句的特点是：先判断表达式，为真才执行循环体语句，否则不执行。

【例题 5.1】利用 while 语句求 1+2+3+…+100。

算法分析：

1 到 100 做累加，可以看做是对这个数列求和，数列每一项的值以步长 1 增加。该数列有 100 项，每一项都要做累加，故循环 100 次，每一次都是做累加。下面分析循环体语句应该怎样写。

设变量 sum 存放最终累加后的结果：

sum=0

sum=sum+1

　　　　→sum=sum+2

　　　　　　　→sum=sum+3

　　　　　　　　　……

　　　　　　　　　→sum=sum+100

每一次都要执行完全相同的操作，才可以使用循环，反复执行的语句叫做循环体，通过分析可知循环体语句基本形式可以写成 sum=sum+?。第一次操作的时候"? "是第 1 项的值 1，第二次操作的时候"? "是第 2 项的值 2，第 100 次操作的时候"? "是第 100 项的值 100。每一次"? "的值都在变，所以需要另设一个变量 i，用来存放每一项的值，循环体语句应该写成 sum =sum+i，这个式子称为循环不变式，让这条语句重复执行 100 遍，i 的初值为 1，每循环一遍 i 的值要加 1，直到 i 的值增加到大于 100 时,循环才终止。

为了使思路清晰，可以先画出流程图，如图 5-2 和图 5-3 所示。

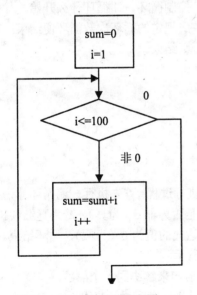

图 5-2　例 5.1 的传统流程图

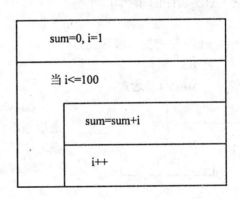

图 5-3　例 5.1 的 N-S 流程图

程序代码：

```
#include <stdio.h>
int main()
{
```

```
    int i=1,sum=0;                    // 定义变量 i 的初值为 1,sum 的初值为 0
    while (i<=100)                    // 当 i<=100, 条件表达式 i<=100 的值为真, 执
                                         行循环体
    {                                 // 循环体开始
      sum=sum+i;                      // 第一次累加后, sum 的值为 1
      i++;                            // 加完后, i 的值加 1, 为下次累加作准备
    }                                 // 循环体结束
    printf("sum=%d\n",sum);           // 输出 1+2+3…+100 的累加和
    return 0;
  }
```

运行结果：sum=5050

易错提示：

（1）定义变量，但不赋初值。如果未给变量赋初值，系统会给变量一随机值。

（2）while (表达式)；加分号表示循环体语句为空语句。

（3）循环体缺少花括号。循环体中若无大括号，则循环体只有一条语句。当循环体超过一条语句的时候，一定要用一对大括号将它们括起来，以复合语句的形式出现。

（4）i 值未改变，进入死循环。要能结束循环，通过改变 i 值来达到此目的。i 值设置是决定循环能否进行的关键。

根据此道例题可以看出，我们在处理循环程序的时候，必须解决好两个问题：一是做什么，反复执行的语句即循环体；二是在什么条件下做，控制循环，即循环什么开始，什么时候结束。通常控制循环有两种情况，循环次数已知，完成规定的循环次数循环便结束；或者循环次数未知但循环条件已知，满足该条件便循环，否则结束。

5.2　do-while 语句

do-while 语句的一般形式为：

do　语句
while (表达式);

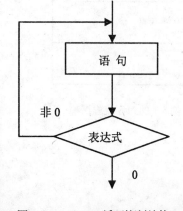

图 5-4　do-while 循环控制结构

do-while 语句的执行过程：首先执行一遍循环体语句，之后判断表达式的值是否为非 0（为真），若为真继续执行循环体语句，直到表达式的值为 0（为假），循环结束。其控制流程图如图 5-4 所示。

下面用 do-while 语句来解决同一个问题。

【例题 5.2】　利用 do-while 语句来求 1+2+3+…+100。

算法分析：与例题 5.1 完全相同。

程序代码：

```
#include <stdio.h>
int main()
{
    int i=1,sum=0;
```

```
   do
   {
     sum=sum+i;
     i++;
   }while(i<=100);
   printf("sum=%d\n",sum);
   return 0;
 }
```

运行结果：sum=5050

通常 while 和 do-while 只是格式不同而已，都可以用来解决同一个问题。但只有一种情况下二者处理同一个问题的时候结果不同。请读者思考一下什么情况下不同。

思考：将例题 5.1 和例题 5.2 中的 i 的初值都改成 101，问两道例题的结果相同吗？分别为多少。

答案：例题 5.1 的结果为：　0

　　　例题 5.2 的结果为：101

while 和 do-while 语句的区别：

（1）语法上的区别：while 语句中的表达式后面没有分号，而 do-while 语句中的表达式后有分号。

（2）执行过程上的区别：while 语句是先判断表达式是否为真，为真才执行循环体，否则一次都不执行。而 do-while 语句首先执行一遍循环体，再判断表达式是否为真，为真就继续执行循环体，否则循环结束。

根据二者的区别，如果用它们来处理同一个问题，只有一种情况下结果不同，那就是当循环变量的初值就不满足循环进行条件的时候，二者结果不同。对于 while 语句，循环体一遍都没有执行，而对于 do-while 语句，循环体已经执行了一遍。

5.3　for 语句

5.3.1　for 语句的基本形式

for 语句是三种循环控制语句中使用最为灵活的一种，也是使用最多的一种。凡是用 while 语句和 do-while 语句能够写出来的循环程序，用 for 语句都可以写出来。

for 语句的一般形式为：

for（表达式 1；表达式 2；表达式 3）

　　　语句

for 语句的执行过程:首先求解表达式 1，然后判断表达式 2，为真执行语句和表达式 3，再判断表达式 2，为真继续执行语句和表达式 3，直到表达式 2 不满足，循环结束。其控制流程图如图 5-5 所示。

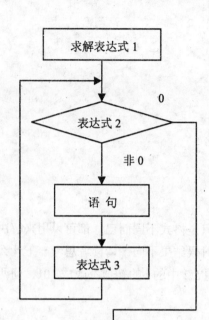

图 5-5　for 循环控制结构

5.3.2　for 语句中各表达式含义

表达式 1：初值表达式，用于为循环变量赋初值，该部分只执行一遍。

表达式 2：循环控制表达式，用于控制循环执行的条件，或者决定循环执行的次数。此部分与 while 语句中的表达式作用相同。

表达式 3：循环控制变量修改表达式。用于改变循环变量的值，使之能够不满足循环进行的条件而让循环能够正常结束。

通过每个表达式的含义可以看到，表达式 1 只执行一遍，表达式 2 是循环进行的条件，循环体部分是语句和表达式 3，且注意它们之间的顺序，是先执行语句，再执行表达式 3。

下面用 for 语句来对 1 到 100 做累加。

【例题 5.3】　利用 for 语句来求 1+2+3+…+100。

算法分析：与例题 5.1 完全相同。

程序代码：

```
#include <stdio.h>
int main()
{
    int sum=0;
    for(i=1; i<=100; i++)
        sum=sum+i;
    printf("%d\n",sum);
    return 0;
}
```

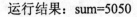

运行结果：sum=5050

5.3.3　for 语句的变形

for 语句的格式书写非常灵活，可以有如下几种变形形式。

1. 表达式的省略

对于例题 5.3，可以将表达式 1 省略，写成如下形式：

```
sum=0; i=1;
for(; i<=100; i++)
    sum=sum+i;
```

对于例题 5.3，可以将表达式 3 省略，写成如下形式：

```
sum=0;
for(i=1; i<=100; )
  {sum=sum+i;
   i++;
  }
```

对于例题 5.3，可以将表达式 1 和表达式 3 都省略，写成如下形式：

```
sum=0; i=1;
for(; i<=100; )
  {sum=sum+i;
   i++;
  }
```

这种形式等价于 while 语句。

对于例题 5.3，可以将表达式 1，表达式 2 和表达式 3 都省略，写成如下形式：

```
sum=0; i=1;
for(;; )            // 循环条件始终为真即无限循环
  {sum=sum+i;
   i++;
   if(i>100) break;  // 条件 i>100 成立，执行 break 语句，跳出本层 for 循环
  }
```

注意：不管表达式怎么省略，其间的分号一定不能省略。

2. for 语句中的逗号表达式

逗号表达式的主要应用就是在 for 语句中。for 语句中的表达式 1 和表达式 3 可以是逗号表达式，例如例题 5-3 中的表达式 1 可以写成如下形式：

```
for(sum=0, i=1; i<=100; i++)
      sum=sum+i;
```

特别是在有两个循环变量参与循环控制的情况下，若表达式 1 和表达式 3 为逗号表达式，将使程序显得非常清晰。例如：

```
for(i=1, j=10 ; i<=j; i++, j--)
      printf("i=%d, j=%d\n" , i, j);
```

运行结果为：i=1, j=10

i=2, j=9

i=3, j=8

i=4, j=7

i=5, j=6

3. 循环体为空语句

对于 for 语句，循环体为空语句的一般形式为：

for（表达式 1；表达式 2；表达式 3）

;

例如例题 5.3，可以用如下循环语句完成：

for(sum=0, i=1; i<=100; sum+=i, i++)

;

由于 for 语句书写非常灵活，建议初学者开始就写成一般形式，即三个表达式都是对同一个循环变量的控制。以后熟练了，可以写成 for 语句的变形形式。

5.3.4 for 语句与 while 语句和 do-while 语句比较

这三种循环控制语句格式不同，但都可以用来解决同一个问题，一般情况下它们可以互相代替。while 和 do-while 的区别在前面已经详细介绍过了，下面主要看 while 语句和 for 语句的区别。

while 语句和 for 语句都是先判断条件，然后决定是否执行循环体。用 while 语句时，循环变量的初始化一般应放在 while 语句之前完成，而 for 语句可以在表达式 1 中实现循环变量的初始化。

凡是用 while 语句能够写出来的循环语句，用 for 语句都可以写出来。用 while 语句同样可以将 for 语句中的三个表达式表述出来。

for(表达式 1；表达式 2；表达式 3)语句; 等价于：

表达式 1;

while（表达式 2）

{ 语句;

表达式 3；}

5.4 break 语句和 continue 语句

循环程序通常会按照事先指定的循环条件正常地开始和结束，但有时候需要提前结束循环，也就是说要改变循环执行的状态，这时就需要用到下面即将介绍的两种语句。

break 语句和 continue 语句都属于转移语句，功能是改变程序的正常流向，使程序从所在的位置转到另一处去执行。在循环控制语句中，这两种语句通常用来提前终止循环。

5.4.1 break 语句

在前面第 4 章我们已经见到过 break 语句，在 switch 语句中利用 break 语句来使程序流程跳出 switch 语句。break 语句也可用于循环中。

break 语句的一般形式为：

　　　break;

功能：从所在循环体内跳到所在循环体外，接着执行所在循环体下面的语句，提前结束本层循环。

【例题 5.4】　在全系 1000 名学生中，征集慈善募捐，当总数达到 10 万元时就结束，统计此时捐款的人数，以及平均每人捐款的数目。

算法分析：这道题目显然要用循环来处理。实际循环的次数未知，但循环次数的最大值已知。每次循环需要重复的操作是：输入当前学生的捐款，做累加，判断是否达到 10 万元，如果没有达到，继续输入下一个学生的捐款，进行重复以上操作，一旦达到，提前结束整个循环，输出所需的结果。

程序中定义的变量：

　　amount：存放当前学生的捐款额

　　total：统计目前为止的总捐款数

　　aver：达到 10 万元后的人均捐款数

程序代码：

```c
#include <stdio.h>
#define SUM 100000                    // 定义符号常量 SUM 的值为 100000
int main()
{
    float amount,aver,total;
    int i;
    for (i=1,total=0;i<=1000;i++)
    {
        printf("please enter amount:");
        scanf("%f",&amount);          // amount 用来存放当前学生的捐款额
        total= total+amount;
        if (total>=SUM) break;        // 超过 100000 利用 break 提前终止整个循环
    }
    aver=total/i;
    printf("num=%d\naver=%10.2f\n",i,aver);
    return 0;
}
```

运行结果：

please enter amount:12000

please enter amount:24600

please enter amount:3200

please enter amount:5643

please enter amount:21900

please enter amount:12345

please enter amount:23000

num=7

aver=   14669.71

注意：break 语句只能用于循环语句和 switch 语句中。

5.4.2　continue 语句

continue 语句的一般形式为：

> continue;

功能：提前结束本次循环，即跳过循环体中下面尚未执行的语句，转到进行下一次循环的条件判别。

【例题 5.5】　要求输出 100～200 之间的不能被 3 整除的数。

算法分析：对 100～200 之间的每一个整数进行检查，循环 101 次。每次循环需要重复的操作是：判断当前的数是否能够被 3 整除，如果能，什么都不做，跳到下一个数，重复以上的操作；如果不能，输出该数，然后判断下一个数，直到完成规定的次数为止。

程序代码：

```c
#include <stdio.h>
int main()
{
int n;
for (n=100;n<=200;n++)
{
    if (n%3= =0)
    continue;
    printf("%d   ",n);
}
printf("\n");
return 0;
}
```

运行结果：

```
100   101   103   104   106   107   109   110   112   113   115   116   118   119   121   122
124   125   127   128   130   131   133   134   136   137   139   140   142   143   145   146
148   149   151   152   154   155   157   158   160   161   163   164   166   167   169   170
172   173   175   176   178   179   181   182   184   185   187   188   190   191   193   194
196   197   199   200
```

5.4.3　break 语句和 continue 语句的区别

continue 语句只结束本次循环，而不是终止整个循环的执行；而 break 语句结束本层整个循环过程，不再判断本层执行循环的条件是否成立。如果有以下两个循环结构：

(1) while(表达式 1)　　　　　　　　(2) while(表达式 1)

　　{ …　　　　　　　　　　　　　　{ …

　　　　if(表达式 2) break;　　　　　　　　if(表达式 2) continue;

　　　　…　　　　　　　　　　　　　　　　…

　　}　　　　　　　　　　　　　　　}

用流程图来描述如图 5-6 和图 5-7 所示。

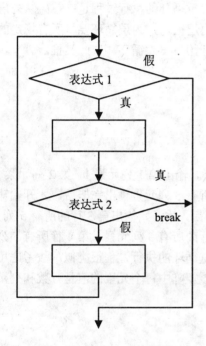

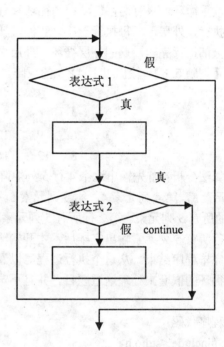

图 5-6　break 语句的流程图　　　　　　　图 5-7　continue 语句的流程图

5.5　循环的嵌套结构

在循环体内又包含有另一个完整的循环结构的形式，称为循环的嵌套。嵌套在循环体内的循环体称为内层循环，外面的循环体称为外层循环。如果循环体内又有嵌套的循环语句，则构成多重循环。

while、do-while 和 for 这三种循环可以相互嵌套。如以下几种都是合法的形式：

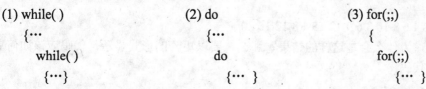

```
        }                        while( );                    }
                               }while();
(4) while( )               (5) for(;;)                  (6) do
    {…                        {…                          {…
     do{…}                     while( )                    for(;;){ }
     while( );                  {   }                      …
     …                         …                          }
    }                         }                          while( );
```

5.5.1 双重循环的嵌套

双重循环即只有两层循环：内循环和外循环。双重循环的执行过程是：首先从外层循环开始执行，外层循环每执行一次，暂停，转去执行内层循环，内层循环要将所有规定的循环次数全部执行完毕，返回外层循环，外层循环才能开始下一次循环，依此类推。

【例题 5.6】 输出以下 4×5 的矩阵。

```
1    2    3    4    5
2    4    6    8    10
3    6    9    12   15
4    8    12   16   20
```

算法分析：首先输出这个 4 行 5 列矩阵的第 1 行，输出第 1 列元素 1，第 2 列元素 2，第 3 列元素 3，第 4 列元素 4，第 5 列元素 5。第 1 行所有 5 列元素输出完毕后，才开始输出第 2 行的所有 5 列元素。第 2 行所有 5 列元素输出完毕后，才开始输出第 3 行的所有 5 列元素。第 3 行所有 5 列元素输出完毕后，才开始输出第 4 行的所有 5 列元素。第 4 行所有 5 列元素输出完毕程序结束。从这个执行过程可以看出与双重循环的执行过程很类似，故考虑可以用双重循环的嵌套来处理这道题目。并且不难看出，该矩阵中每个元素的值是行数和列数的乘积。

程序代码：

```c
#include <stdio.h>
int main()
{
    int i,j;
    for (i=1;i<=4;i++)
        for (j=1;j<=5;j++)
            printf ("%d ",i*j);
    return 0;
}
```

运行结果：

1 2 3 4 5 2 4 6 8 10 3 6 9 12 15 4 8 12 16 20

考虑一下，为什么会是这样的结果？那么，要以矩阵的形式显示，代码应该如何更改？

改进后的代码：

```c
#include <stdio.h>
```

```
int main()
{
    int i,j;
    for (i=1;i<=4;i++)
    {
        for (j=1;j<=5;j++)
            printf ("%d\t",i*j);
        printf("\n");
    }
    return 0;
}
```

运行结果：

1	2	3	4	5
2	4	6	8	10
3	6	9	12	15
4	8	12	16	20

【例题 5.7】　设计一个乘法表程序，输出如下所示的九九乘法表。

```
1*1=1
1*2=2    2*2=4
1*3=3    2*3=6    3*3=9
1*4=4    2*4=8    3*4=12    4*4=16
...
1*9=9    2*9=18    3*9=27    4*9=36  ...  9*9=81
```

算法分析：乘法表的特点是共 9 行，每行的式子数很有规律，即第几行就有几个式子。对于每个式子，既与所在的行有关，又与所在的列有关。

我们可以先看输出其中一行的情况，写出内层循环语句。假设要输出的是第 i 行，我们知道 i 行共有 i 个式子，可用如下程序段实现：

```
for (j=1;j<=i;j++)
    printf ("%d*%d=%-3d",j,i,i*j);
```

给上述程序段加一个外循环，使 i 从 1 取到 9，每执行一次内循环，就输出乘法表中的相应一行。所有的多层循环程序都可以采用这种分析方式，便于理解和书写代码。

程序代码：

```
#include <stdio.h>
int main()
{
    int i,j;
    for (i=1;i<=9;i++)
    {
        for (j=1;j<=i;j++)
            printf ("%d*%d=%-3d",j,i,i*j);
```

```
        printf("\n");
    }
    return 0;
}
```

运行结果：

```
1*1=1
1*2=2  2*2=4
1*3=3  2*3=6   3*3=9
1*4=4  2*4=8   3*4=12 4*4=16
1*5=5  2*5=10 3*5=15 4*5=20 5*5=25
1*6=6  2*6=12 3*6=18 4*6=24 5*6=30 6*6=36
1*7=7  2*7=14 3*7=21 4*7=28 5*7=35 6*7=42 7*7=49
1*8=8  2*8=16 3*8=24 4*8=32 5*8=40 6*8=48 7*8=56 8*8=64
1*9=9  2*9=18 3*9=27 4*9=36 5*9=45 6*9=54 7*9=63 8*9=72 9*9=81
```

5.5.2 多重循环的嵌套

多重循环包含两层及两层以上的循环。

【例题 5.8】有 1、2、3、4 四个数字，能组成多少个互不相同且无重复数字的三位数？分别输出它们。

算法分析：可填在百位、十位、个位的数字都是 1、2、3、4，可以设 3 个变量：i 表示百位，j 表示十位，k 表示个位，它们分别的取值从 1 到 4。通过循环列出所有可能的解后再去掉不满足条件的排列。

程序代码：

```
#include <stdio.h>
int   main()
{ int i, j, k;
  for(i=1; i<5; i++)                              //百位可选的值从 1 到 4
      for(j=1; j<5; j++)                          //十位可选的值从 1 到 4
          for (k=1; k<5; k++)                     //个位可选的值从 1 到 4
            { if (i!=k && i!=j && j!=k)           //确保 i、j、k 三位互不相同
              printf("%d%d%d   ", i, j, k);
            }
    printf("\n");
    return 0;
}
```

运行结果：

```
123   124   132   134   142   143   213   214   231   234   241   243   312   314   321   324
341   342   412   413   421   423   431   432
```

5.6　程序设计举例

【例题5.9】 用 $\frac{\pi}{4} \approx 1 - \frac{1}{3} + \frac{1}{5} - \frac{1}{7} + \cdots$ 公式求 π 的近似值，直到发现某一项的绝对值小于 1e-8 为止(该项不累计加)。

【算法分析】等号右边可以看做一个多项式，对于多项式运算，都可以用递推的方法找各项规律，再进行运算。观察多项式，每一项都分为分子和分母，分子都是相同的为 1，分母不同，后一项的分母是前一项的分母+2。另外，每一项的值是正负号交替的。找到这个规律后，就可以用循环处理了，假设多项式的和用变量 pi 存放，数列每一项的值用变量 term 存放，那么对这个多项式求和可以用 pi=pi+term 来实现。最后，这是一个循环次数未知但循环条件已知的问题，条件为|term|≥10^{-8} 循环就进行，反之结束。π 的值则为对等号右边的多项式求和之后再乘以 4。

程序中定义的变量：

  pi: 存放每一次循环累加后的值

  term: 数列每一项的值

  n: 多项式中每一项的分母

  sign: 初值为 1，每循环一次反号，变为-1

程序代码：

```
#include <stdio.h>
#include<math.h>
int main()
{
    int sign=1;                    // sign 用来表示数值的符号
    double pi=0.0,n=1.0,term=1.0;  // pi 代表 π,n 代表分母，term 代表当前项的值
    while(fabs(term)>=1e-8)        //检查当前项 term 的绝对值是否大于或等于 10 的(-8)次方
    {
        pi=pi+term;                // 把当前项 term 累加到 pi 中
        n=n+2;                     //n+2 是下一项的分母
        sign=-sign;                // sign 代表符号，下一项符号与上一项符号相反
        term=sign/n;               //求出下一项的值 term
    }
    pi=pi*4;                       // 多项式的和 pi 乘以 4，才是 π 的近似值
    printf("pi=%10.8f \n",pi);     // 输出 π 的近似值
    return 0;
}
```

运行结果：

pi=3.14159263

【例题5.10】 求 $S = \sum_{i=1}^{20} i! = 1! + 2! + 3! + 4! + \cdots + 19! + 20!$

【算法分析】本题有两种解决方案。

方案一：观察多项式，本题为对多项式求和运算，而多项式中的每一项又是求阶乘得出，可以用两层循环来实现。

方案二：用递推的方法找多项式中每一项之间的规律，用t_i表示每一项，得到递推公式：$t_i=t_{i-1}*i(i=2,3,4,\cdots,20)$。找到规律后对每一项求和即可。

程序代码：

方案一

```c
#include<stdio.h>
int main()
{
    int i,j;
    float t,s;
    s=0;
    for(i=1;i<=20;i++)
    {
        t=1;
        for(j=1;j<=i;j++)
            t=t*j;
        s+=t;
    }
    printf("s=%f \n",s);
    return 0;
}
```

方案二

```c
#include <stdio.h>
int main()
{
    int i;
    float t=1,s=t;
    for(i=2;i<=20;i++)
    {
        t=t*i;
        s+=t;
    }
    printf("s=%f \n",s);
    return 0;
}
```

运行结果：

s=2561327455189073900.000000

【例题5.11】 输入一个大于3的整数n，判定它是否为素数（prime，又称质数）。

算法分析：首先要根据数学定理中的描述了解素数的概念，再用计算机语言将其描述出来。判断n是否为素数，方法是让n被i除（i的值从2到n-1），如果在这个区间内一旦发现有一个数被整除了，则表示n肯定不是素数，不必再继续被后面的数整除，因此可以提前结束整个循环。否则，在这个区间内没有任何一个数能够被整除，直到i的值等于n，循环正常结束，表明n是素数。

程序代码：

```c
#include <stdio.h>
int main()
{
    int n,i;
    printf("n=?");
    scanf("%d",&n);
    for (i=2;i<=n-1;i++)
```

```
        if(n%i= =0) break;
    if(i<n) printf("%d is not a prime\n",n);
    else printf("%d is a prime\n",n);
    return 0;
    }
```

运行结果：

```
n=?17
17 is a prime
n=?327
327 is not a prime
```

【例题 5.12】　输出 100～200 间的全部素数。

算法分析：有了例 5.10 的基础，解本题就不难了。例 5.10 中的算法是判断一个数是否为素数，此道题目 100 到 200 之间这 100 个数都要用相同的方法来判断，只需再增加一个外层循环让它先后对 100～200 间的全部整数一一进行判定即可。也就是用一个嵌套的 for 循环即可处理。请读者自己画出此题的流程图。

程序代码：

```
    #include <stdio.h>
    #include<math.h>
    int main()
    {
    int n,m=0,k,i;
    for(n=101;n<=200;n=n+2)
    {
        k=sqrt(n);
        for (i=2;i<=k;i++)
            if (n%i= =0) break;
        if (i>=k+1)
        {
            printf("%d ",n);
            m=m+1;                   //m 用来累计输出数据的个数
        }
        if(m%10= =0) printf("\n");   //控制在输出 10 个数据后换行
    }
    printf("\n");
    return 0;
    }
```

运行结果：

```
101 103 107 109 113 127 131 137 139 149
151 157 163 167 173 179 181 191 193 197
199
```

图 5-8　字母转换规律

【例题 5.13】 译密码。为使电文保密，往往按一定规律将其转换成密码，收报人再按约定的规律将其译回原文。例如规律为将电文中的每个字母变为其后的第 4 个字母（见图 5-8），非字母字符不变，请编写出程序。

算法分析：找译码规律。首先，输入一行字符，当用户按下回车键表示输入结束，所以循环进行的条件是当前字符不等于'\n'符。扫描字符串中的每一个字符，首先判断是否为字母（包括大小写），若不是则不改变它的值；如果是字母，还要判断是否在'W'到'Z'的范围内（包括大小写）。如果不在，则 ASCII 值加 4 即可变为其后第四个字母；如果在'W'到'Z'的范围内（包括大小写），则 ASCII 值减 22 即可变为对应的字母（读者查阅 ASCII 表可知）。流程图如图 5-9 所示。

程序代码：

```
#include <stdio.h>
int main()
{
 char c;
   c=getchar();
   while(c!='\n')
   {
     if((c>='a' && c<='z') || (c>='A' && c<='Z'))
     {
       if(c>='W' && c<='Z' || c>='w' && c<='z')
           c=c-22;
       else c=c+4;
     }
     printf("%c",c);
     c=getchar();
   }
   printf("\n");
   return 0;
}
```

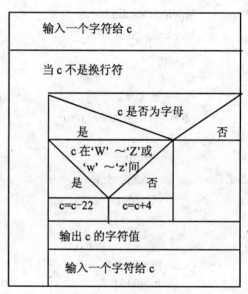

图 5-9 例题 5.12 的流程图

运行结果：

china!

glmre!

此题还可以用以下的方法来加以改进：

程序代码：

```
#include <stdio.h>
int main()
{
 char c;
 while((c=getchar())!='\n')      // 输入一个字符给字符变量c并检查它的值是否换行符
```

94

```
    {
        if((c>='A' && c<='Z') || (c>='a' && c<='z'))         //c 如果是字母
        {
            c=c+4;                          // 只要是字母，都先加 4
            if(c>'Z' && c<='Z'+4 || c>'z')  // 如果是 26 个字母中最后 4 个字母之一
                c=c-26;                     //c 的值改变为 26 个字母中最前面的 4 个字母中对
                                            //  应的字母
        }
        printf("%c",c);                     // 输出已改变的字符
    }
    printf("\n");
    return 0;
}
```

运行结果：

china!

glmre!

两种写法结果完全相同。请对比分析上面两个程序有什么不同，特别是内嵌的 if 语句一定不能写成 if(c>='Z' || c>'z')   c=c-26；为什么？请分析原因。

本 章 小 结

循环程序是一种重复性结构，其特点是反复执行曾经执行过的指令序列。

C 语言中提供三种基本的循环控制语句，分别是 while 语句、do-while 语句和 for 语句。这三种语句的语法格式不同，但都可以用来处理同一个问题。其中 for 语句使用最为频繁，因为它的书写格式非常灵活，凡是能用另外两种语句写出来的都可以用 for 语句写出来。while 语句是先判断表达式，再执行循环体语句；do-while 语句是先执行一遍循环体语句，再判断表达式。

循环程序应该按照事先指定的循环条件正常地开始和结束，读者应当注意避免出现死循环。如果想提前结束循环就需要用 break 语句和 continue 语句。break 语句结束本层整个循环过程，不再判断执行循环的条件是否成立；而 continue 语句只结束本次循环，还要判断下次循环的条件是否成立，如果成立还要完成下一次的循环。

在循环体内又包含有另一个完整的循环结构就构成循环的嵌套。根据循环层次的不同，分为单重循环和多重循环。通常，循环的层次越多，问题越复杂。当循环的层次较多时，一定要注意各层循环的执行过程，以免出错。

编写循环程序有两个关键的着眼点：循环体是什么？即每次重复执行的语句有哪些。循环应该怎样控制？即是循环次数已知，完成规定的循环次数就结束，还是循环次数未知但循环条件已知，符合循环结束的条件就结束，避免出现死循环。

要想顺利地设计出循环程序，读者首先要熟练掌握三种循环控制语句的语法格式，另外还要多看程序，多分析，多实践，多积累，在循环程序的算法上下工夫。

习题 5

一、选择题

1. while 循环语句中，while 后一对圆括号中表达式的值决定了循环体是否进行，因此，进入 while 循环后，一定有能使此表达式的值变为_____的操作，否则，循环将会无限制地进行下去。

    A）0   B）1   C）成立   D）2

2. 在 do-while 循环中，循环由 do 开始，用 while 结束；必须注意的是：在 while 表达式后面的_____不能丢，它表示 do-while 语句的结束。

    A）0   B）1   C）;   D），

3. for 语句中的表达式可以部分或全部省略，但两个_____不可省略。但当三个表达式均省略后，因缺少条件判断，循环会无限制地执行下去，形成死循环。

    A）0   B）1   C）;   D），

4. 语句 while(!e)中的条件!e 等价于_____。

    A）e==0   B）e!=1   C）e!=0   D）e==1

5. 程序段如下：

```
int k=1;
while(!k= =0)    {k=k+1;printf("%d\n",k);}
```

说法正确的是_____。

    A）while 循环执行两次   B）循环是无限循环

    C）循环体语句一次也不执行   D）循环体语句执行一次

6. 程序段如下：

```
int k=-20;
while(k=0)    k=k+1;
```

则以下说法中正确的是_____。

    A）while 循环执行 20 次   B）循环是无限循环

    C）循环体语句一次也不执行   D）循环体语句执行一次

7. 在下列程序中，while 循环的循环次数是_____。

```
#include<stdio.h>
int main( )
{ int  i=0;
 while(i<10)
   {if(i<1)   continue;
    if(i= =5)   break;
     i++;
   }
......
}
```

    A）1   B）10   C）6   D）死循环、不能确定次数

8. 以下程序的输出结果_____。

```
#include<stdio.h>
int main()
{
    int x=3;
    do
    {
    printf("%3d",x-=2);
    }while(--x);
    return 0;
}
```

A)1   B)31   C)1 -2   D)死循环

9. 当输入为"quert?"时，下列程序的执行结果是_____。

```
#include<stdio.h>
int main()
{
    char c;
    c=getchar();
    while((c=getchar())!='?')    putchar(++c);
    return 0;
}
```

A)Quert   B)vfsu   C)quert?   D)rvfsu?

10. 以下程序的功能是：按顺序读入10名学生的4门课程的成绩，计算出每位学生的平均分并输出，程序如下：

```
#include<stdio.h>
int main()
{
    int n,k;
    float score,sum,ave;
    sum=0.0;
    for(n=1;n<=10;n++)
    {
    for(k=1;k<=4;k++)
    {
        scanf("%f",&score);sum+=score};}
        ave=sum/4.0;
        printf("NO%d:%f\n",n,ave);
    }
    return 0;
}
```

上述程序有一条语句出现在程序的位置不正确。这条语句是_____。

A)sum=0.0; B) scanf("%f",&score);

C) sum+=score; D) ave=sum/4.0;

二、填空题

1. 若 for 循环用以下形式表示：for(表达式 1；表达式 2；表达式 3) 循环体语句；则执行语句 for(i=0;i<3;i++) printf("*");时，表达式 1 执行_____次，表达式 3 执行_____次，该语句的运行结果为_____。

2. 在循环中，continue 语句与 break 语句的区别是：continue 语句是_____，break 语句是_____。

3. 设有以下程序：

```
#include<stdio.h>
int main()
{
    int n1,n2;
    scanf("%d",&n2);
    while(n2!=0)
    {
        n1=n2%10;
        n2=n2/10;
        printf("%d",n1);
    }
    return 0;
}
```

程序运行后，如果从键盘上输入 1298，则输出结果为_____。

4. 下列程序运行结果是：_____。

```
#include<stdio.h>
int main( )
{
    int i,j;
    for(i=1;i<=4;i++)
    {
        for(j=1;j<=i;j++)
            printf("*");
        printf("\n");
    }
    return 0;
}
```

5. 鸡兔共有 30 只，脚共有 90 个，下列程序段是计算鸡兔各有多少只，请填空。

```
for(x=1;x<=29;x++)
{
    y=30-x;
```

```
    if(_____)printf("%d,%d\n",x,y);
}
```

三、代码设计题

1．输入 n 个数，求其中的最大值。

2．输入 n 个整数，求这 n 个数之中的偶数的平均值，并输出。

3．输入一行字符，分别统计出其中英文字母、空格、数字和其他字符的个数。

4．编程输出如下图形：

```
    1
   123
  12345
 1234567
123456789
```

5．计算斐波那契分数数列的前 n 项之和（斐波那契分数数列为 2 + 3/2 + 5/3 + 8/5 + 13/8 + 21/13 +……）。

6．一个球从 100 米高度自由落下，每次落地后反弹回原高度的一半，再落下，再反弹。求它在第 10 次落地时，共经过多少米，第 10 次反弹多高。

7．求 Sn=a+aa+aaa+…+aa…a 的值。其中 a 是用户通过键盘输入的一个具体值，n 代表的是 a 的位数。

8．输出所有的"水仙花数"。所谓"水仙花数"是指一个 3 位数，其各位数字立方和等于该数本身。例如，153 是一个水仙花数，因为 $153=1^3+5^3+3^3$。

9．编一程序，将 2000 年到 3000 年中的所有闰年年份输出并统计出闰年的总年数，要求每 10 个闰年放在一行输出。

10．中国古代数学家张丘建提出的"百鸡问题"：一只大公鸡值五个钱，一只母鸡值三个钱，三个小鸡值一个钱。现在有 100 个钱，要买 100 只鸡，是否可以？若可以，给出一个解，要求三种鸡都有。请写出求解该问题的程序。

【上机实验 5】循环结构程序设计

1．实验目的

（1）掌握 while 语句、do-while 语句和 for 语句实现循环的语法、结构及程序的执行过程。

（2）掌握在程序设计过程中用循环结构实现的一般常规算法。

（3）进一步掌握程序的编写、调试及运行的基本方法。

2．实验预备

（1）while 语句的语法、流程图及执行过程。

（2）do-while 语句的语法、流程图及执行过程。

（3）for 语句的语法、流程图及执行过程。

3．实验内容

（1）编写程序 1：输入一行字符，分别统计出其中英文字母、空格、数字和其他字符的个数。

（2）编写程序 2：编程输出如下图形。

```
                            1
                           123
                          12345
                         1234567
                        123456789
```

（3）编写程序 3：求 $Sn=a+aa+aaa+\cdots+aa\cdots a$ 的值。其中 a 是用户通过键盘输入的一个具体值，n 代表的是 a 的位数。

（4）输入任意数量学生的单科成绩，求出其中最高分、最低分和平均分。

4. 实验提示

（1）启动 Visual C++6.0，在 D 盘下建立分别以学号姓名实验 5 为工程名和文件名。

（2）在学号姓名实验 5 文件名编辑本实验要求的 C 语言源程序。

（3）编辑完一个 C 源程序后，对其编译、连接和运行并分析结果是否符合要求。

（4）当一个 C 源程序经编译、连接和运行正确后，对其加上注释，在学号姓名实验 5 文件下再编辑下一题，以此类推。

（5）按学号姓名实验 5 为文件名的程序代码提交给教师。

程序 1 代码：

```c
#include <stdio.h>
int main ()
{
    int n1=0，n2=0，n3=0，n4=0;
    char c;
    printf ("请输入一行字符:\n");
    while ((c=getchar())!='\n')
    {
if((c>='a'&&c<='z')||(c>='A'&&c<='Z'))
            n1++;
        else if(c= =' ')
               n2++ ;
             else if(c>='0'&&c<='9')
                     n3++;
               else n4++;
    }
    printf("英文字母个数为：%d\n 空格个数为：%d\n 数字个数为：%d\n 其他字符的个数为：%d\n",n1,n2,n3,n4);
    return 0;
}
```

根据编译、连接和运行程序回答下列问题：

① 本题的循环进行条件是什么？终止条件是什么？循环体做什么？

② 对循环体的语句加上注释。

③ 绘制程序的流程图或 N-S 图。

程序 2 代码：#include <stdio.h>

int main ()

{

　　int i,j;

　　for(i=1;i<=5;i++)

　for(j=1;j<=9;j++)

{

　if(j<=5-i||j>=5+i) printf(" ");

　else printf("%d",i− (5−j));

　if(j= =9) printf("\n");

}

　　return 0;

}

根据编译、连接和运行程序回答下列问题：

① 本题是双重循环，用到循环变量 i，j，其中，它们谁控制行？谁控制列？是如何控制的？

② 程序中的 if-else 语句在循环体中起什么作用？

③ 将程序中 if(j= =9) printf("\n");语句去掉，重新编译、连接、运行程序，观察程序结果并同原程序结果相比较有何不同，若不同请分析原因及说明该语句在程序中的作用。

程序 3 代码：

方法 1：

#include<stdio.h>

#include<math.h>

int main()

{

int i,j,a,n,s=0;

printf("请输入 a n\n");

scanf("%d%d",&a,&n);

　for(j=1;j<=n;j++)

　　for(i=0;i<j;i++)

{

　　s+=a*pow(10,i);

}

　　printf("s=%d\n",s);

　　return 0;

}

方法 2：

#include <stdio.h>

int main()

{

```
        int a,n;
        printf("请输入 a n 的值\n");
        scanf("%d%d",&a,&n);
        int s=a;
        for(int i=2;i<=n;i++)
        {
            a=a*10+a;
            s+=a;
        }
        printf("s=%d\n",s);
        return 0;
    }
```

根据编译、连接和运行程序回答下列问题：

① 比较方法1和方法2的算法区别。

② 方法 1 中表达式 s+=a*pow(10,i)中的 pow( )是什么函数？调用此函数时去掉 #include<math.h>头文件，再去编译、连接和运行程序观察出现什么情况？

③ 解决本题的核心算法是什么？

程序4代码：

```
#include<stdio.h>
int main()
{
int n,score,max,min,aver;
aver=0;
n=0;
max=100;min=0;
printf("\n score=?");
while(1)
{
    scanf("&d",&score);
    if(score<0) break;
    aver+=score;
    n++;
    if(score>max) max=score;
    if(score<min) min=score;
}
aver=aver/n;
printf("\n n=%d",n);
printf("\n max=%d",max);
    printf("\n min=%d",min);
printf("\n aver=%d",aver);
```

```
    return 0;
    }
```

　根据编译、连接和运行程序回答下列问题：

　① 输入并运行程序。输入数据如下：92 85 64　78 53 98-1。其中前 6 个是学科分数，最后输入的一个负数作结束标志。分析结果是否正确，如不正确，请找出错误的原因，修改后重新运行，直到结果正确为止。

　② 程序中 if(score<0) break;语句起何作用？

　③ 程序中当循环个数不确定时是如何处理的？程序中是如何求最高分、最低分的？这种算法有何特别之处？

　5．实验报告

　（1）将上述 C 程序文件放在一个"学号姓名实验 5"的文件名下，并以该文件名的电子档提交给教师。

　（2）按实验报告的格式完成每题后的要求。

第 6 章 数 组

【学习目标】

1. 熟练掌握一维数组的定义、赋值、输入输出方法。
2. 熟练掌握二维数组的定义、赋值、输入输出方法。
3. 掌握字符数组和字符串函数的使用。
4. 掌握与数组有关的算法。

问题提出：输入 100 个整数并以输入时相反的顺序输出这 100 数；输入 100 名学生的成绩，输出高于平均分的学生的成绩。如何实现？

运用已学的知识是可以求解：定义 100 个变量来保存这 100 个数。如：a1,a2,a3,a4,…,a100。再按 a100,a99,a98, …,a1 的顺序输出。定义 100 个变量来存储 100 名学生的成绩，先求成绩平均分后，再分别与每名学生成绩比较，若高于平均分则输出。

因此虽然完成规定的功能，但从空间上分的浪费大量的资源，从时间上分析执行效率较低，这种算法不符合程序设计思想的要求，那对于这样处理一批数的问题，如何来实现。C 语言提供一种新数据结构类型——数组来实现。

我们学习了基本的数据类型，如整型、实型和字符型数据，有时在程序设计中，为了处理方便，需要把具有相同类型的若干数据按有序的形式组织起来应用。这些按序排列的同类型数据元素的集合称为数组。

数组是有序并具有相同性质类型的数据的集合，它是某种类型的数据，按照一定的顺序组成的，因此数组属于构造类型。

在 C 语言中，数组属于构造数据类型。一个数组可以分解为多个数组元素，这些数组元素可以是基本数据类型或是构造类型。因此按数组元素的类型不同，数组又可分为数值数组、字符数组、指针数组、结构数组等各种类别。本章主要讲述数值数组和字符数组，其余内容在以后各章陆续介绍。

在程序设计中，数组是一种十分有用的数据结构。例如输入 100 名学生的成绩，要求输出高于平均分的那些成绩。这个问题本身的算法很简单，但不用数组，解决起来十分繁琐。平均分可以在读入数据的同时，用一边累加成绩一边统计数据个数的方法最后求出，但只有读入最后一个学生的分数之后才能求出平均分，因此必须把 100 个学生的分数全部保留下来，然后逐个和平均分比较，才能把高于平均分的成绩打印出来。为了保存学生的成绩，就需要有 100 个变量（假定为 a1，a2，…，a100）来存放，且用变量与平均分 average 一一比较如下：

```
if （a1>average） printf （"%f\n", a1）;
if （a2>average） printf （"%f\n", a2）;
        ……
```

if（a100>average）printf（"%f\n"，a100）;

这样的程序实际上是无法让人接受的。如果使用数组元素 a［1］，a［2］，…，a［100］来代替 a1，a2，…，a100，则程序就会简单得多，只需用如下的一个 for 循环就能完成 100 次比较：

   for（i=1;i<=100;i++）

     if（a［i］>average）printf（"%f\n"，a［i］）;

在这里，a［i］代表 a 数组中的一个元素，i 是数组元素的下标，这个下标可以是一个变量也可以是表达式。当 i 的值为 1 时，a［i］代表 a［1］;当 i 的值为 2 时，a［i］代表 a［2］。

在循环中当 i 从 1 变化到 100 时，a［i］也就逐个代表 a［1］到 a［100］。

由此可见，由于引用了数组元素，使得本来十分繁琐的程序变得非常简单。

当程序中需要使用数组元素时，必须先对数组进行定义。数组中每个成员称为数组的一个元素，数组元素如同其他基本变量一样可以被赋值和在表达式中使用。构成数组的各个元素必须具有相同的数据类型，不允许在同一数组中出现不同类型的变量。

数组中的元素是按顺序排列的，各个元素在数组中的位置由数组的下标来确定，C 语言数组的下标必须是正整数、0 或者整型表达式，数组是通过下标去访问它的各个成员的。

引用同一数组中的各个元素必须使用同一数组名。访问数组中的一个具体元素，必须通过使用数组名及其后的方括号中的下标来实现。

6.1　一维数组的定义和引用

按照数组元素的类型可把数组分为整型数组、实型数组、字符型数组和指针型数组；按照数组下标的个数又可以把数组分为一维数组、二维数组和多维数组。我们首先学习最简单也是最常用的一维数组。

6.1.1　一维数组的定义方式

在 C 语言中使用数组同变量一样必须遵循先定义后使用，先赋值后引用的原则。一维数组的定义方式为：

类型说明符 数组名 [常量表达式];

其中：

类型说明符是任一种基本数据类型或构造数据类型。

数组名是用户定义的数组标识符。只要符合 C 语言的标识符规则就行。

方括号中的常量表达式表示数组元素的个数，也称为数组的长度。

例如：

int a[10];　　　　　说明整型数组 a，有 10 个元素。

float b[10],c[20];　说明实型数组 b，有 10 个元素，实型数组 c，有 20 个元素。

char ch[20];　　　　说明字符数组 ch，有 20 个元素。

对于数组类型说明应注意以下几点：

（1）数组的类型实际上是指数组元素的取值类型。对于同一个数组，其所有元素的数据类型都是相同的。

（2）数组名的命名规则应符合 C 语言标识符的相关规定。

（3）在同一程序中，数组名不能与其他变量名同名。

例如：

```
main()
{
    int a;
    float a[10];
    ……
}
```

是错误的。

（4）方括号中常量表达式表示数组元素的个数，如 a[5]表示数组 a 有 5 个元素。但其下标从 0 开始计算。因此 5 个元素分别为 a[0],a[1],a[2],a[3],a[4]。如果引用了 a[5]，则编译系统检查不出语法错误，这种现象称数组下标越界。

（5）不能在方括号中用变量来表示元素的个数， 但是可以是符号常数或常量表达式。

例如：

```
#define FD 5
main()
{
    int a[3+2],b[7+FD];
    ……
}
```

是合法的。

但是下述说明方式是错误的。

```
main()
{
    int n=5;
    int a[n];
    ……
}
```

（6）允许在同一个类型说明中，说明多个数组和多个变量，各个变量和多个数组名间用逗号隔开。

例如：int a,b,c,d,k1[10],k2[20];

6.1.2 一维数组元素的引用

数组元素是组成数组的基本单元。数组元素也是一种变量， 其标识方法为数组名后跟一个下标。下标表示了元素在数组中的顺序号。

数组元素引用形式为：

数组名[下标]

其中下标只能为整型常量或整型表达式。如为小数时，C 编译将自动取整。

例如：

```
a[5]
```

a[i+j]

a[i++]

都是合法的数组元素。

数组元素通常也称为下标变量。必须先定义数组，才能使用下标变量。在C语言中只能逐个地使用下标变量，而不能一次引用整个数组。

例如，输出有10个元素的数组必须使用循环语句逐个输出各下标变量：

```
for(i=0; i<10; i++)
    printf("%d",a[i]);
```

而不能用一个语句输出整个数组。

下面的写法是错误的：

printf("%d",a);

对定义数组和引用数组元素要严格区分：定义数组为类型名　数组名[数组长度]；引用数组元素为数组名[下标]。对数组下标在引用时不要越界。

【例题 6.1】 对数组 a 的 10 个元素赋 0 到 9 的值，并按反向输出。

```
#include<stdio.h>
int main()
{
  int i,a[10];
  for(i=0;i<=9;i++)
      a[i]=i;
  for(i=9;i>=0;i--)
      printf("%d ",a[i]);
      return 0;
}
```

【例题 6.2】 对数组 a 的 10 个元素赋 0 到 9 的值，并按反向输出。

```
#include<stdio.h>
int main()
{
  int i,a[10];
  for(i=0;i<10;)
      a[i++]=i;
  for(i=9;i>=0;i--)
      printf("%d",a[i]);
  return 0;
}
```

【例题 6.3】 对数组 a 的 10 个元素赋给定的表达式的值，并输出 a 数组的值及指定元素的值。

```
#include<stdio.h>
int main()
{
```

```
    int i,a[10];
    for(i=0;i<10;)
        a[i++]=2*i+1;
    for(i=0;i<=9;i++)
printf("%d ",a[i]);
printf("\n%d %d\n",a[5.2],a[5.8]);
return 0;
}
```

程序说明:本例中用一个循环语句给 a 数组各元素送入奇数值,然后用第二个循环语句输出各个奇数。在第一个 for 语句中,表达式 3 省略了。在下标变量中使用了表达式 i++,用以修改循环变量。当然第二个 for 语句也可以这样做,C 语言允许用表达式表示下标。 程序中最后一个 printf 语句输出了两次 a[5]的值,可以看出当下标不为整数时将自动取整。

6.1.3 一维数组元素的存储结构

当在说明部分定义了一个数组之后,C 编译程序会为所定义的数组在内存中开辟一串连续的存储单元,若定义一个 int score[8] 数组在内存中的排列如图 6-1 所示。

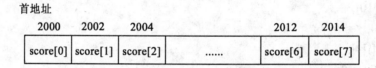

图 6-1 数组在内存的排列顺序

score 数组共有 8 个元素,在内存中,这 8 个数组元素共占用 32 个(在 VC 编译系统下)或 16 个(在 Turbo C 编译系统下)连续的存储单元,每个数组元素占用 4 个(VC 编译系统下)或 2 个(在 Turbo C 编译系统下)存储单元,第 1 个元素对应的存储单元的地址称为数组首地址(图 6-1 中假设首地址为 2000,每个 int 型数据占 4/2 个字节且用低地址来描述)。

6.1.4 一维数组元素的初始化

给数组赋值的方法除了用赋值语句对数组元素逐个赋值外,还可采用初始化赋值和动态赋值的方法。

数组的初始化是指在定义数组的同时为数组元素赋初始值。数组初始化是在编译阶段进行的。这样将减少运行时间,提高效率。

初始化赋值的一般形式为:

类型说明符 数组名[常量表达式]={值 1,值 2,…,值 n};

其中在{}中的各数据值即为各元素的初值,各值之间用逗号间隔。

例如:

int a[10]={ 0,1,2,3,4,5,6,7,8,9 };

相当于 a[0]=0;a[1]=1,…,a[9]=9;

C 语言对数组的初始化赋值还有以下几点规定:

（1）可以只给部分元素赋初值。

当{ }中值的个数少于元素个数时，只给前面部分元素赋值，后部分没有获得初值的元素则置相应类型的默认值（如 int 型置整数 0，char 型置字符'\0'，float 型置实数 0.000000 等）。

例如：

```
int a[10]={0,1,2,3,4};
```

表示只给 a[0]～a[4]5 个元素赋值，而后 5 个元素自动赋 0 值。

（2 只能给元素逐个赋值，不能给数组整体赋值。

例如给十个元素全部赋 1 值，只能写为：

```
int a[10]={1,1,1,1,1,1,1,1,1,1};
```

而不能写为：

```
int a[10]=1;
```

（3）如给全部元素赋值，则在数组说明中，可以不给出数组元素的个数。

例如：

```
int a[5]={1,2,3,4,5};
```

可写为：

```
int a[]={1,2,3,4,5};
```

6.1.5　一维数组程序举例

可以在程序执行过程中，对数组作动态赋值。这时可用循环语句配合 scanf 函数逐个对数组元素赋值。

【例题 6.4】 对 a 数组输入任意值并输出其中最大元素的值。

```c
#include<stdio.h>
int main()
{
    int i,max,a[10];
    printf("input 10 numbers:\n");
    for(i=0;i<10;i++)
        scanf("%d",&a[i]);
    max=a[0];
    for(i=1;i<10;i++)
        if(a[i]>max) max=a[i];
    printf("maxmum=%d\n",max);
    return 0;
}
```

程序说明：

本例程序中第一个 for 语句逐个输入 10 个数到数组 a 中。然后把 a[0]送入 max 中。在第二个 for 语句中，从 a[1]到 a[9]逐个与 max 中的内容比较，若比 max 的值大，则把该元素值送入 max 中，因此 max 总是在已比较过的元素值中为最大者。比较结束，输出 max 的值。

若还要输出最大值元素的下标，则如何修改程序。

【例题 6.5】 用数组来处理求 Fibonacci 数列问题。

Fibonacci 数列 F（n）的定义如下：

$$F（n）=\begin{cases}1 & \text{当 n=0，1 时} \\ F（n-1）+F（n-2） & \text{当 n≥2 时}\end{cases}$$

```
#include<stdio.h>
int main()
{
    int i;
    static int f [20] = {1，1} ; /* 定义 20 个元素的数组 f [0] =f [1] =1 */
    for（i=2;i<20;i++）
       f [i] =f [i-2] +f [i-1] ; /* 当 i≥2 时,计算 f (i),相当于 n≥2 时求 f (n) */
    for（i=0;i<20;i++）
    {
        if（i%5= =0）printf（"\n"）; /* 每行输出 5 个数据 */
        printf（"%10d", f [i]）;
    }
    Return 0;
}
```

程序运行结果如下：

```
     1         1         2         3         5
     8        13        21        34        55
    89       144       233       377       610
   987      1597      2584      4181      6765
```

【例题 6.6】 用冒泡法对 10 个数由小到大排序。

排序是程序设计中经常遇到的问题，其中冒泡排序法是一种行之有效的方法。冒泡排序的思路：首先对 n 个数的每相邻两个数进行比较，小数放在前面，大数放在后面，经过第一轮比较后，数列中的最后一个数是最大数，再接下来是对 n-1 进行同样的比较，将次大数放在数列中的倒数第二个位置上，依次类推，直到排序结束，在整个排序过程中，大数不断往下沉，小数不断往上冒，因此称冒泡法。设数组中有五个元素 a [1]，…,a [5]，要求经排序后，a [1] ,…,a [5] 是从小到大的顺序排列的。

算法分析：将数组中两相邻元素 a [i]，a [i+1] 进行比较，将小的元素放到 a [i] 中，大的元素放到 a [i+1] 中，当所有元素都比较完后，最大的元素将成为数组中的最后一个元素 a [5]，然后再将前面 a [1]，…，a [4] 两两进行比较，按同样的道理，得到 a [4] 为 4 个元素中最大的元素，依次得到 a [3]，…，a [1]，排序完成。以上过程如下：

a [1]   a [2]   a [3]   a [4]   a [5]

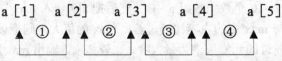

第 1 次循环:两两比较，如 a [1] >a [2]，将 a [2] 赋给 a [1] ,a [1] 赋给 a [2]，共

进行 4 次比较或交换。得到 a [5] 为最大值。

   a [1]   a [2]   a [3]   a [4]

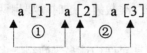

第 2 次循环:同第 1 次循环一样,得到最大元素放入 a [4],共进行 3 次比较。

    a [1] a [2] a [3]

第 3 次循环:同样将 a [1]、a [2]、a [3] 中最大元素放入 a [3],共比较 2 次

    a [1]   a [2]

第 4 次循环:将 a [1],a [2] 比较,大数放入 a [2],小数放 a [1],到现在,排序完成,最小数最后"冒出来"。

这是一个双重循环的问题,从上面分析得知,如果数组有 N 个元素,外循环变量用 j 表示,则 j 取值为 1 到 N-1,内循环的次数为:数组元素个数 N-j,下面给出本程序代码。

程序代码:

```c
#include<stdio.h>
int main()
{
int a[11];                    //定义 a [0] …a [10]
int i,j,t;
printf("input10numbers:\n");
for(i=1;i<11;i++)
scanf("%d",&a[i]);            // 输入 10 个数分别赋给 a [1] …a [10] ,a [0] 未用
printf("\n");
for(j=1;j<=9;j++)             //外循环 10-1=9 次,用 j 作循环变量
    for(i=1;i<=10-j;i++)     //内循环从 1 到 10-j(分别为 9…1)
     if(a[i]>a[i+1])         //完成相邻元素比较,将小数放前, 大数放后
  {t=a[i];a[i]=a[i+1];a[i+1]=t;}
        printf("the sorted numbers:\n");
        for(i=1;i<=10;i++)
        printf("%d   ",a[i]);
  return 0;
}
```

6.2 二维数组的定义和引用

6.2.1 二维数组的定义

前面介绍的数组只有一个下标，称为一维数组，其数组元素也称为单下标变量。如果一维数组的每个元素本身也是一个一维数组，则形成了一个二维数组。这时就要用两个下标来表示它的每个数组元素。

在实际问题中有很多量是二维的或多维的，因此C语言允许构造多维数组。多维数组元素有多个下标，以标识它在数组中的位置，所以也称为多下标变量。本小节只讨论二维数组，多维数组可由二维数组类推而得到。

二维数组定义的一般形式是：

类型说明符 数组名[常量表达式 1][常量表达式 2];

其中常量表达式 1 表示第一维下标的长度，常量表达式 2 表示第二维下标的长度。

例如：

        int a[3][4];

说明了一个三行四列的数组，数组名为 a，其下标变量的类型为整型。该数组的下标变量共有 3×4 个，即：

a[0][0] a[0][1] a[0][2] a[0][3]

a[1][0] a[1][1] a[1][2] a[1][3]

a[2][0] a[2][1] a[2][2] a[2][3]

以上 a[0][0],…, a[2][3]是二维数据的元素对应的变量名称。

二维数组的定义注意事项：

（1）元素类型说明符、数组名及常量表达式的要求与一维数组相同。

（2）常量表达式 1 和常量表达式 2 不能写在一个方括号内且只能是方括号，而不能是圆括号、花括号。例如：

定义不能写成：

        int a[3, 4];

        int a{3}{4};

而应该写成：

        int a[3][4];

（3）二维数组可以看成是一种特殊的一维数组，其特殊之处就在于它的元素又是一个一维数组。例如，二维数组 a[3][4]可以理解为：它有三个元素 a[0]、a[1]、a[2]，每一个元素却又是一个包含 4 个元素的一维数组。如图 6-2 所示。

二维数组名	一维数组名	数组元素			
	a[0]	a[0][0]	a[0][1]	a[0][2]	a[0][3]
a	a[1]	a[1][0]	a[1][1]	a[1][2]	a[1][3]
	a[2]	a[2][0]	a[2][1]	a[2][2]	a[2][3]

图 6-2

（4）二维数组元素在计算机内存单元的存放是按线性方式进行存储的。

6.2.2 二维数组元素的引用

二维数组的元素也称为双下标变量，二维数组元素的引用是通过数组名和行下标列下标来引用的。引用的形式为：

数组名[行下标表达式][列下标表达式];

例如：

　　a[3][4]

表示 a 数组三行四列的元素。

数组引用和数组说明在形式中有些相似，但这两者具有完全不同的含义。数组说明的方括号中给出的是某一维的长度，即可取下标的最大值；而数组元素中的下标是该元素在数组中的位置标识。前者只能是常量，后者可以是常量，变量或表达式。

要引用二维数组的全部元素，就要遍历二维数组，通常应使用二层嵌套的 for 循环，一般常把二维数组的行下标作为外循环的控制变量，把列下标作为内循环的控制变量。

【例题 6.7】 一个学习小组有 5 个人，每个人有三门课的考试成绩见表 6-1。求全组分科的平均成绩和各科总平均成绩。

表 6-1

	张	王	李	赵	周
Math	80	61	59	85	76
C	75	65	63	87	77
English	92	71	70	90	85

算法分析：可设一个二维数组 a[5][3]存放五个人三门课的成绩。再设一个一维数组 v[3]存放所求得各分科平均成绩，设变量 average 为全组各科总平均成绩。程序中首先用了一个双重循环。在内循环中依次读入某一门课程的各个学生的成绩，并把这些成绩累加起来，退出内循环后再把该累加成绩除以 5 送入 v[i]之中，这就是该门课程的平均成绩。外循环共循环三次，分别求出三门课各自的平均成绩并存放在 v 数组之中。退出外循环之后，把v[0],v[1],v[2]相加除以 3 即得到各科总平均成绩。最后按题意输出各个成绩。

程序代码：

```c
#include<stdio.h>
int main()
{
  int i,j,s=0,average,v[3],a[5][3];
  printf("input score\n");
  for(i=0;i<3;i++)
{
      for(j=0;j<5;j++)
    { scanf("%d",&a[j][i]);
```

```
s=s+a[j][i];}
        v[i]=s/5;
        s=0;
    }
average =(v[0]+v[1]+v[2])/3;
printf("math:%d\nc languag:%d\nEnglish:%d\n",v[0],v[1],v[2]);
printf("total:%d\n", average );
return 0;
}
```

6.2.3 二维数组元素的存储结构

二维数组在概念上是二维的，即是说其下标在两个方向上变化，下标变量在数组中的位置也处于一个平面之中，而不是像一维数组只是一个向量。但是，实际的硬件存储器却是连续编址的，也就是说存储器单元是按一维线性排列的。 如何在一维存储器中存放二维数组，可有两种方式：一种是按行排列， 即放完一行之后顺次放入第二行。另一种是按列排列，即放完一列之后再顺次放入第二列。在 C 语言中，二维数组是按行排列的。

即：先存放 a[0]行，再存放 a[1]行，最后存放 a[2]行。每行中有四个元素也是依次存放。由于数组 a 说明为 int 类型，该类型占两个字节的内存空间，所以每个元素均占有两个字节)。如图 6-3 所示，数组 a[3][4]的存储结构如图 6-3 所示。

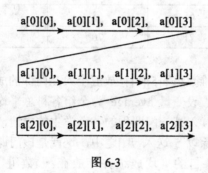

图 6-3

6.2.4 二维数组的初始化

二维数组初始化也是在类型说明时给各下标变量赋以初值。二维数组可按行分段赋值，也可按行连续赋值。

例如对数组 a[5][3]:

（1）按行分段赋值可写为：

int a[5][3]={ {80,75,92},{61,65,71},{59,63,70},{85,87,90},{76,77,85} };

（2）按行连续赋值可写为：

int a[5][3]={ 80,75,92,61,65,71,59,63,70,85,87,90,76,77,85};

这两种赋初值的结果是完全相同的。

【例题 6.8】 对二维数组的初始化

```
#include<stdio.h>
int main()
{
    int i,j,s=0, average,v[3];
    int a[5][3]={{80,75,92},{61,65,71},{59,63,70},{85,87,90},{76,77,85}};
    for(i=0;i<3;i++)
        { for(j=0;j<5;j++)
          s=s+a[j][i];
          v[i]=s/5;
          s=0;
        }
    average=(v[0]+v[1]+v[2])/3;
    printf("math:%d\nc language:%d\ndEnglish:%d\n",v[0],v[1],v[2]);
    printf("total:%d\n", average);
return 0;
}
```

（3）可以只对部分元素赋初值，未赋初值的元素自动取 0 值。

例如：

　int a[3][3]={{1},{2},{3}};

是对每一行的第一列元素赋值，未赋值的元素取 0 值。赋值后各元素的值为：

```
        1 0 0
        2 0 0
        3 0 0
```

int a [3][3]={{0,1},{0,0,2},{3}};

赋值后的元素值为(注意：没有赋值的元素，自动赋给 0)：

```
        0 1 0
        0 0 2
        3 0 0
```

（4）如对全部元素赋初值，则第一维的长度可以省略不写。

例如：

int a[3][3]={1,2,3,4,5,6,7,8,9};

可以写为：int a[][3]={1,2,3,4,5,6,7,8,9};

这是因为系统编译器可以根据数据总个数(=12)和列数(=4)来确定行数(=12/4)，故行数可以缺省。

（5）数组是一种构造类型的数据。二维数组可以看做是由一维数组的嵌套而构成的。设一维数组的每个元素都又是一个数组，就组成了二维数组。当然，前提是各元素类型必须相同。根据这样的分析，一个二维数组也可以分解为多个一维数组。C语言允许这种分解。

如二维数组 a[3][4]，可分解为三个一维数组，其数组名分别为：

a[0]

a[1]

a[2]

对这三个一维数组不需另作说明即可使用。这三个一维数组都有 4 个元素，例如：一维数组 a[0]的元素为 a[0][0],a[0][1],a[0][2],a[0][3]。

必须强调的是，a[0],a[1],a[2]不能当做下标变量使用，它们是数组名，不是一个单纯的下标变量。

6.2.5 二维数组程序举例

【例题 6.9】 用二维数组保存三个班的 C 语言程序设计考试成绩（每个班 20 人），并求每个班的平均成绩。

```c
#include <stdio.h>
int main( )
{    float    score[3][20], sum[3]={0,0,0}, aver[3];
     int i,j;
     for (i=0;i<3;i++)
         {        printf ("请输入第%d 个班 20 个人的成绩：\n", i+1);
                  for (j=0;j<20;j++)
                      scanf("%f",&score[i][j]);
         }
     for (i=0;i<3;i++)
         {        for (j=0;j<20;j++)
                      sum[i]=sum[i]+score[i][j];
              aver[i]=sum[i]/20 ;
              printf("第%d 个班的 C 课程平均成绩为：%f\n",i+1,aver[i]);
         }
  return 0;
  }
```

【例题 6.10】 有一个 3×4 的矩阵，求出其中最大值，以及它所在的行和列。

```c
#include<stdio.h>
int main （）
{
    int i, j, r=0, c=0, max;
    static int a [3] [4] = {{1, 5, 3, 4},
              {9, 8, 7, 6}, {-8, 20, -1, 2}};
    max=a [0] [0] ;
    for （i=0;i<=2;i++）
        for （j=0;j<=3;j++）
if （a [i] [j] >max)
  {max=a [i] [j] ;
      r=i;
      c=j;
```

```
    }
    printf（"max=%d，r=%d，c=%d\n"，max，r，c）;
    return 0;
    }
```
输出结果：   max=20，r=2，c=1

6.3 字符数组

6.3.1 字符数组的定义

用来存放字符型数据的数组，称为字符数组。它既可以存放若干个字符，也可以存放字符串。字符串的末尾必须以"\0"字符结束，"\0"的 ASCII 码值为 0。前面已介绍 char 型变量只能存放一个由单引号括起来的字符。同样字符型数组中的每一个元素也只能存放一个字符型数据。一维字符数组的定义形式如下：

char 数组名[常量表达式]

例如：

char ch[10];

由于字符型和整型通用，也可以定义为 int ch[10]但这时每个数组元素占 2 个字节的内存单元。

字符数组也可以是二维或多维数组。二维字符数组的定义形式如下：

char 数组名[常量表达式 1] [常量表达式 2];

例如：

char ch[5][10];

6.3.2 字符数组元素的引用及初始化

字符数组也允许在定义时对其初始化赋值。

例如：

char c[10]={ 'c', '   ', 'p', 'r', 'o', 'g', 'r', 'a', 'm'};

赋值后各元素的值为：

数组 c   c[0]的值为'c'

            c[1]的值为' '

            c[2]的值为'p'

            c[3]的值为'r'

            c[4]的值为'0'

            c[5]的值为'g'

            c[6]的值为'r'

            c[7]的值为'a'

            c[8]的值为'm'

其中 c[9]未赋值，系统自动赋予'\0'值。

当对全体元素赋初值时也可以省去长度说明。

例如：   char c[]={'c', ' ', 'p', 'r', 'o', 'g', 'r', 'a', 'm'};这时 c 数组的长度自动定为 9。

字符数组在定义时进行的初始化。

例如：char c[8];

char c[ ]={"GOOD"}; //字符串末尾会自动加上结束符'\0'

等价于：char c[ ]={'G','O','O','D','\0'};

等价于：char c[ ]="GOOD"; //字符串常量外的大括号可省略

等价于：char c[5]={"GOOD"};

等价于：char c[5]={ 'G', 'O' 'O', 'D', '\0'};

等价于：char c[5]="GOOD";

【例题 6.11】 对字符数组的初始化。

```c
#include<stdio.h>
 int main()
{
  int i,j;
  char a[][5]={{ 'B', 'A', 'S', 'T', 'C',},{ 'd', 'B', 'A', 'S', 'E'}};
  for(i=0;i<=1;i++)
    {
      for(j=0;j<=4;j++)
          printf("%c",a[i][j]);
      printf("\n");
    }
  return 0;
}
```

本例的二维字符数组由于在初始化时全部元素都赋以初值，因此一维下标的长度可以不加以说明。

6.3.3 字符串的概念及存储结构

在 C 语言中没有专门的字符串变量，通常用字符数组来存放字符串。前面介绍字符串常量时，已说明字符串总是以'\0'作为串的结束符。因此当把一个字符串存入一个字符数组时，也把结束符'\0'存入数组，并以此作为该字符串是否结束的标志。有了'\0'标志后，就不必再用字符数组的长度来判断字符串的长度了。

C 语言允许用字符串的方式对字符数组进行初始化赋值。

例如：

char c[]={'C', ' ', 'p', 'r', 'o', 'g', 'r', 'a', 'm'};

可写为：

char c[]={"C program"};

或去掉{}写为：

char c[]="C program";

用字符串方式赋值比用字符逐个赋值要多占一个字节，用于存放字符串结束标志'\0'其 ASCII 码值为 0。上面的数组 c 在内存中的实际存放情况为：

C		p	r	o	g	r	a	m		\0

'\0'是由 C 编译系统自动加上的。由于采用了'\0'标志，所以在用字符串赋初值时一般无须指定数组的长度，而由系统自行处理。

6.3.4 字符串的输入与输出

在采用字符数组存储字符串方式后，字符串的输入输出将变得简单方便。

除了上述用字符串赋初值的办法外，还可用 printf 函数和 scanf 函数一次性输出输入一个字符数组中的字符串，而不必使用循环语句逐个地输入输出每个字符。

【例题 6.12】 用%s 格式符输出字符数组元素。

```c
#include<stdio.h>
int main()
{
  char c[]="BASIC\ndBASE";
  printf("%s\n",c);
  return 0;
}
```

注意在本例中 printf 函数，使用的格式字符串为"%s"，表示输出的是一个字符串。而在输出表列中给出数组名则可。不能写为：

```c
      printf("%s",c[]);
```

【例题 6.13】 采用数组名输入输出数组元素。

```c
#include<stdio.h>
int main()
{
  char st[15];
  printf("input string:\n");
  scanf("%s",st);
  printf("%s\n",st);
  return0;
}
```

本例中由于定义数组长度为 15，因此输入的字符串长度必须小于 15，以留出一个字节用于存放字符串结束标志'\0'。应该说明的是，对一个字符数组，如果不作初始化赋值，则必须说明数组长度。还应该特别注意的是，当用 scanf 函数输入字符串时，字符串中不能含有空格，否则将以空格作为串的结束符。

例如当输入的字符串含有空格时，运行情况为：

      input string:

this is a book

输出为：

this

从输出结果可以看出空格以后的字符都未能输出。为了避免这种情况，可多设几个字符数组分段存放含空格的串。

程序可改写如下：

【例题 6.14】 采用数组名输入输出多个数组元素。

```c
#include<stdio.h>
int main()
{
    char st1[6],st2[6],st3[6],st4[6];
    printf("input string:\n");
    scanf("%s%s%s%s",st1,st2,st3,st4);
    printf("%s %s %s %s\n",st1,st2,st3,st4);
    return 0;
}
```

本程序分别设了四个数组，输入的一行字符的空格分段分别装入四个数组。然后分别输出这四个数组中的字符串。

在前面介绍过，scanf 的各输入项必须以地址方式出现，如 &a,&b 等。但在前例中却是以数组名方式出现的，这是为什么呢？

这是由于在 C 语言中规定，数组名就代表了该数组的首地址。整个数组是以首地址开头的一块连续的内存单元。

如有字符数组 char c[10]，在内存可表示如图 6-4。

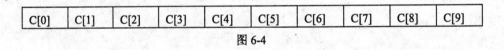

| C[0] | C[1] | C[2] | C[3] | C[4] | C[5] | C[6] | C[7] | C[8] | C[9] |

图 6-4

设数组 c 的首地址为 2000，也就是说 c[0]单元地址为 2000。则数组名 c 就代表这个首地址，因此在 c 前面不能再加地址运算符&。如写作 scanf("%s",&c);则是错误的。在执行函数 printf("%s",c) 时，按数组名 c 找到首地址，然后逐个输出数组中各个字符直到遇到字符串终止标志'\0'为止。

6.3.5 字符串处理函数

C 语言提供了丰富的字符串处理函数，大致可分为字符串的输入、输出、合并、修改、比较、转换、复制、搜索几类。使用这些函数可大大减轻编程的负担。用于输入输出的字符串函数，在使用前应包含头文件"stdio.h"，使用其他字符串函数则应包含头文件"string.h"。

下面介绍几个最常用的字符串函数。

1. 字符串输出函数 puts

格式： puts (字符数组名)

功能：把字符数组中的字符串输出到显示器。即在屏幕上显示该字符串。

【例题 6.15】 采用字符串输出函数输出数组元素。

```c
#include<stdio.h>
int main()
{
  char c[]="BASIC\ndBASE";
  puts(c);
  return 0;
}
```

从程序中可以看出 puts 函数中可以使用转义字符，因此输出结果成为两行。puts 函数完全可以由 printf 函数取代。当需要按一定格式输出时，通常使用 printf 函数。

2. 字符串输入函数 gets

　格式：　 gets　(字符数组名)

　功能：从标准输入设备键盘上输入一个字符串。

本函数得到一个函数值，即为该字符数组的首地址。

【例题 6.16】 采用字符串输入输出函数输出数组元素。

```c
#include<stdio.h>
int main()
{
  char st[15];
  printf("input string:\n");
  gets(st);
  puts(st);
  return 0;
}
```

可以看出当输入的字符串中含有空格时，输出仍为全部字符串。说明 gets 函数并不以空格作为字符串输入结束的标志，而只以回车作为输入结束。这是与 scanf 函数不同的。

3. 字符串连接函数 strcat

　格式：　 strcat (字符数组名 1，字符数组名 2)

功能：把字符数组 2 中的字符串连接到字符数组 1 中字符串的后面，并删去字符串 1 后的串标志"\0"。本函数返回值是字符数组 1 的首地址。

【例题 6.17】 将字符串数组 st1 和 st2 连接到 st1 中并输出。

```c
#include<string.h>
int main()
{
  static char st1[30]="My name is ";
  int st2[10];
```

计算机系列教材

121

```
printf("input your name:\n");
gets(st2);
strcat(st1,st2);
puts(st1);
return 0;
}
```

本程序把初始化赋值的字符数组与动态赋值的字符串连接起来。要注意的是，字符数组 1 应定义足够的长度，否则不能全部装入被连接的字符串。

4. 字符串拷贝函数 strcpy

格式： strcpy(字符数组名 1，字符数组名 2)

功能：把字符数组 2 中的字符串拷贝到字符数组 1 中。串结束标志"\0"也一同拷贝。字符数名 2，也可以是一个字符串常量。这时相当于把一个字符串赋予一个字符数组。

【例题 6.18】 将字符串数组 st2 复制到 st1 中并输出。

```
#include"string.h"
int main()
{
  char st1[15],st2[]="C Language";
  strcpy(st1,st2);
  puts(st1);printf("\n");
  return 0;
}
```

本函数要求字符数组 1 应有足够的长度，否则不能全部装入所拷贝的字符串。

5. 字符串比较函数 strcmp

格式： strcmp(字符数组名 1，字符数组名 2)

功能：按照 ASCII 码顺序比较两个数组中的字符串，并由函数返回值返回比较结果。

字符串 1＝字符串 2，返回值＝0；

字符串 2＞字符串 2，返回值＞0；

字符串 1＜字符串 2，返回值＜0。

本函数也可用于比较两个字符串常量，或比较数组和字符串常量。

【例题 6.19】 比较两字符串的大小。

```
#include"string.h"
int main()
{ int k;
  static char st1[15],st2[]="C Language";
  printf("input a string:\n");
  gets(st1);
  k=strcmp(st1,st2);
```

```
if(k= =0) printf("st1=st2\n");
if(k>0) printf("st1>st2\n");
if(k<0) printf("st1<st2\n");
return 0;
}
```

本程序中把输入的字符串和数组 st2 中的串比较，比较结果返回到 k 中，根据 k 值再输出结果提示串。当输入为 dbase 时，由 ASCII 码可知"dBASE"大于"C Language"故 k＞0,输出结果"st1>st2"。

6. 测字符串长度函数 strlen

格式： strlen(字符数组名)

功能：测字符串的实际长度(不含字符串结束标志 '\0') 并作为函数返回值。

【例题 6.20】 测试字符串的长度。

```
#include"string.h"
int main()
{ int k;
   static char st[]="C language";
   k=strlen(st);
   printf("The lenth of the string is %d\n",k);
   return 0
}
```

6.4 程序举例

【例题 6.21】 把一个整数按大小顺序插入已排好序的数组中。

算法分析：为了把一个数按大小插入已排好序的数组中，应首先确定排序是从大到小还是从小到大进行的。设排序是从大到小进序的，则可把欲插入的数与数组中各数逐个比较，当找到第一个比插入数小的元素 i 时，该元素之前即为插入位置。然后从数组最后一个元素开始到该元素为止，逐个后移一个单元。最后把插入数赋予元素 i 即可。如果被插入数比所有的元素值都小则插入最后位置。

程序代码：

```
#include<stdio.h>
int main()
{
   int i,j,p,q,s,n,a[11]={127,3,6,28,54,68,87,105,162,18};
   for(i=0;i<10;i++)
        { p=i;q=a[i];
   for(j=i+1;j<10;j++)
   if(q<a[j]) {p=j;q=a[j];}
   if(p!=i)
```

```
        {
            s=a[i];
            a[i]=a[p];
            a[p]=s;
        }
    printf("%d ",a[i]);
            }
        printf("\ninput number:\n");
        scanf("%d",&n);
        for(i=0;i<10;i++)
            if(n>a[i])
            {for(s=9;s>=i;s--) a[s+1]=a[s];
            break;}
            a[i]=n;
        for(i=0;i<=10;i++)
            printf("%d ",a[i]);
        printf("\n");
    }
```

程序说明:

本程序首先对数组 a 中的 10 个数从大到小排序并输出排序结果。然后输入要插入的整数 n。再用一个 for 语句把 n 和数组元素逐个比较,如果发现有 n>a[i]时,则由一个内循环把 i 以后各元素值顺次后移一个单元。后移应从后向前进行(从 a[9]开始到 a[i]为止)。 后移结束跳出外循环。插入点为 i,把 n 赋予 a[i]即可。 如所有的元素均大于被插入数,则并未进行过后移工作。此时 i=10,结果是把 n 赋予 a[10]。最后一个循环输出插入数后的数组各元素值。

【例题 6.22】 在二维数组 a 中选出各行最大的元素组成一个一维数组 b。

算法分析:在数组 a 的每一行中寻找最大的元素,找到之后把该值赋予数组 b 相应的元素即可。

程序代码:

```
#include<stdio.h>
int main()
{
    int a[][4]={3,16,87,65,4,32,11,108,10,25,12,27};
    int b[3],i,j,l;
    for(i=0;i<=2;i++)
        { l=a[i][0];
for(j=1;j<=3;j++)
if(a[i][j]>l) l=a[i][j];
b[i]=l;}
    printf("\narray a:\n");
    for(i=0;i<=2;i++)
```

```
    { for(j=0;j<=3;j++)
printf("%5d",a[i][j]);
printf("\n");}
        printf("\narray b:\n");
    for(i=0;i<=2;i++)
        printf("%5d",b[i]);
    printf("\n");
}
```

程序说明：

　　程序中第一个 for 语句中又嵌套了一个 for 语句组成了双重循环。外循环控制逐行处理，并把每行的第 0 列元素赋予 l。进入内循环后，把 l 与后面各列元素比较，并把比 l 大者赋予 l。内循环结束时 l 即为该行最大的元素，然后把 l 值赋予 b[i]。等外循环全部完成时，数组 b 中已装入了 a 各行中的最大值。后面的两个 for 语句分别输出数组 a 和数组 b。

　　【例题 6.23】 输入五个国家的名称按字母顺序排列输出。

　　算法分析：五个国家名应由一个二维字符数组来处理。然而 C 语言规定可以把一个二维数组当成多个一维数组处理。 因此本题又可以按五个一维数组处理， 而每一个一维数组就是一个国家名字符串。用字符串比较函数比较各一维数组的大小，并排序，输出结果即可。

程序代码：

```
#include<stdio.h>
int main()
{
    char st[20],cs[5][20];
    int i,j,p;
    printf("input country's name:\n");
    for(i=0;i<5;i++)
        gets(cs[i]);
    printf("\n");
    for(i=0;i<5;i++)
        { p=i;strcpy(st,cs[i]);
for(j=i+1;j<5;j++)
        if(strcmp(cs[j],st)<0) {p=j;strcpy(st,cs[j]);}
    if(p!=i)
        {
strcpy(st,cs[i]);
strcpy(cs[i],cs[p]);
strcpy(cs[p],st);
        }
    puts(cs[i]);}printf("\n");
}
```

程序说明：

本程序的第一个 for 语句中，用 gets 函数输入五个国家名字符串。上面说过 C 语言允许把一个二维数组按多个一维数组处理，本程序说明 cs[5][20]为二维字符数组，可分为五个一维数组 cs[0]，cs[1]，cs[2]，cs[3]，cs[4]。因此在 gets 函数中使用 cs[i]是合法的。 在第二个 for 语句中又嵌套了一个 for 语句组成双重循环。这个双重循环完成按字母顺序排序的工作。在外层循环中把字符数组 cs[i]中的国名字符串拷贝到数组 st 中，并把下标 i 赋予 P。进入内层循环后，把 st 与 cs[i]以后的各字符串作比较，若有比 st 小者则把该字符串拷贝到 st 中，并把其下标赋予 p。内循环完成后如 p 不等于 i 说明有比 cs[i]更小的字符串出现，因此交换 cs[i]和 st 的内容。至此已确定了数组 cs 的第 i 号元素的排序值。然后输出该字符串。在外循环全部完成之后即完成全部排序和输出。

本 章 小 结

（1）数组类型是 C 语言中构造类型数据的其中之一，数组按其下标的维数，可分为一维数组、二维数组和多维数组。数组与循环结合起来，可以有效地处理大批量的数据，大大提高效率。

（2）一维数组的定义：类型说明符 数组名[常量表达式]；二维数组的定义：类型说明符 数组名[常量表达式 1][常量表达式 2]；一维字符数组的定义：char 数组名[常量表达式]；

（3）对数组元素的赋值。可以在定义数组时对其初始化，也可采用循环语句对其赋值。特别要注意的是对二维数组通常是采用二重循环对其赋值。以下是对一维数组初始化的几种形式（同样适应于二维数组和字符数组）。

①在定义时对数组元素赋初值。int a[3]={0,12,8}；

②只对部分元素赋初值。int a[10]={1,12,14,9}；

③给数组中全部元素赋初值 0。int a[10]={0}

　　　或 int a[10]={0,0,0,0,0,0,0,0,0,0}

④赋值个数已知，数组长度可省。

　　int a[ ]={1,2,3,4,5,6,7,8,9,10}

⑤用 for()循环语句对数组元素赋初值。

　　for(i=0;i<10;i++)

　　　scanf("%d",&a[i]);

（4）对数组元素的引用是通过下标来实现的。但引用时不要越界。

【易错提示】

（1）在定义数组时，类型说明符是指明数组元素的数据类型，数组名后是方括号，而不能是圆括号或花括号及其他符号。常量表达式不能是变量，但可以是定义的符号常量。

（2）在引用数组元素时，只能逐个引用数组元素，而不能引用整个数组。引用数组的下标不能超出数组的长度即下标越界，C 语言对下标越界不作语法检查，此时越界数组元素的值是随机值。

（3）对一维数组的输入输出是通过一重循环来实现，对二维数组的输入输出是通过二重循环来实现的，特别是输出矩阵时更要控制好行列。

（4）在 C 语言中矩阵的对角线只有一条即从左上至右下，这一点要与数学中的图形对角线区分开来。因此在求以对角线为中心轴转置时，要注意上三角和下三角概念及转换过程的替换现象。

（5）要理解冒泡法的基本思想同选择法的区别。

（6）对字符数组的结束标志是"\0"，当在输出字符数组元素时遇到"\0"就结束而不管其后是否还有更多的字符。

（7）要注意字符数组中几个常用函数的用法。体会格式符%s，%c 的区别。注意用数组名作实参时要求形参一定是数组名或指针而不能是普通的变量。

习题 6

1．选择题

（1）在下列数组定义、初始化或赋值语句中，正确的是_____。

    A）int a[8]; a[8]=100;   B）int x[5]={1,2,3,4,5,6};

    C）int x[ ]={1,2,3,4,5,6};   D）int n=8; int score[n];

（2）若已有定义：int i, a[100]; 则下列语句中，不正确的是_____。

    A）for (i=0; i<100; i++)   a[i]=i;

    B）for (i=0; i<100; i++)   scanf ("%d", &a[i]);

    C）scanf ("%d", &a);

    D）for (i=0; i<100; i++)   scanf ("%d", a+i);

（3）与定义 char c[ ]={"GOOD"}; 不等价的是_____。

    A）char c[ ]={'G','O','O','D','\0'};

    B）char c[ ]="GOOD";

    C）char c[4]={"GOOD"};

    D）char c[5]={'G','O','O','D','\0'};

（4）若已有定义：char c[8]={"GOOD"}; 则下列语句中，不正确的是_____。

    A）puts (c);

    B）for(i=0;c[i]!= '\0';i++)   printf("%c", c[i]);

    C）printf ("%s", c);

    D）for(i=0;c[i]!= '\0';i++)   putchar(c);

（5）若定义 a[ ][3]={0,1,2,3,4,5,6,7}; 则 a 数组中行的大小是_____。

    A）2   B）3   C）4   D）无确定值

（6）以下程序的运行结果是_____。

```
#include <stdio.h>
void f ( int b[ ] )
{    int i=0;
     while(b[i]<=10)
     {    b[i]+=2;
       i++;
     }
```

```
        }
```
A）2   7   12   11   13   9   B）1   7   12   11   13   7

C）1   7   12   11   13   9   D）1   7   12   9   13   7

（7）若执行以下程序段，其运行结果是_____。

```
        char c[ ]={'a', 'b', '\0', 'c', '\0'};
        printf ( "%s\n", c );
```
A）ab c   B）'a' 'b'   C）abc   D）ab

（8）数组名作为参数传递给函数，作为实际参数的数组名被处理为_____。

A）该数组长度   B）该数组元素个数

C）该函数中各元素的值   D）该数组的首地址

（9）当接受用户输入的含空格的字符串时，应使用函数____。

A）scanf( )   B）gets( )   C）getchar( )   D）getc( )

（10）执行下面的程序段后，变量 k 中的值为_____。

```
        int k=3, s[2]={1};
        s[0]=k;
        k=s[1]*10;
```
A）不定值   B）33   C）30   D）0

（11）在定义

```
            int a[5][4];
```
之后；对 a 的引用正确的是_____。

A）a[2][4]   B）a[5][0]

C）a[0][0]   D）a[0,0]

2. 程序填空

（1）以下程序用来检查二维数组是否对称（即：对所有 i，j 都有 a[i][j]=a[j][i]）。

```
#include <stdio.h>
int main ( )
{   int a[4][4]={1,2,3,4, 2,2,5,6, 3,5,3,7, 8,6,7,4};
    int i, j, found=0;
    for ( j=0; j<4; j++ )
    {   for (i=0; i<4; i++ )
            if  (_____)
            {
                found= _____ ;
                break;
            }
        if (found)   break;
    }
    if (found)      printf ("不对称\n");
    else        printf("对称\n");
    return 0;
```

```
}
```
（2）给定一 3×4 的矩阵，求出其中的最大元素值，及其所在的行列号：
```
int main( )
{    int i,j,row=0,colum=0,max;
     static int a[3][4]={{1,2,3,4},{9,8,7,6},{10,-10,-4,4}};
     _____;
     for(i=0;i<=2;i++)
         for(j=0;j<=3;j++)
         {
             _____;
             _____;
         }
     printf("%d%d",row,colum);
}
```

（3）以下程序的功能是从键盘上输入若干个字符（以回车键作为结束）组成一个字符数组，然后输出该字符数组中的字符串，请填空。
```
#include<stdio.h>
main ( )
{    char   str[81];
     int   i;
     for ( i=0; i<80; i++ )
     {    str[i]=getchar( );
          if (str[i]= ='\n')    break;
     }
     str[i]= ' \0';
     _____;
     while ( str[i]!= ' \0' )    putchar(_____);
}
```

3．阅读程序并写出运行结果
（1）写出下列程序的运行结果并分析之。
```
#include <stdio.h>
int main( )
{    static int a[4][5]={{1,2,3,4,0},{2,2,0,0,0},{3,4,5,0,0},{6,0,0,0,0}};
     int j,k;
     for (j=0;j<4;j++)
     {    for(k=0;k<5;k++)
          {    if  (a[j][k]= =0)  break;
               printf(" %d",a[j][k]);
          }
     }
```

```
        printf("\n");
        return 0;
}
```

（2）写出下列程序的运行结果并分析。

```
#include <stdio.h>
int main ( )
{    int    a[6][6],i,j;
     for (i=1 ;i<6 ; i++)
          for ( j=1;j<6;j++)
               a[i][j]= i*j;
     for (i=1 ;i<6 ; i++)
     {    for ( j=1;j<6;j++)
               printf( " %-4d " ,a[i][j] ) ;
          printf("\n");
     }
     Return 0;
}
```

4．编程题

（1）编一程序用简单选择排序方法对 10 个整数排序（从大到小）。排序思路为：首先从 n 个整数中选出值最大的整数，将它交换到第一个元素位置，再从剩余的 n-1 个整数中选出值次大的整数，将它交换到第二个元素位置，重复上述操作 n 次后，排序结束。

（2）编写一程序，实现两个字符串的连接（不用 strcat( )函数）。

（3）编写一个把字符串转换成浮点数的函数。

（4）若有说明：int a[3][4]={ { 1, 2, 3, 4 }, {5, 6, 7, 8 }, {9, 10, 11, 12 } }；现要将 a 的行和列的元素互换后存到另一个二维数组 b 中。试编程。

（5）n 皇后问题：在 n×n 的方阵棋盘上，试放 n 个皇后，每放一个皇后，必须满足该皇后与其他皇后互不攻击（即不在同一行、同一列、同一对角线上），求出所有可能解。

（6）背包问题：有一个背包，能装入的物品总重量为 S，设有 N 件物品，其重量分别为 W1，W2，…，WN。希望从 N 件物品中选择若干件物品，所选物品的重量之和恰能放入该背包，即所选物品的重量之和等于 S。试编程求解。

【上机实验 6】数组的运用

1．实验目的

　　（1）掌握数组的定义及其元素的引用方法。

　　（2）掌握字符数组和字符串函数的使用。

　　（3）掌握数组作为数据结构时的程序设计方法。

　　（4）掌握利用数组实现常用算法的基本技巧。

2．预习内容

　　一维数组、二维数组和字符型数组的定义、引用、初始化及输入输出的基本方法。

3．实验内容

（1）用循环移位法将数组 num 中的最后一个数移到最前面，其余数依次往后移一个位置。某同学设计程序代码如下：

```
#include<stdio.h>
int main()
{
int i,tem,num[10]={0,1,2,3,4,5,6,7,8,9};
tem=num[9];
for(i=1;i<=10;i++)
    num[i]=num[i-1];
num[0]=tem;
printf("\n");
for(i=0;i<10;i++)
    printf("%d",num[i]);
return 0;
}
```

① 上机编辑、编译、链接和运行程序，观察程序的运行结果是否符合要求。
② 用动态跟踪法查找错误原因，并观察数组 num 值的变化情况，分析错误的原因。
③ 修改程序，直到符合题目要求为止。

(2) 用选择法对 10 个整数排序。10 个整数用 scanf 函数输入。

算法分析：选择法的基本思想是：设有 10 个元素 a[1]~a[10]，将 a[1] 与 a[2]~a[10]比较，若 a[1]比 a[2]~a[10]都小，则不进行交换，即无任何操作。若 a[2]~a[10]中有一个以上比 a[1]小，则将其中最大的一个(假设为 a[i])与 a[1]交换，此时 a[1]中存放了 10 个中最小的数。第二轮将 a[2] 与 a[3]~a[10]比较，将剩下 9 个数中的最小者 a[i]与 a[2]对换，此时 a[2]中存放的是 10 个中第 2 小的数。依此类推，共进行 9 轮比较，a[1]到 a[10]就已按由小到大顺序存放。程序的第一个 for 语句是完成输入操作，第二个 for 语句则是将这个数组输出。第三个 for 语句则是进行排序。

程序代码：

```
#include<stdio.h>
int main()
{
    int i,j,min,temp,a[11];
    printf("enter data:\n");
    for(i=1;i<=10;i++)
    {
        printf("a[%d]",i);
        scanf("%d",&a[i]);
    }
    printf("\n");
    printf("The original numbers:\n");
    for(i=1;i<=10;i++)
```

```
            printf("%5d",a[i]);
        printf("\n");
        for(i=1;i<=9;i++)
        {
            min=i;
            for(j=i+1;j<=10;j++)
                if(a[min]>a[j]) min=j;
            temp=a[i];
            a[i]=a[min];
            a[min]=temp;
        }
        printf("\nThe sorted numbers:\n");
        for(i=1;i<=10;i++)
            printf("%5d",a[i]);
        printf("\n");
        return 0;
}
```

① 上机编辑、编译、链接和运行程序，体会输入数据时的提示信息及该语句的格式设计。

② 比较选择法与冒泡法的区别是什么？请用动态跟踪法观察选择法排序算法的实现过程。

（3）以下是方阵转置的程序代码。方阵转置如图 6-5 所示。

图 6-5　方阵转置

算法分析：转置是：a[i][j]=a[j][i]；主对角线：行下标 i=列下标 j；上三角：行下标 i<=列下标 j；下三角：行下标 i>=列下标 j。因此要控制好行列下标，防止第 1 次转换了，而第 2 次又被转换过来的现象发生。

程序代码：

```
#include<stdio.h>
int main()
{
    int i,j,tem,num[4][4];
    printf("\n Input num:");
    for(i=0;i<4;i++)
        for(j=0;j<4;j++)
```

```
                scanf("%d",&num[i][j]);
        for(i=0;i<4;i++)
        for(j=0;j<4;j++)
        {
                tem=num[i][j];
                num[i][j]=num[j][i];
                num[j][i]=tem;
        }
        for(i=0;i<4;i++)
        {
            printf("\n");
            for(j=0;j<4;j++)
                printf("%5d",num[i][j]);
        }
    return 0;
    }
```

① 上机运行程序，查看结果是否符合要求，若不符合，请找出原因，改正后重新运行，直到结果正确为止。

② 上述实现的行列相等的正矩阵转置，若要实现行列不相等的矩阵转置操作，则程序中的数据结构及算法如何实现？

(4) 将两个字符串连接起来，不要用 strcat 函数。

算法分析：查找字符串 1 的结束标志\0，然后用字符串 2 的值一一填充到字符串 1 从\0 开始及其以后的位置上。最后再在字符串 1 最后加上结束标志\0。

程序代码：

```
#include<stdio.h>
int main()
{
    char s1[80],s2[40];
    int i=0,j=0;
    printf("\ninput string1:");
    scanf("%s",s1);
    printf("\ninput string2:");
    scanf("%s",s2);
    while(s1[i]!='\0')
        i++;
    while(s2[j]!='\0')
        s1[i++]=s2[j++];
    s1[i]='\0';
    printf("The new string is: %s\n",s1);
        return 0;
```

}

（5）代码设计

① 将一整数数列按奇数在前，偶数在后的顺序重新排列，并要求奇偶两部分分别有序。

② 在一个已排序的整型数组中插入一个数，使这仍然有序。

③ 围绕着山顶上有 10 个洞，一只兔子和一只狐狸分别住在洞里。狐狸总想吃掉兔子。一天兔子对狐狸说：你想吃掉我有一个条件，先把洞顺序编号，你从第 1 个洞出发，第 1 次先到第 1 个洞找我，第 2 次隔 1 个洞找我，第 3 次隔 2 个洞找我，第 4 次隔 3 个洞找我，依此规律类推，寻找次数不限，我躲在一个洞里不动，只要你找到我你就可饱餐一顿，在找到我之前你不能停。狐狸一想，只有 10 个洞，次数又不限，哪有找不到的道理，狐狸马上就答应了条件，结果跑断了腿也没找到兔子。请问兔子躲哪个洞？程序可以假设狐狸跑了 1000 圈。

第 7 章 函数与编译预处理

【学习目标】
1. 要求学生了解模块化程序设计的思想及模块划分的要求。
2. 掌握函数的定义、调用及函数参数的传递方式，掌握函数的基本应用。
3. 理解变量的作用域及存储方式的概念及应用，理解编译预处理的概念及应用。

7.1 模块化程序设计与函数

通过前几章的学习，已经能够编写出一些简单的 C 程序了，但是如果程序的功能比较多，规模比较大，把所有的程序代码都写在一个主函数中，就会使主函数显得庞杂，头绪不清，使阅读与维护程序变得困难。因此在设计较复杂的程序时通常采取的方法是：把问题分成几个部分，每部分又分成更细的若干小部分，逐步细化，直至分解成很容易求解的小问题，且每个问题间要求相互独立。这使解决问题更方便、简洁，使结构更加清晰，更便于阅读和维护。这种程序设计思想称为模块化程序设计。

把复杂任务细分成多个问题的过程，称程序的模块化。模块化程序设计是通过设计函数和调用函数实现的。图 7-1 是"自顶向下"的模块化程序设计方法。

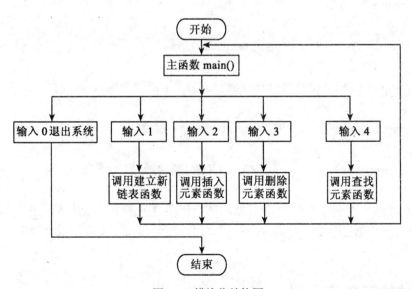

图 7-1　模块化结构图

图 7-1 是设计一个学生管理系统模块。该系统能建立学生信息表，该表能实现插入新记录、删除已存在的记录、按给定关键字查找指定的学生信息；该系统能实现学生成绩的输入，

包括每名学生的学号、姓名、高等数学、大学英语 1、计算机文化基础成绩，建立学生成绩表；学生成绩表能实现新学生信息的添加、删除学生成绩表中的某个指定位置的学生信息，能按给定的关键字显示学生的信息；在主函数中设计一个菜单，将要进行的操作用 0～4 来表示，允许用户输入不同的字符进行反复操作。

C语言程序由函数组成，每个函数可完成相对独立的任务，依一定的规则调用这些函数，就组成了解决某个特定问题的程序。

C语言程序处理过程全部都是以函数形式出现，最简单的程序至少也有一个 main 函数。函数同变量一样必须先定义和声明后才能调用。

【例题 7.1】 要求在屏幕上打印下列内容，采用函数调用方式来实现。

```
********************
How do you do!
********************
```

算法分析：打印上述内容，在教材的第 1 章同学们上机练习过了，是采用什么方法来实现的呢？是在 main 函数中分别用 3 条输出语句来实现的。现在要求将打印一行"*"编写成一个函数 printstr；打印信息"How do you do!"也编写成一个函数 printmessage。在 main 函数中分别调用这两个函数来实现。这种算法思想就是模块化程序设计思想。

程序代码：

```
# include <stdio.h>
int main( )
  { printstar( );           // 调用 printstar( )函数
    printmessage( );        //调用 printmessage( )函数
    printstar( );           //调用 printstar( )函数
  return 0;
  }
printstar( )               //定义 printstar( )函数
{
    printf("********************\n");    //函数功能打印一行*
}
printmessage( )            //定义 printmessage( )函数
{
    printf(" How do you do!\n");   //函数功能打印字符信息
}
```

同学们初学起来感觉该程序比第 1 章的那个程序复杂多少，但是该程序分工明确，结构清晰，对学习模块化程序设计起到一个引领作用，对学习模块化程序设计建立一种全新的思想。

7.2 函数的定义与调用

在 C 语言中，函数的含义不是数学计算中的函数关系或者表达式，而是一个处理过程。它可以进行数值运算、信息处理、控制决策，即一段程序的工作放在函数中进行。函数结束时可以携带处理结果，也可以不携带处理结果。C 语言程序处理过程全部都是以函数的形式出现的，但有且只有一个主函数，并总是从主函数开始执行。函数和变量一样，必须先声明后才能调用。从用户使用的角度来看，函数分为标准库函数和用户自定义函数两种。

7.2.1 标准库函数

前面已经介绍过一些标准的库函数，C 语言强大的功能就是依赖于它有丰富的库函数。库函数按照功能可以分为：类型转换函数、字符判别与转换函数、字符串处理函数、标准 I/O 函数、文件管理函数和数学运算函数。

这些库函数分别在不同的头文件中声明，例如：

math.h 头文件中对 sin(x)、exp(x)、fabs(x)、log(x)等数学函数做了声明。

stdio.h 头文件中对 scanf()、printf()、getchar()、putchar()、gets()、puts()等标准输入/输出函数做了声明。

以上这些函数都是由编译系统提供的，它们已由编译系统事先定义好了，库文件中包含了对各函数的定义，用户不需要自己定义，可以直接调用，但必须用编译预处理命令 include 把相应的头文件包含到程序中（即在程序的开头写上相应的头文件）。例如：

```
#include<stdio.h>
int main()
{
  printf(" How do you do!\n");   // 调用 printf 函数时，必须 include<stdio.h>
  return 0;
}
```

程序设计中经常会需要使用一些常用的功能，如输入输出、数学计算、字符串处理等。为了节省程序的开发时间，C 语言的编译器为程序员提供了一组预先设计并编译好的函数来实现各种通用或常用的功能，这些函数被组织在函数库中，称为库函数。

C 标准库中提供了丰富的库函数，如标准输入输出函数、数学函数等（请参见附录）。为了正确使用库函数，应注意以下几点：

类别不同的库函数被包含在不同的头文件中。头文件是以".h"为扩展名的一类文件，这些头文件中包含了对应标准库中所有函数的函数原型和这些函数所需数据类型和常量的定义。库函数的函数原型说明了该库函数的名字、参数个数及类型、函数返回值的类型。例如，数学库函数 sin 的函数原型是：

double sin(double x);

当需要使用某个库函数时，应在程序开头用#include 预处理命令将对应的头文件包含进来。例如，为了使用数学库函数，应在程序开头添加以下预处理命令：

#include <math.h>

调用库函数时，应遵循下面的格式：

函数名（函数参数）

函数名通常代表了函数的功能，函数参数是要参与函数运算的数据，可以是常量、变量或者表达式。在调用函数时，函数名、函数参数以及参数的类型必须与函数原型一致。

【例题 7.2】 表达式作函数参数。

#include <stdio.h>

```
#include <math.h>
int   main()
{
    double a, b, c,d;
    scanf("%lf,%lf,%lf",&a,&b,&c);
    d=sqrt(a+b+c);                    //调用平方根函数 sqrt()
    printf("d=%lf\n", d);
}
```

当输入 3，4，9，

当上面的程序运行时，输入数据时格式：3， 4， 9，表达式 a+b+c 作为 sqrt 函数的参数，先计算该表达式的值，a+b+c 等于 16，然后再计算 sqrt(16)，即 d=4.0。

7.2.2 函数的定义

标准的库函数只提供了最基本、最通用的一些函数，而不可能包括人们在实际应用中的所有函数。如果用户需要在程序中自己定义想用的而库函数又没有提供的函数，这类函数叫做自定义函数，就需要用户自己定义了。C 语言要求，在程序中用到的所有函数，必须"先定义，后使用"。

1. 函数的定义

C 函数定义一般格式：

类型名 函数名（形式参数列表）
```
    {
            局部变量说明
            语句序列
    }
```

例如：定义一个求任意两数的最大值的函数 max。

```
int   max(int   a,int   b)
    {
        int   t;
        if (a>b) t=a;
        else       t=b;
        return t;
    }
```

通过上面的例子，可以看出函数定义应明确以下几点：

（1）函数名是编译系统识别函数的依据，函数名与其后圆括号之间不能有空格。

（2）函数的形式参数。当一个函数被调用时，形参接收来自调用函数的实际参数的值，实现函数与函数之间的数据通信。逐个说明每个参数的类型和名称，参数间用逗号分隔。

如果函数被调用时，不需要从调用函数取得任何值，则定义时可以不带参数。

例如：

int printstar(void)

```
{
    printf("*********\n");
}
```

也可以写成：

```
int printstar( )
{
    printf("*********\n");
}
```

（3）函数的返回值。被调用函数运行结束后，将运行结果返回到调用函数。函数的返回值是通过被调用函数中的 return 语句获得的。return 语句将被调用函数中一个确定值返回到调用函数中。

return 语句的一般形式：

return(表达式);

      或

return 表达式;

功能：把表达式的值返回给调用函数，并把控制权交给调用函数。

注意：

① 如果被调用函数没有返回值，则可以用不带表达式的 return 语句。

例如，

```
void printstar(void)
{
        printf("*********\n");
}
```

② 一个函数中可以有多个 return 语句，但只有一个被执行。

（4）函数的数据类型指的是函数返回值应具有的类型。函数的数据类型可以是：int、char、float、double 以及指针等类型。如果一个函数不返回任何值，可以定义其为 void 类型。

例如：

```
void printstar(void)
{
    printf("*********\n");
}
```

C 语言规定，凡不加类型说明的函数，一律自动按整型处理。

（5）函数体用于实现函数的预定功能，包括两部分：变量说明和可执行部分。

例如：自定义函数 pow(x,n),其功能是求 x^n

① 函数名：power

② 形式参数：底数和指数

③ 返回值：计算结果

④ 计算方法（函数体）

```
float pow(float x, int n)
{
```

```
int s=1,i;
for(i=1;i<n;i++)
   s = s * x;
return s;
}
```

7.2.3 函数的调用

1. 函数调用一般形式

C 语言中，函数之间是通过彼此调用联系起来的。当函数被定义后，它就具有了特定的功能，而函数调用就是为了实现函数的这一功能。

函数调用的一般形式为：

函数名（实际参数列表）；

函数名可以是系统预定义的库函数名或者是用户自定义函数的名字。实际参数列表提供了函数调用时所需的数据信息。实际参数又称为实参，可以是常量、变量或者表达式及地址。多个实参之间用逗号间隔。如果调用函数为无参函数，则实参列表为空，但圆括号不能省略。

2. 函数调用方式

按照函数出现在程序中的位置，可以将函数调用的方式分为三类：

（1）函数语句。将函数调用作为一个独立的语句。例如

printf(" How do you do!\n");

此时函数没有返回值，只需完成相应的操作。

（2）函数表达式。函数出现在一个表达式之中，称为函数表达式。此时要求函数返回一个确定的值以参加表达式的运算。例如：

double   z,a;

z=a+sqrt(100);

函数是表达式的一部分，它的值加上变量 a 的值再赋给 z。

（3）函数参数。函数调用作为另一个函数的实参。例如：

float   m,a,b,c;

m=max(a,max(b,c));

其中 max(b,c)是一次函数调用，它的值作为 max 另一次调用的实参。m 的值是 a，b，c 三者中最大的。函数调用作为函数的参数，实质上也是函数表达式形式调用的一种，因为函数的参数本来就要求是表达式形式。

3. 函数调用过程

一个 C 程序可以包含多个函数，但必须包含且只能包含一个 main()函数。程序的执行从 main()函数开始，到 main()函数结束。程序中的其他函数必须通过 main()函数直接或者间接地调用才能执行。

注意：main()函数可以调用其他函数，但不允许被其他函数调用。main()函数是由系统自动调用的。被调用函数放到调用函数的后面，必须在调用函数中对被调用函数进行说明，否则会出现符号未定义的错误，但被调用函数放在调用函数的前面，则在调用函数中可以不进行说明，这也是开发软件常采用的方法。

【例题 7.3】 比较两个数的大小，输出较大数。

算法分析：本题的算法在选择结构程序设计时作了介绍。现在采用另一种方法来实现：即主函数 main 只提供任意的两个数，并输出这两个数中的较大数，而这两个的比较过程是由用户定义一个能实现两数比较的函数 max 来完成并将比较的结果通知 main 函数。

程序代码：

```
#include<stdio.h>
float max1(float a, float b);              //函数声明
int   main()
{    float x,y,z;
     printf("input two numbers: ");
     scanf("%f%f",&x,&y);
     z=max(x,y);                            //调用函数 max()
     printf("max is %6.2f\n",z);
     return 0;
}

float max(float a, float b)        //定义函数 max()
{    float m;
     m=a>b?a:b;
   return (m);
}
```

上面程序从 main()函数开始执行，将输入数据分别赋值给 x，y，遇到函数调用 max1(x, y)时,主调函数 main()暂时中断执行，程序的执行控制权移交到被调函数 max()，程序转向函数 max()的起始位置开始执行，同时，将实参 x，y 的值顺序地传递给形参 a，b。依次执行函数 max()中的语句。当执行到 return 语句时，被调函数 max()执行完毕，自动返回到主调函数 main()原来中断的位置，并将 m 的值传回，主调函数 main()重新获得执行控制权。main()函数继续执行，将函数返回值赋值给 z， 最后输出 z 的值。执行过程如图 7-2 所示。

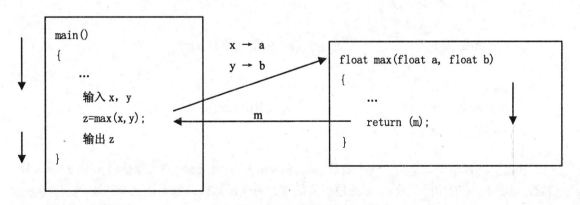

图 7-2 函数调用流程示意图

注意：C 语言允许函数嵌套调用，但是不允许函数嵌套定义。即在一个函数的定义中包含另一个函数的定义是非法的。

【例题 7.4】 编写函数求两个正整数的最大公约数和最小公倍数。

```c
#include<stdio.h>
int gcd(int a, int b);              //函数声明
int lcm(int a, int b);
int   main()
{
   int a,b,m,n;
   printf("please input a,b: ");
   scanf("%d,%d",&a,&b);
   m=gcd(a,b);                      //调用 gcd()函数
   n=lcm(a,b);                      //调用 lcm()函数
   printf("gcd(%d,%d)=%d\n",a,b,m);
   printf("lcm(%d,%d)=%d\n",a,b,n);
   return 0;
}

int gcd(int a, int b)              //定义最大公约数函数 gcd()
{
    int t;
    do
    {  t=a%b;
        a=b;
        b=t;
    } while(b!=0);
    return (a);
}

int lcm(int a, int b)              // 定义最小公倍数函数 lcm()
{
    int t;
    t=a*b/gcd(a,b);                //  调用 gcd()函数
    return (t);
}
```

在上面的程序中，定义了两个函数 gcd()和 lcm()。函数 gcd()的功能是求 a，b 的最大公约数，函数 lcm()的功能是求 a，b 的最小公倍数。两个函数彼此独立，互不从属。

程序从 main()函数开始执行。输入 a，b 后，调用函数 gcd()求 a，b 的最大公约数，赋值给 m。在调用函数 lcm()的过程中，需要调用函数 gcd()来确定最大公约数，通过将 a，b 的乘积除以最大公约数来获得最小公倍数的值，这里就构成了函数的嵌套调用。

7.2.4 函数参数传递

主调函数调用被调函数，它们之间存在着必要的信息交换，这种信息交换是通过数据传递的方式进行的，而数据传递是通过参数来实现的。

函数中的参数有两类：定义被调函数中的参数叫做形参（形式参数），主调函数调用被调函数时的参数叫做实参。

之所以叫做形参，是因为在设计被调函数的时候，形参是没有值的，在未出现函数调用时，它们也并不占内存中的存储单元。只有在发生函数调用时，主调函数将数据传递给它们，它们才有值，同时会被临时分配存储单元，随着调用结束，形参单元被释放。

在函数调用的过程中，是实参将值传递给形参的过程。这种数据传递是"值传递"，并且是单向传递，只能由实参传递给形参，而不能由形参传递给实参。由于实参和形参在内存中占有不同的存储单元，即使被调函数在运行的过程中，形参的值发生改变，也不会影响实参，实参值不会因此而改变。

在传递时要求：形参是 auto 型的局部变量；形参和实参的数据类型相同、个数和顺序上一一对。

【例题 7.5】 分析下列两数相加程序，理解实参的表现形式。

```c
#include"stdio.h"
int main( )
{
    float    a,b,c;
    float plus(float,float);            //函数的声明
    printf("Input a and b:");
    scanf("%f,%f",&a,&b);
    c=plus(a,b);                        //实参是变量
    printf("a+b=%f\n",c);
    c=plus(2.5,3.5);                    //实参是常量
    printf("2.5+3.5=%f\n",c);
    c=plus(a,3*b);                      // 实参是表达式
    printf("a+3*b=%f\n",c);
     return 0;
}
    /* 定义 plus（）函数 */
     float    plus(float x,float y)
    {
        return(x+y);
    }
```

当形参是变量时，对应的实参可以是常数、变量或表达式。当形参是数组名（或指针变量）时，对应的实参可以是数组名（或指针变量）。

7.2.5 函数程序设计举例

【例题 7.6】 编程求 $\dfrac{k!}{n!+m!}$ 的值。

算法分析：分别求 k!、n!和 m!，再相除即可得到结果。由于求阶乘的代码段被反复用到 3 次，为了避免重复书写，可以考虑将求阶乘这一独立的功能编写成一个函数，取名为 fact，由 main 函数反复调用 fact 函数 3 次即可实现目的。

程序代码：

```
# include <stdio.h>
int main()
{ int k, m, n;
    float fk, fm, fn;
    float fact(int n);                          // 对用户自定义函数 fact 进行声明
    scanf("%d%d%d", &k, &n, &m);
    printf("k=%d,n=%d,m=%d\n", k, n, m);
    fk = fact(k);                               // 调用 fact 函数求 k 的阶乘，将结果
                                                //   放入 fk 中
    fn = fact(n);                               // 调用 fact 函数求 n 的阶乘，将结果
                                                //   放入 fn 中
    fm = fact(m);                               // 调用 fact 函数求 m 的阶乘，将结果
                                                //   放入 fm 中
    printf("%f\n", fk/(fn+fm));
    return 0;
}
float fact(int n)                               //定义 fact 函数
{float f=1;
    int i;
    for(i=1; i<=n; i++)
        f=f*i;
    return f;                                   // 返回值为 f
}
```

运行结果：

```
5   8   4
k=5, n=8, m=4
0.002974
```

【例题 7.7】 编程求 $x + x^2 + x^3 + \cdots + x^n$。

算法分析：可以编写一个函数 pow 来实现求一个数的 n 次方的功能。main 函数要做的工作就是：每一次循环调用 pow 函数求 x 的 n 次方后做累加，调用 pow 函数的同时将 x 和 n 作为实参传递给 pow 函数，即每次循环要告诉 pow 函数求谁的多少次方。

程序代码：

```
# include <stdio.h>
int main()
{ double pow(int x, int n);
    double sum=0, f;
    int n, x,i;
    scanf ("%d%d", &x, &n );
    printf("x=%d, n=%d\n", x, n );
    for( i=1; i<=n; i++)
      {f=pow (x, i );
        sum=sum+f;
      }
    printf("x+x 2+x 3+…+ x n=%.0f\n", sum);
    return 0;
  }
double pow(int x, int n)
  { int i;
    double f=1;
    for(i=1; i<=n; i++)
        f = f*x;
    return(f);
    }
```

运行结果：

```
2        3
x=2      n=3
x+x1+x2+x3+…+xn=14
```

注意：当一个程序由若干个函数组成的时候，首先被调函数的功能要独立，其次，主调函数不应再包含有实现被调函数功能的相关语句。例如例题 7.6 中的 main 函数没有如何求阶乘的相关语句，求阶乘的语句全部在被调函数 fact 中。例题 7.7 中的 main 函数也没有如何求 x 的 n 次方的相关语句，求 x 的 n 次方的语句全部在被调函数 pow 中。

【例题 7.8】 编写一个函数，使输入的一个字符串按反序存放，在主函数中输入和输出字符串。

```
#include "stdio.h"
#include "string.h"   // 使用了 strlen 函数
int main( )
{
  int i;
  char str[100];
  void inverse(char p[]); // 字符串逆置函数的声明
  printf("\n Please input a string:\n");
  gets(str);
  printf("\n the original array is:\n");
```

```
puts(str);
inverse(str);          //也可以使用库函数 strrev 实现字符串逆置
printf("\n the reversed array is:\n");
puts(str);
return 0;
}
void inverse(char p[]) //实现字符串逆置函数
{
int i,length;
char ch;
length=strlen(p);
for(i=0;i<length/2;i++)
ch=p[i],p[i]=p[length-1-i],p[length-1-i]=ch;
}
```

7.3 函数的嵌套调用

前面所看到的例题都是所有的被调函数都是由 main 函数调用的,即各个被调函数是相互平行的关系，这种调用的方式称为顺序调用，如图 7-3 所示。如果 main 函数调用一个函数，但这个函数在处理过程中还要调用另一个函数,这种调用方式称嵌套调用,如图 7-4 所示。C语言不允许嵌套定义函数，即一个函数内不能再定义另一个函数，但允许嵌套调用函数。

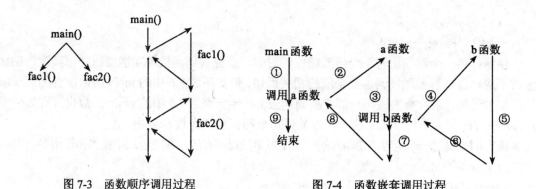

图 7-3　函数顺序调用过程　　　　　图 7-4　函数嵌套调用过程

图 7-4 是三层嵌套（连 main 函数在内），其执行过程是：
（1）执行 main 函数的开头部分；
（2）执行到"调用 a 函数"处，流程转到 a 函数；
（3）执行 a 函数的开头部分；
（4）执行到"调用 b 函数"处，流程转到 b 函数；
（5）执行 b 函数的全部操作；
（6）b 函数执行完后自动返回到 a 函数中"调用 b 函数"处；

（7）继续执行 a 函数中尚未执行的部分；

（8）a 函数执行完后自动返回到 main 函数中"调用 a 函数"处；

（9）继续执行 main 函数的剩余部分直到结束。

【例题 7.9】 输入 4 个整数，找出其中的最大者。用函数的嵌套来处理。

算法分析：这个问题并不复杂，完全可以只用一个主函数就可以得到结果。现在根据题目的要求，用函数的嵌套调用来处理。在 main 函数中调用 max4 函数，max4 函数的作用是找出 4 个数中的最大值。在 max4 函数中再调用另一个函数 max2。max2 函数的作用是找出 2 个数中的大者，并将它作为函数返回值返还给 max4 函数。在 max4 中通过多次调用 max2 函数，就可以找出 4 个数中的最大者，然后将它作为函数返回值返还给 main 函数，在 main 函数中输出结果。以此例来说明函数的嵌套调用的用法。

程序代码：

```c
#include <stdio.h>
int main()
{ int max4(int a,int b,int c,int d);              // 对 max4 的函数声明
    int a,b,c,d,max;
    printf("4 interger numbers:");
    scanf("%d %d %d %d",&a,&b,&c,&d);
    max=max4(a,b,c,d);                            // 调用 max4 函数,得到 4 个数中的最大者
    printf("max=%d \n",max);                      // 输出 4 个数中的最大者
    return 0;
}


int max4(int a,int b,int c,int d)                 // 定义 max4 函数
{int max2(int a,int b);                           // 对 max2 的函数声明
  int m;
  m=max2(a,b);                                    // 调用 max2 函数,得到 a 和 b 两个数中的大者,放在 m 中
  m=max2(m,c);                                    // 调用 max2 函数,得到 a,b,c 三个数中的大者,放在 m 中
  m=max2(m,d);                                    // 调用 max2 函数,得到 a,b,c,d 四个数中的大者,放在 m 中
  return(m);                                      // 把 m 作为函数值带回 main 函数
}


int max2(int a,int b)                             // 定义 max2 函数
{if(a>=b)
    return a;                                     // 若 a>=b,将 a 为函数返回值
  else
    return b;                                     // 若 a<b,将 b 为函数返回值
}
```

计算机系列教材

运行结果：

12   36   54   -6   92

max=92

7.4   函数的递归调用

C 语言中函数可以直接或间接地调用自己，这种函数调用称为函数的递归调用。

例如：

```
int f(int x)
 {
    int y，z；
    z=f(y)；
    return(2*z)；
}
```

在调用函数 f 的过程中，又调用了该函数自己，这是直接地调用自己本身，如图 7-5 所示。

在调用 f1 函数过程中调用了函数 f2，而在调用函数 f2 过程中又调用了函数 f1，这是间接地调用自己本身，如图 7-6 所示。

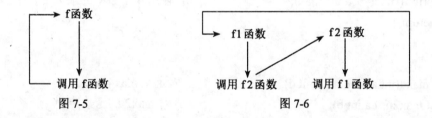

图 7-5   图 7-6

为了帮助初学者理解递归概念，下面用一个通俗的例子来说明。

【例题 7.10】   有 5 个人坐在一起，问第 5 个人岁数时，他说比第 4 个人大 2 岁；问第 4 个人岁数时，他说比第 3 个人大 2 岁；问第 3 个人岁数时，他说比第 2 个人大 2 岁；问第 2 个人岁数时，他说比第 1 个人大 2 岁；最后问第 1 个人时，他说是 10 岁。请问第 5 个人多大？

这是一个递归问题。要知道第 5 个人的年龄，就必须先知道第 4 个人的年龄；要知道第 4 个人的年龄，就必须先知道第 3 个人的年龄；要知道第 3 个人的年龄，就必须先知道第 2 个人的年龄；要知道第 2 个人的年龄，就必须先知道第 1 个人的年龄。而且每一个人的年龄都比其前 1 个人的年龄大 2。即

age(5)=age(4)+2

age(4)=age(3)+2

age(3)=age(2)+2

age(2)=age(1)+2

age(1)=10

可以用数学公式表述如下：

$$age(n)= \begin{cases} 10 & (n=1) \\ age(n-1)+2 & (n>1) \end{cases}$$

可以看到，当 n>1 时，求第 n 个人的年龄的公式是相同的。因此可以用一个函数表示上述关系。图 7-7 表示求第 5 个人年龄的过程。

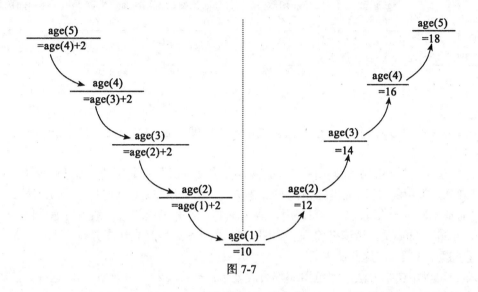

图 7-7

从图 7-7 中可以看出，求解过程分成两个阶段。第一阶段是"回推"，即将第 n 个人的年龄表示为第（n-1）个人年龄的函数，而第（n-1）个人的年龄仍然不知道，还要"回推"第（n2）个人的年龄，直到第 1 个人年龄。此时 age(1)已知，不必再向前推了。然后开始第二阶段，采用递推方法，从第 1 个人的已知年龄推算出第 2 个人的年龄（12 岁），从第 2 个人的年龄推算出第 3 个人的年龄（14 岁）。一直推算出第 5 个人的年龄（18 岁）为止。也就是说，一个递归问题可分为"回推"和"递推"两个阶段。要经历许多步才能求出最后的值。显而易见，如果要求递归过程不是无限制进行下去，必须有一个结束递归过程的条件。上例中的 age(1)=10 就是使递归结束的条件。

可以用一个函数来描述上述递归过程：

```
age(int n)              //求年龄的递归函数
{   int c；            //c 用作存放函数返回值的变量
    if(n= =1) c=10；
    else c=age(n-1)+2；
    return(c)；
}
int main( )
{
    printf("%d"，age(5))；
    return 0；
}
```

运行结果如下：

18

main 函数中只有一个语句。整个问题的求解全靠函数 age(5)的递归调用来解决。age 函数的递归调用过程如图 7-8 所示。

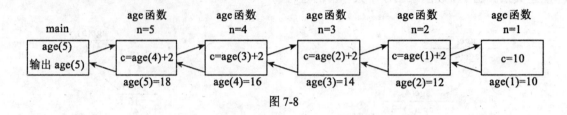

图 7-8

从图 7-8 中可以看到：age 函数共被调用 5 次。即 age（5）、age（4）、age(3)、age(2)、age(1)。

其中 age(5)是 main 函数调用的，其余 4 次是在 age 函数中调用的，即递归调用 4 次。请读者仔细分析调用的过程。应当强调说明的是在某一次调用 age 函数时并不是立即得到 age(n)的值，而是一次又一次地进行递归调用，到 age(1)时才有确定的值，然后再递推出 age(2)、age(3)、age(4)、age(5)。请读者将程序和图 7-5、图 7-6 结合起来认真分析。

【例题 7.11】 用递归法求 n！。

求 n!可以用递推方法，即可用递推公式表示：n!=1×2×3×…×(n-1)×n。这种方法容易理解，利用循环结构即可实现。递推法和递归是不同的。

求 n!也可以用递归方法，即可用下面的递归公式表示：

$$n! = \begin{cases} 1 & (n=1) \\ N \cdot (n-1)! & (n>1) \end{cases}$$

有了上面的基础，很容易写出本题的程序：

```c
float fac(int n)
{
    float f;
    if(n<0) printf("n<0, dataerror!");
    else    if(n==0 || n==1) f=1;
    else f=fac(n-1)*n;
    return(f);
}
int main( )
{
    int n;
    float y;
    printf("input an integer number:");
    scanf("%d", &n);
    y=fac(n);
```

```
        printf("%d! =%10.0f", n, y);
        return 0;
    }
```
　　运行结果如下：
　　input an integer number:10✓
　　10! ＝ 3628800。
　　因此，一个问题要采用递归方法来解决时，必须符合以下三个条件：
　　(1)可以把要解的问题转化为一个新的问题，而这个新的问题的解法仍与原来的解法相同。知识所处理的对象有规律地递增或递减。
　　(2)可以应用这个转化过程使问题得到解决。
　　(3)必须要有一个明确的结束递归的条件。

7.5　变量作用域与存储方式

　　在 C 语言中，C 语言程序由函数组成，每个函数都要用到一些变量，而这些变量必须先定义后使用，但定义语句放在什么位置？在程序中同个定义了的变量是否随处可用？这个问题涉及变量的作用域。经过赋值的变量是否在程序运行期间总能保存其值？这涉及变量的生存周期。要注意"定义"和"说明"的区别："定义"是指给变量分配确定的存储单元；"说明"是说明变量的性质，但不分配存储单元。

7.5.1　变量作用域

　　在 C 语言中，由用户定义的变量都有一个有效的作用域，变量的作用域与其定义语句在程序中出现的位置有着直接的关系。特别值得注意：在同一个作用域内，不允许有同名的变量出现，而在不同的作用域内，允许有同名的变量出现。
　　根据变量的作用域不同，C 语言变量可分为局部变量和全局变量两大类。

1.　局部变量
　　在一个函数内部定义的变量称内部变量，它只在本函数范围内有效，也就是说只有在本函数内才能使用它们，在此函数以外是不能使用这些变量的。称为"局部变量"。如：

```
float f1(int a)          //定义函数 f1
{
    int b，c；
    ⋮                   //a、b、c3 个变量只在 f1 函数中有效
}
char f2(int x，int y)    //定义函数 f2
{
    int i，j；
    ⋮                   //x、y、i、j4 个变量只在 f2 函数中有效
}
int main( )              //C 语言主函数
```

```
{
    int m，n;
    ⋮                              // m、n 2 个变量只在 main()有效
    return 0;
}
```

说明：

（1）主函数 main 中定义的变量 m、n 也只在主函数中有效，而不因为在主函数中定义而在整个程序中有效，主函数也不能使用其他函数中定义的变量。

（2）不同函数中可以使用相同名字的变量，它们代表不同的对象，互不干扰。例如，在函数 f1 中定义了变量 b、c，倘若在函数 f2 中也定义变量 b 和 c，它们在内存中占用不同的单元，互不混淆。

（3）形式参数也是局部变量。例如 f1 函数中的形参 a，也只在 f1 函数中有效。其他函数不能调用。

（4）在一个函数内部，可以在复合语句中定义变量，这些变量只在本复合语句中有效，这种复合语句也可称为"分程序"或"程序块"。

```
int main( )
{int a，b;
    ⋮
    {   int c;
        c=a+b;          c 在此范围内有效       a、b 在此范围内有效
        ⋮
    }
    ⋮
}
```

变量 c 只在复合语句（分程序）内有效，离开该复合语句该变量就无效，释放内存单元。

2. 全局变量

前已介绍，程序的编译单位是源程序文件，一个源文件可以包含一个或若干个函数。在函数内定义的变量是局部变量，而在函数之外定义的变量称为外部变量，外部变量是全局变量（也称全程变量）。全局变量可以为本文件中其他函数所共用。它的有效范围为从定义变量的位置开始到本源文件结束。如图 7-9 所示。

p、q、ch1、ch2 都是全局变量，但它们的作用范围不同，在 main 函数和 fac2 函数中可以使用全局变量 p、q、ch1、ch2，但在函数 f1 中只能使用全局变量 p、q，而不能使用 ch1 和 ch2。

在一个函数中既可以使用本函数中的局部变量，又可以使用有效的全局变量。打个通俗的比方：国家有统一的法律和法令，各省还可以根据需要制定地方的法律、法令。在甲省，国家统一的法律法令和甲省的法律法令都是有效的，而在乙省，则国家统一的法律法令和乙省的法律法令有效。显然，甲省的法律法令在乙省无效。

说明：

（1）全局变量的作用是增加了函数与函数之间数据通信。由于同一文件中的所有函数

都能引用全局变量的值，因此如果在一个函数中改变了全局变量的值，就能影响到其他函数，相当于各个函数间有直接的传递通道。由于函数的调用只能带回一个返回值，因此有时可以利用全局变量增加与函数联系的通信方式，从函数得到一个以上的返回值。

```
int p=1,q=5;                  //p,q 为外部变量

float fac1(int a)             //定义函数 fac1
{
   int b,c;
   ...
}

char ch1,ch2;                 //ch1,ch2 为外部变量
char fac2(int x,int y)        //定义函数 fac2
{
   int i,j;
   ...
}

int main()                    //C 语言主函数
{
   int m,n;
   ...
}
```

全局变量 ch1 ch2 作用范围

全局变量 p q 作用范围

图 7-9　全局变量作用范围

为了便于区别全局变量和局部变量，在 C 语言程序设计中，一般将全局变量名的第一个字母用大写表示。

【例题 7.12】 有一个一维数组，内放 10 个学生成绩，写一个函数，求出平均分、最高分和最低分。

算法分析：我们能实现主函数分别调用三个函数即求平均分函数、求最高分函数和求最低分函数得到平均分、最高分和最低分。而题目要求主函数只能调用一个函数就能得到三个返回值，这显然难以实现。但可利用全局变量来完成。将最高分、最低分定义为全局变量，平均分为函数的返回值。

程序代码：

```
float Max=0，Min=0;                        //全局变量
float average(float array[ ]，int n)       //定义函数，形参为数组
{  int i;
   float aver，sum=array[0];
   Max=Min=array[0];
   for(i=1；i<n；i++)
   {  if(array[i]>Max) Max=array[i];
      else if(array[i]<Min) Min=array[i];
      sum=sum+array[i];
   }
   aver=sum/n;
   return(aver);
```

```
}
int main( )
{   float ave，score[10];
    int i;
    for(i=0；i<10；i++)
        scanf（"%f"，&score[i]);
    ave=average（score，10);
    printf（"max=%6.2f\nmin=%6.2f\naverage=%6.2f\n"，Max，Min，ave);
    return 0;
}
```

运行情况如下：

99 45 78 97 100 67.5 89 92 66 43↙

max=100.00

min=43.00

（2）建议不在必要时不要使用全局变量，因为：①全局变量在程序的全部执行过程中都占用存储单元，而不是仅在需要时才开辟单元。②它使函数的通用性降低了，因为函数在执行时要依赖于其所在的外部变量。③使用全局变量过多，会降低程序的清晰性，人们往往难以清楚地判断出每个瞬时各个外部变量的值。在各个函数执行时都可能改变外部变量的值，程序容易出错。因此，要限制使用全局变量。

（3）如果在同一个源文件中，外部变量与局部变量同名，则在局部变量的作用范围内，外部变量被"屏蔽"，即它不起作用。

【例题 7.13】 外部变量与局部变量同名。

```
int a=3，b=5;          //a、b 为外部变量        a，b 作用范围
max(int a，int b)      //a、b 为局部变量
{   int c;
    c=a>b?a：b;                                形参 a、b 作用范围
    return(c);
}
int main( )
{   int a=8;           //a 为局部变量          局部变量 a 的作用范围
    printf("%d"，max(a，b));                    全局变量 b 的作用范围
    return 0;
}
```

运行结果为

8

全局变量 a 在 main 函数范围内不起作用，而全局变量 b 在此范围内有效。因此 printf 函数中的 max（a，b）相当于 max(8，5)。

7.5.2　变量的存储方式

变量还有一个重要属性，即变量的存储方式。变量的存储方式可分为静态存储和动态存储。

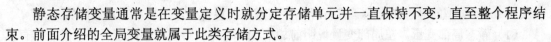

　　静态存储变量通常是在变量定义时就分定存储单元并一直保持不变，直至整个程序结束。前面介绍的全局变量就属于此类存储方式。

　　动态存储变量是在程序执行过程中，使用它时才分配存储单元，使用完毕立即释放。典型的例子就是函数的形式参数，在函数定义时并不给形参分配存储空间，只是在函数被调用时才予以分配，函数调用完毕立即释放。

　　可见，静态存储变量是一直存在的，而动态存储变量时而存在时而消失。因此，在定义变量时，应同时考虑变量的数据类型、作用域、存储方式等属性。在 C 语言中，变量的存储方式可以通过定义自动变量、定义全局变量和定义静态变量而确定。

1. 自动变量

　　自动变量是动态存储方式，它的类型说明符为 auto。

　　C 语言规定，函数内凡是未加存储类型说明的变量均视为自动变量，也就是说自动变量可省去说明符 auto。在前面各章的程序中所定义的变量凡未加存储类别说明符的都是自动变量。例如：

```
{int i, j, k;          等价于          {auto int i, j, k;
 char c;                                auto char c;
 ……                                    ……
 }                                      }
```

　　自动变量属于动态存储方式，只有定义该变量的函数被调用时才给它分配存储单元，开始它的生存期。函数调用结束，释放存储单元，结束生存期。因此函数调用结束之后，自动变量的值不能保留。在复合语句中定义的自动变量，在退出复合语句后也不能再使用，否则将引起错误。例如以下程序就出现了此类错误。

```
#include <stdio.h>
int main()
{auto int a, p;
 printf("input a number:\n");
 scanf("%d", &a);
 if(a>0)
   {int s=a+a;                        // 在复合语句中定义自动变量 s
    p=s*a;
   }
 printf("s=%d p=%d\n", s, p);
 return 0;
}
```

　　s 是在复合语句内定义的自动变量，只能在该复合语句内有效。而在程序的倒数第三行却是退出复合语句之后用 printf 语句输出 s 和 p 的值，这显然会引起错误。

2. 静态变量

　　静态变量的类型说明符是 static。用关键字 static 可以把变量定义成静态变量，一般形式为：

```
static    类型名    变量名
```

静态变量当然属于静态存储方式，但是属于静态存储方式的量不一定就是静态变量。被定义为 static 类型的静态变量除了具有静态存储方式的属性外，还规定了其他性质。

（1）静态局部变量。在局部变量说明前加上 static 说明符就构成静态局部变量，它有以下特点：

①静态局部变量在函数内定义，但它的生存期为整个程序。

②静态局部变量的生存期虽然为整个程序，但其作用域仍与自动变量相同，即只能在定义该变量的函数内使用该变量。退出函数后，尽管该变量还继续存在，但不能再使用。

③只在第一次调用函数时给静态局部变量赋初值，再次调用时，静态局部变量保存了前一次被调用后留下的值。因此，当多次调用一个函数且要求在调用之间保留某些变量的值的时候，可以考虑采用静态局部变量。

关于静态局部变量的应用，看一下例子：

```
#include <stdio.h>
int main()
{ int;
    void f();
    for(i=1; i<=5; i++)
        f();                        // 在 main 函数中反复调用 f 函数 5 次
}
void f()
{ auto int j=0;                     // 在 f 函数中声明 j 为自动变量
    ++j;
    printf("%d\t",j);
}
```

由于在 f 函数中声明 j 为自动变量并赋予初值为 0，当 main 函数多次调用 f 时，j 每一次循环均被赋初值为 0，故每循环一次输出值均为 1。现在把 j 改为静态局部变量，我们再来看一下：

```
#include <stdio.h>
int main()
{ int;
    void f();
    for(i=1; i<=5; i++)
        f();                        // 在 main 函数中反复调用 f 函数 5 次
}
void f()
{ static int j=0;                   // 在 f 函数中声明 j 为静态局部变量
    ++j;
    printf("%d\t",j);
}
```

由于 j 为静态变量，能在每次调用后保留其原值并在下一次调用时继续使用，所以输出值成累加的结果。输出结果为 1   2   3   4   5。

（2）静态全局变量。在全局变量说明前加上 static 说明符就构成静态全局变量。全局变量本身就是静态存储方式，静态全局变量当然也是静态存储方式。这二者的区别在于作用域的扩展上。非静态全局变量的作用域可以扩展到整个源程序，静态全局变量则限制了其作用域，它将其作用域局限在一个源文件内，只能为该源文件内的函数公用。因此，全局变量加上 static 限制，是为了避免在其他源文件中引用，防止出现错误。

7.6　编译预处理

预处理是指在进行词法扫描和语法分析之前所做的工作。预处理是 C 语言的一个重要功能，它由预处理程序负责完成。当对一个源文件进行编译时，系统将自动引起预处理程序对源程序中的预处理命令做处理，处理完毕自动进入对源程序的编译。

预处理命令是"#"开头的行。在前面已经使用过，比如包含命令#include、宏定义命令#define 等。这些命令在源程序中都放在函数之外，而且一般放在源文件的开头，被称为预处理部分。

C 语言提供多种预处理功能，包括宏定义、文件包含、条件编译等。合理地使用预处理功能，能使程序便于阅读、修改、移植和调试，有利于进行模块化程序设计。

7.6.1　宏定义

宏定义的功能是用一个标识符来表示一个字符串，这个标识符叫做宏名。在编译预处理时，对程序中所有出现的宏名，都用宏定义中的那个字符串去代替，这个过程称为宏替换。

C 语言中的宏，分为不带参数的宏和带参数的宏两种。

1. 无参宏定义

无参宏定义的一般形式为：

　　#define　标识符　字符串

其中，"#"表示这是一条预处理命令，define 为宏定义命令，"标识符"为宏名，"字符串"可以是常量或表达式。这条命令的含义是用字符串去替换程序中所有出现的宏名。例如：

```
#define   L   (x*x+2*x)
int main()
{ int x, y;
  scanf("%d" , &x);
  y=L*L+2*L+8;
  printf("y=%d\n" , y);
  return 0;
}
```

此道例题中定义了一个宏，宏名为 L，那么在以后的程序中，凡是出现 L 的位置都会用表达式 x*x+2*x 去进行替换。所以在经过预处理命令后，语句 y=L*L+2*L+8;经过宏展开，变为：

　　　　y=(x*x+2*x)* (x*x+2*x)+2*(x*x+2*x)+8;

说明：

①宏定义使用一个宏名来表示一个字符串，展开时又以该字符串取代宏名，只是一种简

单的替换。

②宏定义不是说明或语句，末尾不加分号。

③宏定义必须写在函数之外，其作用域为宏定义处起到源程序结束。

但可以用#undef命令来终止宏定义的作用域。比如

```
#define G 9.8
int main()
{
    ……
}
#undef G
void f1()
{
    ……
}
```

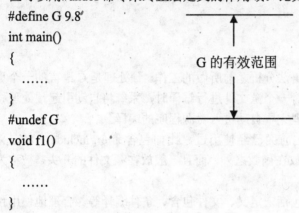

G的有效范围

④宏名一般用大写字母，以便与变量区分。

⑤用引号括起来的宏名，预处理程序不对其进行宏替换，例如：

```
#define Hello 100
int main()
{ printf("Hello");
    printf("\n");
    return 0;
}
```

这时把Hello作为字符串处理，运行结果为：Hello

⑥宏定义允许嵌套，在宏定义的字符串中可以使用已经定义的宏名。在宏展开式由预处理程序层层替换，例如：

```
#define PI 3.14159
#define P PI*x*x
```

对"printf("%f\n",P);"做宏替换，变为"printf("%f\n",3.14159*x*x);"。

2. 带参数的宏定义

宏定义中的参数称为形式参数，在宏调用中的参数称为实际参数。对带参数的宏，在调用中，不仅要宏展开，而且要用实参去代换形参。带参宏定义的一般形式为：

#define 宏名（形参表）字符串

带参数宏调用的一般形式为：

宏名（实参表）；

例如：

#define L（x）（x*x+2*x+x）   /*带参数宏定义*/

宏调用：

y=L（5）；

在宏调用时，用实参 5 去代替形参 x，经预处理宏展开后的语句为：

y=（5*5+2*5+5）

#define MAX（a,b）（a>b）?a:b

void main（）

{int x,y,max;

　scanf（"%d%d"，&x，&y）;

　max=MAX（x,y）;

　printf（"max=%d\n",max）;

}

上例程序中，表达式"（a>b）?a:b"由宏名 MAX 表示，形参 a、b 均出现在条件表达式中。程序中：

　max=MAX（x,y）;

为宏调用，实参 x、y 将代换形参 a、b。宏展开后该语句为：

　max=（x>y）?x:y;

对于带参的宏定义有以下问题需要说明：

①宏定义中，宏名和形参表之间不能有空格出现。例如：

　　#define MAX └┘ （a,b）（a>b）?a:b

将被认为宏名 MAX 代表的字符串是（a,b）（a>b）?a:b，是无参宏定义。

②在带参宏定义中，形式参数不同于函数中的形参，带参宏定义中的参数不是变量，只是宏调用时用实参的符号去代换形参，即只是符号代换。因此，不存在值传递的问题。

③在宏定义中的形参是标识符，而宏调用中的实参可以是表达式。

　#define power（y）（y）*（y）

　void main（）

　{float x,y;

　scanf（"%f"，&x）; y=power（sin（x）+1）;

　printf（"y=%6.4f\n"，y）;

　}

宏定义的形参为 y，宏调用中的实参为 sin(x)+1，是一个表达式，在宏展开时，用 sin(x)+1 代换 y，再用（y）*（y）代换 power，得到语句"y=（sin（x）+1）*（sin（x）+1）; "，这与函数的调用是不同的，函数调用时要把实参表达式的值求出来再赋予形参。而宏代换中对实参表达式不作计算直接照原样代换。

④在宏定义中的形参最好用括号括起来，以避免出错。如果去掉上例中的（y）*（y）表达式的括号，宏代换后将得到以下语句：

　y=sin（x）+1*sin（x）+1;

显然，展开后的表达式与题意不符。为了保证宏代换的正确性，应该给宏定义中表示表达式的字符串加上括号，例如：

　#define L（x）（（x）*（x）+2）

宏调用：

　y=1/L（a+5）;

宏代换后：

y=1/（（a+5）*（a+5）+2）；

如果字符串没有加上括号，宏代换后会得到完全不同的表达式：

y=1/（a+5）*（a+5）+2；

使用带参的宏很方便，但必须记住它和带参函数本质上是不同的。把同一表达式用函数处理与用宏处理两者的结果有可能是不同的，例如：

```
#define SQR（y）（（y）*（y））
int sqr（int y）
{return（（y）*（y））;
}
main（）
{int i, j;
for（i=1, j=1; i<=5;）
{printf（"%d", sqr（i++））; printf（"%d\n", SQR（j++））;
}
}
```

在上例中函数名为 sqr，形参为 y，函数体表达式为（（y）*（y）），宏名为 SQR，形参也为 y，字符串表达式为（（y）*（y）），函数调用为 sqr（i++），宏调用为 SQR（j++），实参也是相同的。从输出结果来看，却大不相同。

函数调用是把实参 i 值传给形参 y 后自增 1，然后输出函数值。因而要循环 5 次。输出 1~5 的平方值。而在宏调用时，SQR（j++）被代换为（j++）*（j++）。一次宏调用 j 会发生 2 次自增。第一次宏调用结束时，j=3。所以，宏调用与函数会有完全不同的结果。因此不要把宏定义当成函数使用。

7.6.2 文件包含

文件包含是 C 语言预处理程序的另一个重要功能。文件包含命令行的一般形式为：

#include "文件名"   或   #include <文件名>

在前面已多次用此命令包含过库函数的头文件，例如：

#include "stdio.h"

#include "math.h"

文件包含命令的功能是把指定包含的文件插入该命令行位置取代该命令行，从而把指定包含的文件和当前的源程序文件连成一个源文件。在程序设计中，许多公用的符号常量或宏定义等可单独组成一个文件，在其他文件的开头用包含命令将该文件包含到此文件中即可使用。这样，可避免在每个文件开头都去书写那些公用量，从而节省时间，并减少出错。

（1）#include "文件名"和#include <文件名>。

包含命令中的文件名可以用双引号括起来，也可以用尖括号括起来，例如：

#include"stdio.h"

#include <math.h>

都是允许的。但是这两种形式是有区别的，使用尖括号表示在包含文件目录中查找（包含目录是由用户在设置环境时设置的），而不在源文件目录查找；使用双引号则表示首先在当前的源文件目录中查找，若未找到才到包含目录中去查找。用户编程时可根据自己文件所在的目录来选择某一种命令形式。

（2）一个 include 命令只能指定一个被包含文件，若有多个文件要包含，则需用多个 include 命令。

（3）文件包含允许嵌套，即在一个被包含的文件中可以包含另一个文件。

7.6.3 条件编译

预处理程序提供了条件编译的功能。可以按不同的条件去编译不同的程序部分，即按照条件选择源程序中的不同语句参加编译，因而产生不同的目标代码文件。这对于程序的移植和调试是很有用的。条件编译有三种形式。

1. #ifdef 标识符

        程序段 1

         #else

        程序段 2

        #endif

它的功能是，如果标识符已被#define 命令定义过，则对程序段 1 进行编译；否则对程序段 2 进行编译。本格式中的#else 可以没有，即可以写为：

        #ifdef 标识符

        程序段

        #endif

例如：

    #define NUM ok

    #ifdef   NUM

     #define L（x）((x)*（x）+2)

    #else

     #define L（x）((x)*（x）+2*（x）+5)

    #endif

在上例中条件编译预处理命令的程序段是宏定义。因此，参加编译的宏定义是：

    #define L（x）((x)*（x）+2)

上例中的程序段是预处理命令行。当然，程序段可以是语句组，例如：

    void main()

    { ……

     #ifdef NUM   // 条件编译在函数内

     ……   // 语句组

     #else

     ……

     #endif

    }

2. #ifndef 标识符

        程序段 1

```
        #else
        程序段 2
        #endif
```

第二种将 ifdef 改为 ifndef，与第一种形式的功能正相反：如果标识符未被#define 命令定义过则对程序段 1 进行编译，否则对程序段 2 进行编译。

3. #if 常量表达式

```
        程序段 1
        #else
        程序段 2
        #endif
```

条件编译的功能是，如果常量表达式的值为真（非零），则对程序段 1 进行编译，否则对程序段 2 进行编译。因此可以是程序在不同条件下，完成不同的功能。例如：

```c
#define F 1
void main()
{ float x, s;
    printf("input x:");
    scanf("%f",&x);
    #if F
        s=3.14159*x*x;
        printf("area of round is:%f\n",s);
    #else
        s=x*x;
        printf("area of squ square is:%f\n",s);
    #endif
}
```

在程序第一行宏定义中，定义 F 为 1，因此在条件编译时，常量表达式的值为真，故计算并输出圆的面积。虽然上述功能可以用条件语句来实现，但是采用条件编译，则根据条件只选择参加编译的程序段，生成的目标程序较短。对于程序段 1 和 2 很长的源代码，采用条件编译，可以使目标程序变得短小精练。

本 章 小 结

本章主要介绍了 C 语言的函数的相关知识，通过学习应建立模块化程序设计思想。

（1）函数的定义和声明。

函数定义：包括函数首部和函数体两部分。函数首部包括返回数据类型、函数名和形式参数列表等。函数体是由一对花括号"{}"和包含其中的若干语句组成。

函数声明：对一个存在函数的形式进行说明，通过函数声明告诉编译器函数的名称、函数的参数个数和类型、函数返回的数据类型，以便调用函数时进行对照检查。

（2）函数的调用：除了 main()函数以外，其他的函数只有被调用才能执行。函数调用时需指定函数的名称和实际参数。

（3）函数返回类型与返回值：函数定义时说明的返回类型就是函数返回类型。函数返回值是被调函数执行结束后向主调函数返回的执行结果，用 return 返回。如果函数没有返回值，则函数返回类型为 void。

（4）函数的参数：主调函数和被调函数之间的传递数据的通道。函数定义中出现的是形参，函数调用中出现的是实参。函数的参数传递方式分为值传递和地址传递。

（5）递归：如果一个函数在调用的过程中出现直接或者间接地调用该函数本身，称为函数的递归调用。在程序设计中，通过递归函数来实现递归过程。

（6）变量作用域：指一个变量在程序中可以被使用的范围，分为内部变量和外部变量。在同一个作用域内不允许出现同名变量的定义，如果在一个作用域和其所包含的子作用域内出现同名变量，则在子作用域中，内层变量有效，外层变量被屏蔽。

（7）变量存储类别：描述了变量的作用域和生存期。变量的生存期指变量在程序执行中所存在的那段时间。C 语言变量的存储类别可分为四种：自动（auto）、静态（static）、寄存器（register）、外部（extern）。默认的存储类别为 auto。

（8）内部函数与外部函数：如果一个函数只能被本文件中的其他函数调用，即为内部函数，用 static 声明；而如果一个文件中定义的函数可以被同程序中的其他文件调用，就是外部函数，用 extern 声明。函数默认为外部函数。

（9）预处理：指在进行编译之前所做的处理工作，由预处理程序负责执行。C语言提供了多种预处理功能，包括文件包含、宏定义、条件编译等。

【易错提示】

（1）函数的定义形式；函数的形参与实参之间的两种值传递方式；函数的递归调用的解理和使用，对于函数的递归调用只有调用到最后开始返回上级函数时才能得到结果，所以阅读时要使用一个简单的数值进行分析；变量的存储类型（生存期和作用域），特别是局部 static 变量的使用，它虽然没有扩展变量的作用域，但延长了变量的生存期，即该局部变量的值即使在子函数调用完毕也一直存在（即会保留运算结果，便于下次使用），不会由于重新调用子函数时对该静态局部变量重新初始化。但是，如果用 static 说明外部变量（即：全局变量），反而限制了该外部变量的作用域，即该外部变量只能被定义它的源程序模块使用。易错之处：实参与形参的个数和类型必须一致，当实参和形参都是地址时，实现的是地址传递，这时实参与形参指向的是同一个内存存储空间，所以形参的变化会影响互实参，即实现双向数据传递。

（2）宏定义，特别是带参数的宏定义。易错之处：在定义带参数的宏定义时，忘记了"（ ）"，使得展开不对。

习题 7

1. 选择题
（1）以下函数声明正确的是（　　）。

A)double　fun(int x, int y)　　　　　　B)double　fun(int x;　int y)

C)double　fun(int x, int y);　　　　　　D)double　fun(int　x, y)

（2）C 语言规定，简单变量作实参，它与对应形参之间的数据传递方式是（　　　）。

　　A）地址传递；　　　　　　　　　　　B）单向值传递；

　　C）双向值传递；　　　　　　　　　　D）由用户指定传递方式

（3）以下关于 C 语言程序中函数的说法正确的是（　　　）。

　　A）函数的定义可以嵌套，但函数的调用不可以嵌套；

　　B）函数的定义不可以嵌套，但函数的调用可以嵌套；

　　C）函数的定义和调用均不可以嵌套；

　　D）函数的定义和点用都可以嵌套。

（4）以下正确的函数形式是（　　　）。

　　A）double fun(int x,int y)　　　　　　B)fun (int x,y)

　　　　{z=x+y;return z;}　　　　　　　　　{int z;return z;}

　　C)fun(x,y)　　　　　　　　　　　　　D)double fun(int x,int y)

　　　　　{int x,y;　double z;　　　　　　　{double　z;

　　　　　z=x+y;　　　return　z;}　　　　　z=x+y;　return z;}

（5）C 语言规定＿＿＿＿＿＿＿＿＿。以下说法不正确的是（　　　）。

　　A）实参可以是常量、变量或表达式

　　B）形参可以是常量、变量或表达式

　　C）实参可以是任意类型

　　D）形参应与其对应的实参类型一致

（6）C 语言允许函数返回值类型缺省定义，此时该函数返回值隐含的类型是（　　　）。

　　A)float 型　　　B)int 型　　　　　C）long 型　　　　D）double 型

（7）函数调用可以＿＿＿＿＿＿＿。以下错误的描述是（　　　）。

　　A）出现在执行语句中　　　　　　　B）出现在一个表达式中

　　C）作为一个函数的实参　　　　　　D）作为一个函数的形参

（8）如果在一个函数中的复合语句中定义了一个变量，则该变量＿＿＿＿＿＿＿＿。以下正确的说法是（　　　）。

　　A）只在该复合语句中有效　　　　　B）在该函数中有效

　　C）在本程序范围内有效　　　　　　D）为非法变量

（9）以下不正确的说法为（　　　）。

　　A）在不同函数中可以使用相同名字的变量

　　B）形式参数是局部变量

　　C）在函数内定义的变量只在本函数范围内有效

　　D）在函数内的复合语句中定义的变量在本函数范围内有效

（10）凡是函数中未指定存储类别的局部变量，其隐含的存储类别为（　　　）。

　　A）自动（auto）　　　　　　　　B）静态（static）

　　C）外部（extern）　　　　　　　D）寄存器（register）

（11）下面程序的正确运行结果是（　　）。

```
#include<stdio.h>
int main(int argc, char *argv )
{
    int a=2, i;
    for(i=0;i<3;i++)    printf("%4d",f(a) );
}
int f( int a)
{
    int b=0;static   int c=3;
    b++;c++;
    return(a+b+c);
}
```

　A）7 7 7　　　　　　B）7 10 13　　　　　C）7 9 11　　　　　D）7 8 9

（12）有如下函数调用语句 func(rec1,rec2+rec3,(rec4,rec5);该函数调用语句中，含有的实参个数是（　　）。

　A）3　　　　　　B）4　　　　　　C）5　　　　　　D）有语法错

（13）有如下程序

```
int runc(int a,int b)
{
    return(a+b);
}
#include<stdio.h>
int main(int argc, char *argv )
{
    int x=2,y=5,z=8,r;
    r=func(func(x,y),z);
    printf("%\d\n",r);
}
```

该程序的输出的结果是（　　）。

　A）12　　　　　　B）13　　　　　　C）14　　　　　　D）15

（14）有如下程序

```
long fib(int n)
{
    if(n>2) return(fib(n-1)+fib(n-2));
    else return(2);
}
#include<stdio.h>
```

```
int main(int argc, char *argv )
{
        printf("%d\n",fib(3));
}
```

该程序的输出结果是（　　　　）。

A）2　　　　　　　B）4　　　　　　　C）6　　　　　　　D）8

2. 编程题

(1)编写一个判断素数的函数，在主函数输入一个整数，输出是否为素数的信息。

(2)编写一个求最大值的函数，在主函数中输入 n 个数，求其中的最大值。

(3)编写一个函数，判断某一个数是否为水仙花数。

(4)编写一个函数，输入一个 4 位数字，要求输出这 4 个数字字符，但每两个数字间空一个空格。如输入 1990，应输出"1 9 9 0"。

(5)编写一个函数，由主函数输入一行字符，分别统计出其中英文字母、空格、数字和其他字符的个数。

(6)编写一个函数，输入一个十六进制数，输出对应的十进制数。

(7)输入 10 个学生某一门课的成绩，分别用函数实现下列功能：

①计算 10 个学生该门课的总分；

②计算 10 个学生该门课的平均分；

③求 10 个学生中的最高分；

④求 10 个学生中的最低分。

(8)定义一个带参数的宏，使两个参数的值互换，并写出程序，输入两个数作为使用宏时的实参。输出已交换后的两个值。

【上机实验 7】

1. 实验目的

(1)掌握函数定义及调用的方法，正确理解函数调用时实参和形参的对应关系。

(2)掌握并正确使用数组作为函数参数。

(3)掌握函数的嵌套调用和递归调用的方法。

(4)理解变量的作用域和生存期。

2. 预习内容

函数的定义、声明和调用及调用过程中数据传递；函数的嵌套调用；全局变量和局部变量的含义及作法；动态变量和静态变量的含义及用法。

3. 实验内容

（1）请用单步跟踪运行下面程序，体会函数的调用过程，加深对函数的认识理解。静态分析程序的运行结果并上机验证。将分析结果与运行结果加以对比，从中领悟静态局部变量的含义及其用法。

```
        #include<stdio.h>
```

```
int main()
{
    int fun(int x);
    printf("\n%d",fun(2));
    printf("\n%d",fun(2));
    printf("\n%d",fun(2));
    printf("\n");
    return 0;
}
int fun(int x)
{
    static int f=0,y=0;
    if(f= =0)
        y+=2*x;
    else if(f= =1)
            y+=3*x;
            else y+=4*x;
    f++;
    return y;
}
```

（2）定义一个函数 int fun(int x)，判断 x 是否为奇数，若是奇数，则函数的返回值为 1；否则，函数的返回值为 0。

（3）编写函数，将 n 个整数的数列进行重新排列，重新排列后的结果是前段都是奇数，后段全是偶数，并编写主函数完成以下操作：

① 输入 10 个整数。

② 调用重新排序函数完成排序功能。

③ 输出重排前和重排后的结果。

（4）设计函数 even_num，验证任意偶数为两个素数之和并输出这两个素数。

算法提示：

① 在 main()函数中，先从键盘输入一个不小于 4 有偶数 n，然后调用 even_num 函数将 n 拆分两个素数的和，并输出这两个素数。

② 函数 prime 的功能是判断参数 n 是否为素数。如果参数 n 为素数，返回 1；否则，返回 0。

③ 函数 even_num 的功能是将参数 n 拆分为两个素数的和，并输出两个素数。

主函数 main 和判断素数函数 prime 和将参数 n 拆分为两个素数的和函数 even_num 的流程图如图 7-10 所示。

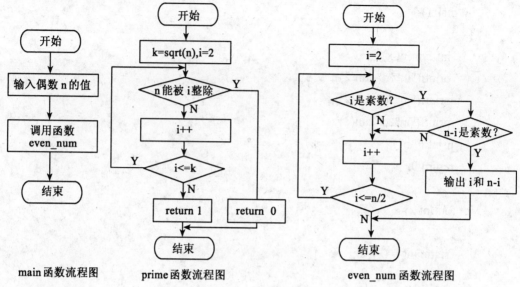

图 7-10   流程图

4. 实习报告

（1）将上述 C 程序文件放在一个"学号姓名实验 7"的文件名下，并以该文件名的电子档提交给教师。

（2）按实验报告格式要求完成每题后的要求。

第8章 指 针

【学习目标】
1. 理解指针与指针变量的概念。
2. 掌握指针变量的定义、赋值、引用及运算。
3. 掌握一维数组、二维数组的指针访问方法和字符指针的应用。
4. 理解指针数组的使用方法及指向一维数组的指针的区别。
5. 掌握指针作为函数参数、指向函数的指针及函数返回值是指针的基本应用。

    C 语言最初是为编写 UNIX 操作系统而设计的，要求能方便与系统底层的硬件接口进行交互，要能快速、有效访问内存单元地址。实现这一功能的便是指针。利用指针可直接对内存中的数据进行操作，较好实现函数间的通信，较好地实现对内存空间的动态分配。

    指针是 C 语言中广泛使用的一种数据类型，同时是 C 语言的一个重要特色，运用指针编程是 C 语言最主要的风格之一。利用指针变量可以表示各种数据结构，较方便地使用数组和字符串，并能像汇编语言一样处理内存单元地址，使编写的程序精练高效。指针极大丰富了 C 语言的功能，学习指针是学习 C 语言中最重要的一环，能否正确理解和运用指针在某一程度上是衡量掌握 C 语言的一个标志。指针是 C 语言中较难的一部分，概念难理解、使用较灵活，初学者常常会出错，因此要求在学习过程中认真正确理解基本概念、多思考、多编程、多上机，在实践应用中加以掌握。

8.1 指针与指针变量

8.1.1 指针的概念

    在计算机中，所有的数据和我们编写的程序都是存放在存储器中。计算机的存储器是按字节编址原则进行编址，一个字节（8 位二进制数）称为一个单元地址。单元地址的编号用十六进制数表示，如地址：0000H、001AH 均表示的是单元的地址。计算机的存储器由若干个字节组成，单元地址的编号从 0000H 开始进行连续编号并采用分段技术进行管理。

    C 语言程序中定义的变量，根据变量的类型为其分配一定数目的存储单元。一个变量可能被分配 1 个存储单元，也可能被分配占用多个连续的存储单元。如果变量占用 1 个存储单元，变量的地址就是该存储单元的地址；如果变量占用多个连续的存储单元，变量的地址就是其中地址编号最低的存储单元地址。

    C 语言的数据类型在不同的编译系统的编译模式下所分配的存储单元是不同的。如：int a;
      char c;
      float f;

在 Visual C++6.0 集成开发环境下，给 a 变量分配 4 个存储单元；给 c 变量分配 1 个存储单元；给 f 变量分配 4 个存储单元。在 Turbo C 编译系统下，给 a 变量分配 2 个存储单元；给 c 变量分配 1 个存储单元；给 f 变量分配 4 个存储单元。后面讲述的指针运算是在 Visual C++6.0 集成开发环境下实现的。

假如操作系统为变量 a 分配 8000H 地址；为变量 c 分配 8004H 地址；为变量 f 分配 8005H 地址。则 8000H 地址的符号名称是 a；8004H 地址的符号名称是 c；8005H 地址的符号名称是 f。这样就形成了变量名与相应地址间的一种关系。通过变量名来实现数据的存取操作称为直接操作。

假设将变量 a 的地址又存放在内存单元 8020H 地址中，而 8020H 地址同样给它一个变量名 pa。那么通过对变量 pa 的操作来找到变量 a 的地址，再对 8000H 地址进行数据的存取操作称为间接操作。直接操作如图 8-1 所示，间接操作如图 8-2 所示。

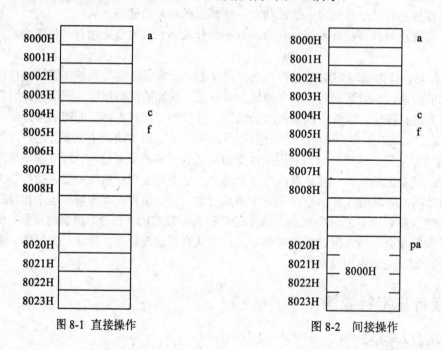

图 8-1　直接操作　　　　　　　　　　　图 8-2　间接操作

在 C 语言中不允许直接将 a 变量的地址赋给变量 pa，这是因为变量 a 的地址是由操作系统临时分配的，是一个动态的地址。在前面介绍了给变量 a 赋值可通过 scanf()函数来实现。即 scanf("%d",&a)中的&a 含义是取变量 a 的地址，&符号是取地址运算符。因此将变量 a 的地址赋给变量 pa 可采用 pa=&a 语句来实现。

那 pa 变量是一个什么类型的变量其数据结构如何呢？pa 变量是用来存放另一个变量 a 地址的变量。在 C 语言中规定将存放变量地址的变量称为指针。pa 是指向整型变量 a 的，指针变量 pa 的数据类型应该是整型，同其他变量一样在定义时可指明。

对于一个存储单元来讲，单元的地址即为指针，其中存放的数据才是该单元的内容。在 C 语言中，允许用一个变量来存放指针（地址），这种变量称为指针变量。因此一个指针变量的值就是某个内存单元的地址或称为某个内存单元的指针。图 8-2 中指针变量 pa 中存放的是变量 a 的地址，内容为 8000H，称变量 pa 指向变量 a，或者说变量 pa 是指向变量 a 的指针。指向关系如图 8-3 所示。

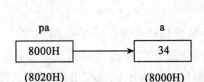

图 8-3　指针指向

严格说，一个指针是一个地址，是一个常量。而一个指针变量却可以赋予不同的指针值，是变量。但常将指针变量称为指针。定义指针的目的是为了通过指针去访问内存单元。既然指针变量的值是一个地址，那么这个地址不仅可以是变量的地址，也可以是其他数据结构的地址。在一个指针变量中存放一个数组或一个函数的首地址有特殊的意义。因为数组中的元素或函数中的语句都是连续存放的。通过访问指针变量取得数组或函数的首地址，也就得到了该数组或函数。

用"地址"这个概念并不能很好描述一种数据类型或数据结构，而"指针"实际上是地址，但它却是一个数据结构的首地址，是指向一个数据结构的，其概念更为清楚，表示更为准确。这是 C 语言引入指针概念的一个重要原因。

要区分"指针"与"指针变量"这两个概念。指针是一个地址，而指针变量是一个存放地址的变量。

8.1.2　指针变量

在 C 语言中，允许用一个变量来存放指针，这种变量称为指针变量。因此，一个指针变量的值就是某个变量的地址或称为某个变量的指针。

为了表示指针变量与它所指向的变量间的关系，在 C 语言中用"*"符号表示"指向"。如：pa 表示指针变量，那么*pa 是 pa 所指向的变量。

在图 8-3 中，对变量 a 的操作可变换成对*pa 的操作。

a=34；

*pa=34；a 和*pa 是等价的。

如：printf("%d\n",a);

　　 printf("%d\n",*pa);

输出的结果都是：34

指针同其他变量一样先定义后使用，先赋值后引用。

8.1.3　指针变量的定义

指针表示存储单元地址，而存储单元中存放数据具有不同的数据类型，定义指针时也要定义该指针所指向变量的数据类型。

指针变量定义格式：类型标识符 *指针名 1[, *指针名 2，…]；

其中，*表示这是一个指针变量；类型标识符表示指针变量所指向的变量的数据类型,而不是指针变量本身的数据类型，因指针本身的数据总是地址量；指针变量的值即为指针所指向变量的数据类型。

例如：int *pa;

　　　char *pc;

float *pf;

其中：pa 表示指向整型变量的指针变量；pc 表示指向字符型变量的指针变量；pf 表示指向实型变量的指针变量。指针变量分别是 pa、pc 和 pf，而不是*pa、*pc 和*pf，其中的*（在定义时）只是标识该变量是指针类型。int、char、float 是定义指针时指定的基类型。

说明：一个指针只能指向同类型的变量。如 pa 只能指向整型变量且只能将整型变量的地址赋给 pa，而不能将除整型变量外的数据类型变量的地址赋给 pa。

指针名的命名规则与用户定义标识符的命名规则相同。在同一行中可定义多个同类型的指针，指针名之间用逗号隔开。在定义指针时，应在指针名前加"*"号。

8.1.4 指针变量的初始化

指针变量的引用也应遵循"先赋值，后引用"的原则。未经赋值的指针变量不能使用，否则将造成系统混乱，甚至死机。对指针变量赋值只能是地址，绝不能赋具体的数值，否则引起错误。在 C 语言中，变量的地址是由编译系统分配的，用户不需要知道变量的具体地址。

在指针定义的同时，赋给它初始值，称为指针的初始化。初始化的一般形式为：

类型标识符 *指针名=&变量名；

例如：int a;
    char c;
    float f;
    int *pa=&a; //将变量 a 的地址赋给整型指针 pa，使 pa 指向变量 a。
    char *pc=&c; //将变量 c 的地址赋给字符型指针 pc，使 pc 指向变量 c。
    float *pf=&f;// 将变量 f 的地址赋给实型指针 pc，使 pf 指向变量 f。

指针初始化时，应注意以下几点：

（1）对指针变量初始化，是将变量 a 的地址赋给指针变量 pa，而不是*pa；是将变量 c 的地址赋给指针变量 pc，而不是*pc。*（在定义时）只是标识变量 pa、pc、pf 是指针型变量。

（2）指针变量的值必须与所指向的变量的数据类型相一致，类型不一致，将会引起致命错误。如下面的指针初始化是错误的。

    int a;
    char c;
    float f;
    int *pa=&c;
    char *pc=&f;
    float *pf=&a;

（3）可以将一个指针变量的值赋给另一个同类型的指针。

    int a;
    int *pa=&a;
    int *pf=pa;//整型指针 pa、pf 都指向整型变量 a。

（4）当把一个变量的地址作为初始值赋给指针变量时，要求这个变量在指针初始化前已经定义过。如果变量没定义，其地址也没定义，则不能把一个没有定义过的变量的地址赋给指针。

（5）在初始时，不能把一个整数数据（非地址值）赋给指针，如果这样做，就会将该数值作为内存单元地址，对这种地址进行读写将会造成可怕的后果。

（6）可以把一个指针初始化为空指针。

　　如：int *pa=0;

在 C 语言中，通常在一个指针没有指向任何其他变量之前，将 0 赋值给该指针变量，使指针的初始值为空。

8.1.5　指针运算符

指针有两个重要运算符：&是取地址运算符。*是指针运算符，或称指向运算符、或称间接运算符。两者互为逆运算。在指针定义时*表示指向（或标识），在使用指针运算时*表示取该指针对应的值（不是地址而地址单元的值）。

C 语言提供的地址运算符&表示变量地址。它的一般形式为：

&变量名；

如：定义了变量 a、b，则&a 表示变量 a 的地址，&b 表示变量 b 的地址。

C 语言提供的指向运算符*表示访问指针所指对象。它的一般形式为：

*指针变量名；

说明：此处*是指向运算，而定义指针变量时的*标明变量是指针类型的变量。

例如：int a;

　　　　int *pa=&a;

说明指针 pa 指向变量 a，a 是 pa 的指向对象，可以用*pa 来引用 a，*pa 与 a 是等价的。而*pa 就同普通变量一样使用。则下面两条语句的输出结果相同。

printf("%d",a);

printf("%d",*pa);

若定义：　int a;

　　　　　int *pa=&a;

则下述三条语句都是实现从键盘输入一个整型数据到变量 a 中的功能，它们的作用相同并且等价。

scanf("%d",&a);

scanf("%d",&*pa);

scanf("%d",pa);

说明：*和&具有相同的优先级，结合方向从右到左。这样&*pa 即&（*pa）是对变量*pa 取地址，它与&a 等价；pa 与&（*pa）等价； a 与*(&a)等价。同时要注意这个等价关系在程序中的应用。

【例题 8.1】　分析指针的初始化程序，体会指针运算符的应用。

程序代码：

```
#include<stdio.h>
int main()
{ int a=20;
  int *pa=&a;
  printf("a=%d\n",a);
  printf("*pa=%d\n",*pa);
```

```
printf("a 变量地址=%ld\n",pa);
printf("a 变量地址=%ld\n",&a);
return 0;
}
```

程序调试：程序调试的结果如图 8-4 所示。

图 8-4　程序运行结果

说明：定义一个整型变量 a 和一个指向整型数据的指向变量 pa，并将变量 a 的地址赋给指针变量 pa，使 pa 指向变量 a。从程序的运行结果可知：a 与*pa 是等价的，pa 与&a 是等价的。注意程序中输出变量 a 的地址值在不同的机器上输出的值是不同的。

8.1.6　指针运算

由于指针所包含的内容是地址量，因此指针的运算实际上是地址的运算。C 语言规定了地址运算规则。在 C 语言中指针运算只涉及指针赋值运算、指针算术运算和指针关系运算三种。

1. 指针的赋值运算

对指针的赋值是将一个变量的地址赋给指针，使该指针指向该变量，相同类型的指针间可相互赋值，对指针变量可以赋一个空值。

（1）将变量的地址赋给指针变量，使指针指向该变量。

例如：int a=16,b=18;

　　　　int *pa，*pb；

这两条语句分别定义的两个整型变量 a、b 和两个指向整型数据的指针变量 pa、pb。但此时 pa、pb 没有指向任何变量。

　　　　pa=&a;

　　　　pb=&b;

这两条语句分别是将 a 变量的地址赋给 pa，b 变量的地址赋给 pb，使 pa、pb 分别指向变量 a、b。此时变量 a、b 就可用*pa、*pb 表示。如图 8-5 所示。

（2）同类型指针变量相互赋值。

上述语句中 pa、pb 均是指向整型数据的指针变量，它们之间可以相互进行赋值。

pa=pb;

此语句是合法的，并且 pa、pb 均指向变量 a。则有变量 a、*pa、*pb 是等价的。如图 8-6 所示。注意只有相同类型的指针变量才能相互赋值。

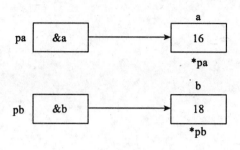

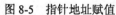

图 8-5 指针地址赋值

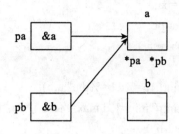

图 8-6 指针间赋值

（3）给指针赋空值。

在指针定义后，没有对它进行赋值，则指针指向的是一个不确定的存储单元。如果此时引用指针，可能会产生预料不到的后果。为了防止这类问题的发生，可给指针赋一空值，表明该指针不指向任何变量。

空指针值用 NULL 表示，其值为 0，在使用时应加上预定义，其原因是 NULL 是在头文件 stdio.h 中预定义的常量。

其使用方法如下：

#include<stdio.h>

pa=NULL；

也可直接将 0 赋给指针变量或\0 赋给指针变量。下面两条语句都是合法的。

pa=0；　　//这里的 pa 不指向任何变量，只是具有一个确定的空值。

pa='\0'；

注意：指针虽然可以赋值 0，但决不能将一个地址常量赋给指针变量。对全局指针变量与局部静态指针变量，在定义时没有初始化，则编译系统自动初始化为空指针 0。而局部指针变量不会被自动初始化，其指向不明应慎重引用。

【例题 8.2】 编写程序：实现从键盘输入任意的两个整数 a、b，要求按从小到大顺序输出。

算法分析：对于任意两个按从小到大的排序，在选择结构中进行了讲解。本例只是采用指针法来实现，进一步说明指针的用法。通过比较指针的指向对象，改变指针的指向。

程序代码：

```
#include<stdio.h>
int main()
{
    int a,b;
    int *pa,*pb,*p;
    pa=&a;
    pb=&b;
    printf("从键盘输入 a、b 两个数：\n");
    scanf("%d%d",pa,pb);
    if(*pa>*pb)
```

```
{
    p=pa;
    pa=pb;
    pb=p;
}
printf("a=%d b=%d\n",a,b);
printf("min=%d max=%d\n",*pa,*pb);
return 0;
}
```

程序调试：程序调试的结果如图 8-7 所示。

图 8-7　程序调试结果

程序说明：

① 在程序的开头处定义了两个普通变量 a、b；定义了三个指针变量*pa、*pb、*p 且它们并未指向任何一个整型变量，只提供了三个指针变量，规定它们可以指向整型变量。

② 在程序的 6、7 两行的作用使指针变量 pa、pb 分别指向变量 a、b。其指向关系如图 8-8（a）所示。

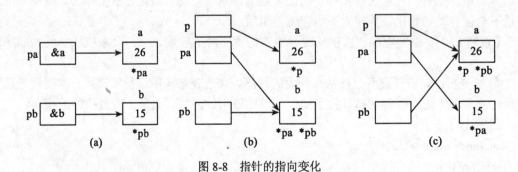

图 8-8　指针的指向变化

③ 在程序的 8、9 两行实现了从键盘输入的任意两个整数并存放到变量名分别为 a、b 的内存单元中。（定义了 a、b 变量后，则编译系统为变量名 a、b 与内存单元地址建立了联系）

④ 在程序的 10～14 行比较 a、b 的大小，a 大时则交换指针 pa、pb，使 pa 指向小数，pb 指向大数。指针变化如图 8-8（b）、（c）所示。

⑤ 在程序的 5 行、10 行和 17 行中出现的*pa、*pb 含义是不同的要注意区别。程序的 6、7 两行的书写不能写成*pa=&a、*pb=&b。

2. 指针算术运算

指针是一种比较特殊的数据结构类型，决定了指针算术运算只能进行加、减一个整数 n 的运算和指针相减的运算。加减整数 n 的运算结果不是指针值直接加、减 n，而这个 n 与指针所指向的数据类型有关。则指针变量的值应增加或减少"n×sizeof(指针类型)"。两指针相减运算的结果是两指针间数据的个数。

如：int a,*pa；

　　float f,*pf；

　　pa=&a；

　　pf=&f；

假设 a、f 变量分配在一片连续的内存单元中，a 的首地址是 8000，f 的地址是 8004，则 pa+1,pf+1 中的 1 的含义？

a 是整型变量在计算机内存中分配 4 个字节单元占用 8000～8003 地址，f 是实型变量在计算机中分配 4 个字节占用 8004～8007 地址。pa、pf 分别指向 a、f 变量，则 pa 的值是 8000，pf 的值是 8004。那么 pa+1 中的 1 是 1×4，pf+1 中的 1 是 1×4。因此它们中的 1 是不同的含义。且 pa+1 所指向的单元地址是 8004，如图 8-9 所示。

指针的加、减运算有以下几种形式：（假设 p 是已经定义的指针变量）

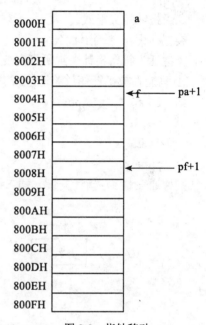

图 8-9　指针移动

（1）p=p+n：表示 p 向高地址方向移动 n 个存储单元块（一个单元块是指针变量所指向变量在内存中占用的存储单元数）。

（2）p=p-n：表示 p 向低地址方向移动 n 个存储块。

（3）p++、++p：表示把当前指针 p 向高地址移动一个存储单元块。

若 p++作为操作数，则先引用 p，再将 p 向高地址方向移动一个存储单元块；++p 是将指针向高地址方向移动一个存储单元块后再引用 p。

（4）p--、--p：表示把当前指针 p 向低地址方向移动一个存储单元块。

若 p--作为操作数，则先引用 p，再将 p 向低地址方向移动一个存储单元块；--p 是将指针向低地址方向移动一个存储单元块后再引用 p。

（5）指向同一个数组的两个指针可以相减，其结果表示两指针间相距的元素个数。

3. 指针关系运算

指针的关系运算是指同类型的指针变量可以像基本类型变量一样进行大于、小于、等于、不等于、大于等于及小于等于的运算。其比较结果是非 0 和 0，则代表不同的含义。若 pa 和 pb 是两个指针变量，执行 pa>pb 运算，其值为非 0，说明 pa 所指向的变量地址大于 pb 所指向的变量地址。指针的关系运算广泛应用于指向数组的指针中。指针与一般整数之间的关系运算是没有意义的，但指针可以和 0 进行"= ="或"！ ="的比较，用以判断是否为空指针，即无效指针。

* 8.1.7 多级指针

指针不仅可以指向基本类型变量，还可以指向指针变量，这种指向指针型数据的指针变量称指向指针的指针，或称为多级指针。

多级指针至少是二级及以上的指针。下面以二级指针或双重指针进行说明多级指针的定义与使用。

二级指针定义形式：

类型标识符 **指针名；

类型标识符指指针变量所指向变量的类型，**指二级指针标识符，指针名指二级指针变量名且只能存放指针变量的地址或者说明只能指向指针变量不能指向普通变量。

如：int a，*p，**pp；

　　a=18；

　　p=&a；

　　pp=&p；

则普通变量 a、指针变量 p 和二级指针变量 pp 三者的关系如图 8-10 所示。

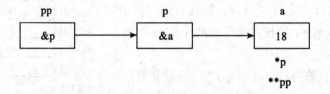

图 8-10　二级指针的指向关系

从图 8-10 中可看出：二级指针 pp 指向指针变量 p，而指针变量 p 又指向变量 a，此时要引用变量 a，可用*p、**pp 来实现。

二级指针与一级指针是两种不同类型的数据结构，它们保存的都是地址，但有严格的区别且不能相互赋值。使用二级指针可以建立复杂的数据结构，为编程者提供较大的灵活性。理论上还可建立更多级的指针。

8.2　指针与数组

变量代表内存中具有特定属性的一个存储单元，在对程序编译连接时由编译系统给每一个变量分配一个对应在的内存地址。而一个数组包含有若干个元素，在对程序编译连接时也由编译系统给每一个数组元素分配一个对应的内存地址，而数组名则代表了这若干个元素的首地址。指针变量既然能指向变量，同样也能指向数组元素。所谓数组元素的指针就是数组元素的地址。由于数组元素在内存中是连续存放的，因此利用指向数组或数组元素的指针变量来使用数组，将更加显得灵活、方便快捷。

前面讲到引用数组元素是通过下标法来实现的，如 a[2]，下面再介绍一种通过指针法来引用数组元素。使用指针法引用数组元素能使目标程序质量高，程序代码占用内存少、运行速度快，更加符合结构化程序设计思想。

8.2.1　一维数组元素的指针访问

问题提出：定义一个一维整型数组 a（有 10 个元素用 scanf()函数赋值），如何分别用数组名和指针来访问数组中的元素？

程序分析：在数组一章已经学习过使用"数组名[下标]"的方法访问数组中的指定元素。请读者阅读下面的程序代码，注意程序代码中使用不同方式访问一维数组元素的语句。

程序代码：

```
#include "stdio.h"
int main()
{
 int i,*pa;
 int a[10];
 for(i=0;i<10;i++)
     scanf("%d",&a[i]);//给数组 a 的元素赋初值
 printf("用下标法输出数组 a 的元素值:\n");
 for(i=0;i<10;i++)
     printf("%4d",a[i]);
 printf("\n");
 printf("用数组名法输出数组 a 的元素值：\n");
     for(i=0;i<10;i++)
     printf("%4d",*(a+i));
 printf("\n");
 pa=a;
     printf("用指针法输出数组 a 的元素值：\n");
     for(i=0;i<10;i++)
      printf("%4d",*(pa+i));
     printf("\n");
     pa=a;
     printf("用指针法输出数组 a 的元素值：\n");
     for(i=0;i<10;i++)
      printf("%4d",pa[i]);
     printf("\n");
 printf("用指针法输出数组 a 的元素值：\n");
     for(i=0;i<10;i++)
     {
         printf("%4d",*pa);
         pa++;
```

```
}
printf("\n");
return 0;
}
```

程序调试：调试运行程序的结果如图 8-11 所示。

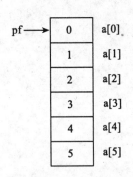

图 8-11　调试程序运行结果

C 语言规定数组名是一个常量指针，它的值是该数组的首地址，即第一个数组元素的地址。定义一个指向数组元素的指针变量的方法与前面介绍的指向变量的指针变量方法相同。

例如：

int a[6]={0,1,2,3,4,5}；

int *pa；

此时指针变量没有指向任何变量或任何数组元素，为了使 pa 能访问数组 a 中的各元素，可采用下列两种方式之一实现：

将数组名赋给指针变量 pa。语句为：pa=a；

将数组第一个元素的地址赋给指针变量 pa。语句为：pa=&a[0]；

以上两种方式均实现了指针变量 pa 指向数组的首地址或 a[0] 元素地址，如图 8-12 所示。因数组名 a 是常量指针，而 pa 是指针变量，两者虽然此时都指向了数组的首元素，但有严格的区别：a 是常量指针，其值在数组定义时已确定，不能改变，也就是指不能进行相关的运算操作，如：a++，a=a+1。pa 是指针变量其值可以改变，当赋给不同的数组元素的地址时，指针变量 pa 指向不同的元素。因此下列操作都是合法的。

pa++；pa=pa+1；

说明：数组名 a 赋给指针变量 pa 的作用是把 a 数组的首元素的地址赋给指针变量 pa，而不是把 a 数组各元素的值赋给指针变量 pa。

图 8-12　pf 指向 a[0] 地址

在定义指针变量时可以同时给指针变量赋初始值：

int a[6]={0,1,2,3,4,5}；

int *pa=a；

或者：

int a[6]={0,1,2,3,4,5}；

int *pa=&a[0]；

注意：是将 a 的首地址赋给指针变量 pa，而不是赋给*pf。

下面介绍通过指针如何来引用数组元素的方法。

例如：

int a[6];

int *pf=&a[0];

定义了一个指向整型数组 a 的指针变量，如果有下面的赋值语句：

*pf=0；表示将 0 赋给指针变量 pf 当前所指向的数组元素，即 a[0]=0。

按 C 语言规定：如果指针变量 pf 已指向数组中的一个元素，则 pf+1 指向同一数组中的下一个元素，而不是将 pf 的值（地址）简单加 1。如，数组元素是 float 型，系统为每个元素分配 4 个字节，那 pf+1 就使 pf 的值（地址）加 4 个字节，才能使 pf+1 指向下一个数组元素。Pf+1 所表示的实际地址是 pf+1×d，d 是一个数组元素所占的字节数（注意：在 Turbo C++ 中对 int 型，d=2；对 float 型和 long 型，d=4；对 char 型，d=1。在 Visual c++6.0 中对 int 、longf 和 float 型，d=4；对 char 型，d=1）。

依据 C 语言的有关规定，若将一个数组的首地址或首元素地址赋给了一个指向数组的指针变量，则存在下列关系：

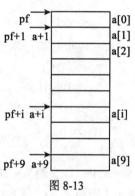

图 8-13

（1）pf+i 和 a+i 表示的是 a[i]的地址。或者说它们指向了 a 数组的第 i 个元素。如图 8-13 所示。

（2）*(pf+i)和*(a+i)是 pf+i 和 a+i 所指向的数组元素 a[i]。C 在编译时，对数组元素 a[i]的处理过程是：以数组的首地址加上偏移地址构成元素的地址即 a+i。然后依据此地址找出该地址的内容。

（3）指向数组的指针变量也可带下标。pf[i]与*(pf+i)是等价的。

下面分别采用下标法、指针法来引用数组元素，通过例子进行说明，读者应加以理解体会。要求输入整型 a 数组的 10 个元素，并输出该数组元素。

采用下标法引用数组元素（数组一章已介绍）。

【例题 8.3】 编写程序：定义一个整型数组 a，输入任意的 10 个数，并输出该 10 个数。

算法分析：采用一个循环语句分别对 10 个数组元素进行赋值，引用的是每个元素的地址即&a[i]；再采用一个循环语句输出存在数组 a 的各元素值。引用的是每个元素的值即 a[i]。

程序代码：

```c
#include<stdio.h>
int main()
{ int a[10];
  int i;
  for(i=0;i<10;i++)
    scanf("%d",&a[i]);
  printf("\n");
  for(i=0;i<10;i++)
```

```
        printf("%3d",a[i]);
    return 0;
}
```
采用数组名引用数组元素。

【例题 8.4】 编写程序：定义一个整型数组 a，输入任意的 10 个数，并输出该 10 个数。

算法分析：采用一个循环语句分别对 10 个数组元素进行赋值，引用的是每个元素的地址即&a[i]；再采用一个循环语句输出存在数组 a 的各元素值。引用的是数组名+偏移地址形成的地址单元的值即*(a+i)的值。

程序代码：

```
#include<stdio.h>
int main( )
{ int a[10];
    int i;
    for(i=0;i<10;i++)
        scanf("%d",&a[i]);
    printf("\n");
    for(i=0;i<10;i++)
        printf("%d",*(a+i));
    return 0;
}
```
采用指针变量来引用数组元素。

【例题 8.5】 编写程序：定义一个整型数组 a，输入任意的 10 个数，并输出该 10 个数。

算法分析：采用一个循环语句分别对 10 个数组元素进行赋值，引用的是每个元素的地址即&a[i]；再采用一个循环语句输出存在数组 a 的各元素值，循环语句中循环初始值从数组的首地址开始，终止于数组首地址+10，引用数组元素运用指针的指向对象。

程序代码：

```
#include<stdio.h>
int main( )
{ int a[10];
    int i,*p;
    for(i=0;i<10;i++)
        scanf("%d",&a[i]);
    printf("\n");
    for(p=a;p<(a+10);p++)
        printf("%5d",*p);
    return 0;
}
```
上述三种方法引用数组元素的输出结果如图 8-14 所示。

图 8-14

对上述三种引用数组元素进行的对比分析：

（1）下标法和变量名法从程序执行效率看是一样的，C 编译系统是将 a[i]转换成*(a+i)进行处理，先计算元素的地址，再取出该地址的内容进行相关运算。这种方法的缺点是找数组元素比较费时，程序执行的效率相对较低。下标法的优点是比较直观，能直接知道是第几个元素。如：a[6]是数组中序号为 6 的元素即 a[6]=16。

（2）指针法程序的执行效率较高。用指针变量直接指向元素地址并取出该地址的内容进行相关运算。指针法和数组名法的缺点是不直观，需通过计算才能判断当前处理的元素是数组中的第几个元素，要仔细分析指针变量的变化。

在使用指针变量指向数组元素时，以下几点特别值得读者注意：

（1）可以通过改变指针变量的值指向不同的数组元素。如上例中的 p++，使指针变量 p 指向数组 a 的首元素地址后，即可用 p++的不断改变来指向不同的元素。但不能通过 a++的改变来取得数组不同的元素，因为数组名 a 代表了数组首元素的地址，是一个指针常量，其值在程序运行期间不能改变。即 a++这样的操作是非法的。

（2）利用指针变量访问数组元素要注意指针变量的当前值，特别是在循环控制结构语句中。

分析下列程序错在何处，是何原因。

```c
#include<stdio.h>
int main( )
{ int a[10],i,*pa;
  pa=a;
  printf("输入数组元素的值: \n");
  for(i=0;i<10;i++)
     scanf("%d",pa++);
  printf("输入数组元素的值: \n");
  for(i=0;i<10;i++)
     printf("%10d",*(pa++));
  return 0;
}
```

这个程序从编译、连接和运行来看都能完成，但从结果看则不是用户所期望的。究其原因是在输入数据时，循环每执行一次，指针变量 pa 都自动加一次，也就是下移一个元素位置，当循环执行结束后，指针变量 pa 指向数组 a 以后的整型单元地址，而这些单元存放的是一个

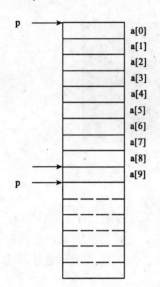

图 8-15 指针指向地址示意图

随机数,因而输出的结果就不是用户需要的。其修改方法是,重新使指针变量 pa 指向数组 a 元素,即在 printf("输入数组元素的值:\n");语句后添加一条赋值语句 pa=a;可用图 8-15 指针指向地址示意图说明。

(3) *p++相当于*(p++)。原因是*、++是同级运算符,结合方向从右至左,其作用是先获得 p 指向变量的值(即*p),然后执行 p=p+1。

(4) *(p++)与*(++p)的意义不同。*(++p)的执行过程是:先使 p=p+1,再获得 p 指向变量值;若 p=a,则输出*(p++)是先输出 a[0]后,再使 p=p+1 指向 a[1];输出*(++p)是先使 p 指向 a[1],再输出 a[1]。

(5)(*p)++表示的是将 p 指向的变量值加 1。

8.2.2 二维数组元素的指针访问

问题提出: 定义一个二维整型数据数组 a[3][3],对其赋值采用双重循环完成,如何分别用数组名和指针来访问二级数组中的元素。

算法分析: 在 C 语言中,一维数组名代表了该数组的起始地址,实质上一维数组名是一个指针常量,可以使用下标法和指针法访问其数组元素。数组一章中介绍了二维数组在计算机内存的中是按线性方式存储数据。二维数组可以看做是按行的多个一维数组构成,只要掌握指针运算的规则,就可使用指针指向二维数组或多维数组。分析下面程序中使用不同方式访问二维数组元素的方法。

程序代码:

```c
#include<stdio.h>
int main()
{
int i,j,*pa;
int a[3][3];
printf("对二维数组元素赋值:\n");
for(i=0;i<3;i++)
    for(j=0;j<3;j++)
        scanf("%d",&a[i][j]);
    printf("用下标法输出二维数组元素的值:\n");
for(i=0;i<3;i++)
    for(j=0;j<3;j++)
        printf("%4d",a[i][j]);
printf("\n");
    printf("用指针法输出二维数组元素的值:\n");
for(i=0;i<3;i++)
```

```
        for(j=0;j<3;j++)
            printf("%4d",*(a[i]+j));
printf("\n");
printf("用指针法输出二维数组元素的值: \n");
for(i=0;i<3;i++)
    for(j=0;j<3;j++)
        printf("%4d",*(*(a+i)+j));
printf("\n");
printf("用指针法输出二维数组元素的值: \n");
for(i=0;i<3;i++)
    for(j=0;j<3;j++)
        printf("%4d",*(&a[0][0]+3*i+j));
printf("\n");
printf("用指针法输出二维数组元素的值: \n");
for(i=0;i<3;i++)
    for(j=0;j<3;j++)
        printf("%4d",*(a[0]+3*i+j));
printf("\n");
printf("按存储性质用一重循环输出二维数组元素值: \n");
pa=&a[0][0];
for(i=0;i<9;i++)
    printf("%4d",*(pa+i));
printf("\n");
pa=&a[0][0];
    for(i=0;i<9;i++)
    printf("%4d",pa[i]);
printf("\n");
pa=a[0];
for(i=0;i<9;i++)
{
    printf("%4d",*pa);
    pa++;
}
printf("\n");
return 0;
}
```
程序调试: 程序调试的结果如图 8-16 所示。

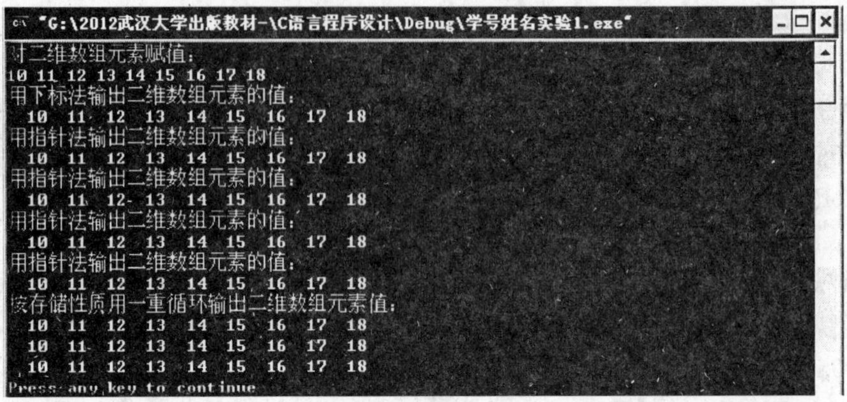

图 8-16　程序调试结果

在 C 语言中，可以用一维数组来解释二维数组，二维数组是以一维数组为元素的一维数组。

例如：假设有一个二维数组：

int a[3][4]={{1，2，3，4}，{5，6，7，8}，{9，10，11，12}}；则二维数组的矩阵表示如下：

a[0][0]　a[0][1]　a[0][2]　a[0][3]
a[1][0]　a[1][1]　a[1][2]　a[1][3]
a[2][0]　a[2][1]　a[2][2]　a[2][3]

对于第 0 行的元素 a[0][0] a[0][1] a[0][2] a[0][3]有一个共同点，那就是行下标均为 0，列下标是由 0 变到 3，因此可将其看成是一维数组 a[0]的 4 个元素且将 a[0]看成是数组名，按 C 语言的规定数组名代表数组的首地址，这样 a[0]就代表了第 0 行的首地址，也代表了第 0 行第 0 列元素的地址&a[0][0]，那么，第 0 行的其他元素地址也可用数组名加序号来表示：a[0]+1，a[0]+2，a[0]+3。依此类推，第 1 行的首地址是 a[1]，同样也代表了第 1 行第 0 列元素的地址&a[1][0]，该行其他元素地址表示为：a[1]+1，a[1]+2，　a[1]+3；第 2 行的首地址是 a[2]，同样也代表了第 2 行第 0 列元素的地址&a[2][0]，该行其他元素地址表示为：a[2]+1，a[2]+2，a[2]+3。

根据一维数组的地址表示法，首地址为数组名，因此 a[0]，a[1]，a[2]分别代表了这 3 行的首地址，而 a[0]可以表示为*(a+0)，a[1]可以表示为*(a+1)，a[2]可表示为*(a+2)。从形式上看为指针形式的各行（一维数组）的首地址。其结构如图 8-17 所示。

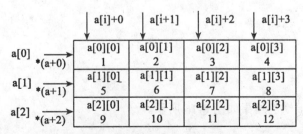

图 8-17　二维数组的指针表示法

从图中可知：其中任意元素 a[i][j] 的地址都可以表示为 a[i]+j 或者*(a+i)+j。而元素值则表示为*(a[i]+j)或者*(*(a+i)+j)。

如：a[0][2] 元素可以表示为*(a[0]+2)或*(*a+2)；a[2][1] 元素可以表示为*(a[2]+1)或*(*(a+2)+1)。这就是二维数组元素的指针表示形式。因此二维数组元素有下列三种表示法即：a[i][j]（下标法）；*(a[i]+j)及*(*(a+i)+j)（指针法）。从二维数组的指针表示法中可归纳数组 a 的性质如表 8-1 所示。

表 8-1　　　　　　　　　　　　　　　　数组 a 的性质

表示形式	含义	地址（十六进制）
a	二维数组名，指向一维数组 a[0]即第 0 行首地址	4000
a[0],*(a+0),*a	第 0 行第 0 列元素地址	4000
a+1, &a[1]	第 1 行首地址	400F
a[1], *(a+1)	第 1 行第 0 列元素 a[1][0]的地址	400F
a[1]+2,*(a+1)+2,&a[1][2]	第 1 行第 2 列元素 a[1][2]的地址	4018
(a[1]+2),(*(a+1)+2,a[1][2]	第 1 行第 2 列元素 a[1][2]的值	元素值 13

说明：若 a 是一个二维数组，则 a[i]代表的是一维数组名，是一个地址，而不是二维数组中的具体元素，因此不占用存储单元，要同一维数组区别开来，不要只看其表面形式。当然若 a 定义的是一个一维数组，则 a[i]代表的是数组 a 的第 i 个元素，它占用实际的物理存储单元。

【例题 8.6】编写程序：用指针法对一个 2×3 的矩阵赋值并输出这个矩阵中的各元素值。

算法分析：2×3 的矩阵实质是一个 2 行 3 列的二维数组。在数组一章曾介绍过对二维数组元素赋值采用的是双重循环，外循环控制行，内循环控制列实现的。输出二维数组元素的值同样也是采用双重循环控制，只是输出列表项分别采用不同指针表示如：*(a[k]+j)，*(*(a+k)+j)，*(p++)。

程序代码：

```
#include<stdio.h>
#include"string.h"
int main()
{ static int a[2][3];
    int k,j,*p;
    printf("输入数组 a 元素的值：\n");
    for(k=0;k<2;k++)
     for(j=0;j<3;j++)
         scanf("%d",&a[k][j]);
    printf("方式一输出数组 a 元素的值：\n");
    for(k=0;k<2;k++)
    { for(j=0;j<3;j++)
         printf("%6d",*(a[k]+j));
printf("\n");
```

```
    }
    printf("方式二输出数组 a 元素的值：\n");
    for(k=0;k<2;k++)
{   for(j=0;j<3;j++)
            printf("%6d",*(*(a+k)+j));
        putchar('\n');
    }
    printf("方式三输出数组 a 元素的值：\n");
    p=a[0];
    for(k=0;k<2;k++)
{   for(j=0;j<3;j++)
            printf("%6d",*(p++));
        putchar('\n');
    }
return 0;
}
```

程序调试：程序调试的结果如图 8-18 所示。

图 8-18　程序运行结果

程序说明：输出方式一：*(a[k]+j)中的 a[k]是 k 行首地址，a[k]+j 是 k 行 j 列元素的地址，因此*(a[k]+j)是代表 k 行 j 列的元素。

输出方式二：　*(*(a+k)+j 中*(a+k)是 k 行首地址，*(a+k)+j 是 k 行 j 列元素的地址，因此 *(*(a+k)+j)是代表 k 行 j 列的元素。

输出方式三：p 一开始指向数组的第一个元素，在循环体中每次输出一个元素，并修改指针 p 指向下一个元素，这是充分利用了二维数组在计算机中按线性方式存储的特点。因此输出数组元素。注意的是：*(p++)是先引用 p，取到*p 后再使 p+1→p。

8.2.3　指向一维数组的指针

指针可以指向任何合法的数据类型，如 int float 等，同样可以指向一维数组。指向一维数组的指针不是指向数组中的某一个元素，而是指向由若干个元素组成的一维数组，指向一维数组的指针称为"行指针"，简称为"数组指针"。

指向一维数组的指针定义格式：类型标识符　（*指针名）[常量表达式]；

其中，类型标识符是指针指向一维数组中元素的类型，常量表达是指针指向的一维数组中元素的个数。

如：char (*pc)[80];

语句功能：由于括号的优先级最高，因此 pc 先与*结合，表明 pc 是指针变量。（*pc）后面的[80]表明指针变量 pc 指向一个一维数组，这个数组有 80 个元素，元素的类型是字符型。

指向一维数组的指针赋值：一般用二维数组名赋值。

如：char str[3][80]; //定义一个 3×80 的二维数组 str。

　　char (*pc)[80];　　//定义一个指向一维数组的指针 pc。

　　pc=str;　　　　　　//指针 pc 指向二维数组 str 第 0 行的首地址。

【例题 8.7】 编写程序：输入 3 行字符（不超过 80 个），统计其中输入字符的大写字母、小写字母、数字、空格及其他字符的个数。用数组指针法来实现。

算法分析：定义一个 3 行 80 列的二维数组，存放输入的字符串；再定义一个行指针，先指向二维数组中第 0 行的首地址。通过这个指针来逐行访问二维数组中的元素。对每一个字符的判断方法已做过介绍。

程序代码：

```
#include<stdio.h>
#include"string.h"
int main()
{
 char str[3][80];
 char (*ps)[80],ch;
 int i,j;
 int large,small,number,space,other;
 large=0 ; //存储大写字母个数
 small=0 ; //存储小写字母个数
 number=0; //存储数字个数
 space=0;   //存储空格个数
 other=0;   //存储其他字符个数
 printf("输入字符每行不超过 30 个字符：\n");
 for(i=0;i<3;i++)
     gets(str[i]);
 ps=str;
 for(i=0;i<3;i++)
     for(j=0;j<strlen(str[i]);j++)
     {
         ch=*(*(ps+i)+j);
         if(ch>='A'&&ch<='Z')
             large++;
         else if(ch>='a'&&ch<='z')
```

```
                small++;
            else if(ch>='0'&&ch<='9')
                number++;
            else if(ch= =' ')
                space++;
            else
                other++;
        }
    printf("\n");
    printf("large is :%d\n",large);
    printf("small is :%d\n",small);
    printf("number is :%d\n",number);
    printf("space is :%d\n",space);
    printf("other is :%d\n",other);
    return 0;
}
```

程序调试：程序调试的结果如图 8-19 所示。

图 8-19 程序运行的结果

【例题 8.8】 编写程序：用指向数组元素的指针输出二维数组，并将数组中的最大元素及所在行列号输出。

算法分析：对一个 3 行 4 列的二维数组赋值采用双重循环来实现，依据二维在计算机内存中的存放特点即线性方式存储，只需第 0 行第 0 列元素的地址赋给一指针变量，就可用指向数组元素的指针来操作。假定指针指向数组首地址元素的值是最大的，修正指针后同其所指向地址元素的值比较，若小就交换值并记下该地址元素的行标和列标，直到比较结束后，输出其行标和列标。

程序代码：

```
#include<stdio.h>
int main()
{ int i,j,m,n,max;
  int a[3][4];
  int *p;
```

```
    printf("输入数组 a 元素：\n");
    for(i=0;i<3;i++)
     for(j=0;j<4;j++)
         scanf("%d",&a[i][j]);
    p=a[0];
    max=*p;
    m=0;
    n=0;
    for(i=0;i<3;i++)
    {   printf("\n");
        for(j=0;j<4;j++)
        {   printf("%6d",*p);
          if(max<*p)
          { max=*p;
            m=i;
            n=j;
            }
            p++;
        }
    }
    printf("\n max is:a[%2d][%2d]=%-6d\n",m,n,max);
    return 0;
}
```

程序调试：程序调试的结果如图 8-20 所示。

图 8-20　程序运行结果

　　程序说明：程序中利用普通指针变量 p 指向数组的某个元素（本例元素类型为整型），p++ 则指向下一个元素，这是充分利用二维数组在计算机内存中按行顺序存放各元素的特点。p 是指向一个整型变量的一级指针，程序中 p=a[0]; 则说明 p 指向第 0 行的 a[0]，是一个行指针，a 是二级指针。同理 a+1，a+2 也是二级指针，分别指向第 1 行，第 2 行。但要注意的是：p 与 a 的类型必须一致，否则不能直接赋值。

　　说明：定义了一个指针 p，p 可以指向一个有 4 个元素的一维数组（行数组）。此时若 p 指向数组 a 的第 0 行 a[0]，即 p=&a[0]（或 p=a+0），则 p+1 不是指向数组的下一个元素 a[0][1]，

计算机系列教材

而是下一行 a[1]。p 的值应以一行占用存储单元字节数为单位进行调整。

【例题 8.9】 编写程序：用指向一维数组的行指针输出二维数组，并将数组中最大元素及所在的行列号输出。

程序代码：

```c
#include<stdio.h>
int main()
{ int i,j,m,n,max;
  int (*p)[4];
  int a[3][4];
  printf("输入数组 a 元素:\n");
  for(i=0;i<3;i++)
   for(j=0;j<4;j++)
     scanf("%d",&a[i][j]);
  p=a;                        //p 指向第 0 行
  max=* *p;                   //**p 相当于*(*(p+0)+0)
  for(i=0;i<3;i++)
  {
printf("\n");
      for(j=0;j<4;j++)
{ printf("%5d",*(*p+j));
    if(max<*(*p+j))
     { max=*(*p+j);
        m=i;
        n=j;
     }
  }
   p++;                       //指向下一行
 }
   printf("\n max is:a[%2d][%2d]=%5d\n",m,n,max);
 return 0;
}
```

程序调试：程序调试的结果如图 8-21 所示。

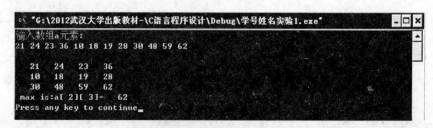

图 8-21　程序运行结果

第 8 章 指 针

程序说明：例题 8.8 与例题 8.9 中 p++所在的位置不同。例题 8.9 中是在外层循环内，处理完一行后，将指针下移，而例题 8.8 中是在内层循环中，每处理完一个元素后指针下移。这是由 p 在程序中的定义不同决定的。在例题 8.9 中 p 定义的是指向一维数组的指针变量且在赋值时使用的是 p=a 即指向一维数组的行指针，实际上是指向二维数组的一行，与 a,a+1,...一样都是指向行的二级指针，因此可直接赋值。而在例题 8.8 中 p 定义的是一级指针变量且赋值是 p=a[0]即指向第 0 行的首指针，指向的是第 0 个元素 a[0][0],是整型元素 a[0][0]的指针。与 p、a、a+1 这类二级指针不相容，不能直接赋值。</p>

通过上述两个例子得到下列结论：p+i, a+i 是第 i 地址，二级指针，它指向一个指针对象 a[i]，而*(p+i) 或*(a+i)是第 i 行第 0 列元素地址，指向的对象是一个整型元素。虽然值相同，但类型不同，不能赋值，在使用过程中要注意其差别，以免出错。

8.3 字符指针与字符串

问题提出：编写程序使用字符指针实现字符串的输入和输出。

算法分析：在 C 语言中，没有字符串类型数据，是通过字符型数组作为字符串的存储空间，而字符型数组的实质是一维数组，其数组名就是指针，指向字符型数组首元素地址的指针都可用来存储该处的字符串。因此存取一个字符串，可以定义一个字符型数组，再用一个指针指向该字符数组的首元素地址，就可通过指针来访问字符串中的字符。

程序代码：
```c
#include<stdio.h>
int main()
{
char str1[]="hello!",str2[10];
char *str3,*str4=str1;
printf("输出字符串 str1:");
printf("%s\n",str1);
printf("输出字符串 str4:");
printf("%s\n",str4);
printf("输入字符串 str2:");
gets(str2);
printf("输入字符串 str4:");
scanf("%s",str4);
printf("输出字符串 str2:");
puts(str2);
printf("输出字符串 str4");
puts(str4);
str3=str2+5;
printf("输出字符串 str3:");
puts(str3);
return 0;
```

计算机系列教材

193

}

程序调试：程序调试的结果如图 8-22 所示。

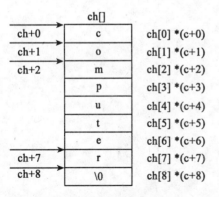

图 8-22　程序调试结果

程序说明：程序中使用了两个字符串输入函数：scanf("%s",str)和 gets(str),其中的 str 存放的是输入字符串的起始地址。str 可以是字符数组名、字符指针或字符数组元素的首地址。同时还要注意它们的区别。程序中使用了两个字符串的输出函数：printf("%s",str)和 puts(str)，其中的 str 存放的是输出字符串的起始地址。str 可以是字符数组名、字符指针或字符数组元素的首地址。他们功能相同输出时都是遇到第 1 个'\0'为止。'\0'是字符串结束标志，不在输出字符之列。

由于字符串在计算机内存单元中的存放是严格按照顺序存取方式进行即字符数组。C 语言对字符串的处理提供了库函数。字符指针是通过 char 来定义的指针变量。对字符串的处理：一是通过字符数组名来访问；二是通过字符指针来访问。因此，用字符指针处理字符串十分方便。

8.3.1　字符串的表现形式

1. 用字符数组实现

在数组一章中讲到字符串是保存在字符数组中。如：

char ch[ ]= "computer";

定义了一个字符数组 ch，并对赋初值 computer，可用格式输入/输出函数对其进行整体操作。如：printf("%s",ch)；也可以利用数组的性质单独访问某一个字符。如：用 ch[0]来引用第 0 个字符，它的值为'c'。字符数组 ch 在内存中的存储分配如图 8-23 所示。

数组名 ch 是该字符数组的首地址，是指针常量，其指针表示形式同一维数组。ch+i 是第 i 个字符的地址，那么*(ch+i)是第 i 个元素即 ch[i]。

2. 用字符指针实现

字符指针的定义形式如下：

char *指针名；

例如：

char *p="computer"；定义一字符指针变量 p，并将字符串在内存中的首地址赋给了指针变量 p。

	ch[]	
ch+0	c	ch[0] *(c+0)
ch+1	o	ch[1] *(c+1)
ch+2	m	ch[2] *(c+2)
	p	ch[3] *(c+3)
	u	ch[4] *(c+4)
	t	ch[5] *(c+5)
	e	ch[6] *(c+6)
ch+7	r	ch[7] *(c+7)
ch+8	\0	ch[8] *(c+8)

图 8-23　字符数组存储结构

与下列语句是等价的。

```
char *p;
p="computer";
```

下面通过的一个简单的例题进行说明。

【例题 8.10】 编写程序：对字符指针初始化。

程序代码：

```
#include<stdio.h>
int main()
{
    char *p="computer";
    printf("%s\n",p);
    return 0;
}
```

程序调试：程序运行结果如图 8-24 所示。

程序说明：编译系统将自动把存放字符串常量的存储区首地址赋给指针变量 p 使之指向该字符串的第一个字符。如图 8-20 所示。对字符串的整体处理过程是从指针所指向的字符开始逐个显示（系统在输出一

图 8-24　程序运行结果

个字符后自动执行 p++）直到遇到字符结束标志符'\0'。在输入时，也是将字符串的各字符自动顺序存储在 p 指示的存储区中，并在最后自动加上'\0'。

注意：例题 8.7 中的 p 只能指向一个字符，而不是把整个的 computer 字符串赋给了 p（p 只能存放地址），也不能将 p 看成是一个字符串变量。

8.3.2　用字符指针表示字符串

字符指针表示字符串有三种方法：指向字符数组；直接定义字符串；直接赋予字符串。

1. 指向字符数组

使字符指针指向存放字符串的字符数组的首地址后，便可以用字符指针来访问字符串中的元素了。

【例题 8.11】 编写程序：用字符指针指向字符数组。

程序代码：

```
#include<stdio.h>
int main()
{ char str[]="good morning";
    char *p;
    p=str;
    printf("original array:%s\n",str);
    printf("(1)p string is:%s\n",p);
    p=str+5;
    printf("(2)p string is:%s\n",p);
```

```
return 0;
}
```

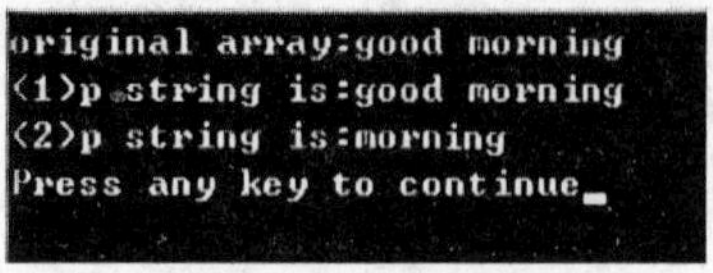

图 8-25　程序运行结果

程序调试：程序运行结果如图 8-25 所示。

程序说明：字符指针可用 %s 格式符输出以它表示的位置为首地址的字符串。本例中，当 p 指向 str 字符串首地址时，可输出整个 str 字符串；当 p 指向 str 字符串某一个字符地址时，输出以该字符为首地址的后面字符串。因此使用字符指针比使用字符数组名更加灵活方便。

2. 直接定义字符串

指在定义字符指针变量时并对其初始化，让字符指针变量指向指定的字符串。如例题 8.8，程序执行时，将在内存开辟一个字符数组来存放字符串常量，并将字符串首地址赋予指针变量。

3. 直接赋予字符串

指在定义字符指针变量后，可以直接将字符串常量赋予字符指针变量，而字符数组是不能直接赋值的。如将例题 8.8 中的语句可修改为：

```
char *p;
p="computer";
printf("%s\n",p);
```

【例题 8.12】 编写程序：将一已知字符串第 n 个字符开始的剩余字符复制到另一字符数组中。

算法分析：定义两个字符数组分别 a[ ]= "computer"和 b[10]，同时定义两个指针变量 p 和 q 并分别指针字符数组 a 和 b 的首地址。从键盘输入一个数 n，并测试字符数组 a[ ]元素的个数是否大于 n，若不，则将 p+n-1 后的元素的值复制到 b[ ]数组中，采用一个循环语句来实现数组元素的复制，即：for(;*p!=‘\0’;p++,q++)*q=*p，复制完后还要将\0 送到 b[ ]字符数组元素的结束处。

程序代码：

```
#include<string.h>
#include<stdio.h>
int main()
{ int i,n;
  char a[]="computer";
  char b[10],*p,*q;
  p=a;
  q=b;
  scanf("%d",&n);
  if(strlen(a)>=n)
      p+=n-1;
  for(;*p!=‘\0’;p++,q++)
      *q=*p;
      *q=‘\0’;
```

```
    printf("string a:%s\n",a);
    printf("string b:%s\n",b);
    return 0;
}
```

程序调试：程序调试的结果如图 8-26 所示。

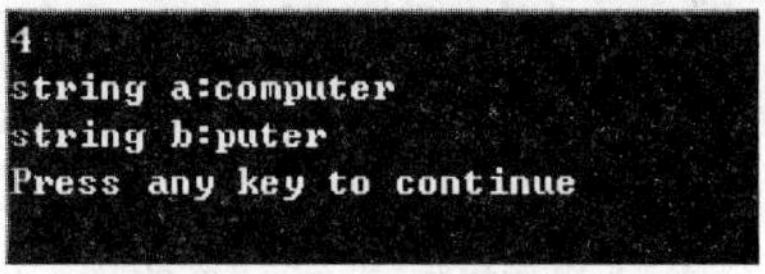

图 8-26 程序运行结果

对字符串的操作，还可以用数组元素的指针表示法（或地址法）来实现。不定义指针变量 p、q，直接利用数组的指针表示法仅对程序作如下修改：

```
for(i=n;*(a+i)!='\0';i++)
   *(b+i-n)=*(a+i);
  *(b+i-n)= '\0 ';
```

请读者思考，若输出语句修改为：printf("string a:%s\n",p);
printf("string b:%s\n",q);

则程序输出结果是什么？并分析其原因？

8.3.3 字符串数组

字符串数组是指数组中的每个元素又是一个存放字符串的数组。字符串数组可以用一个二维字符数组来表示。如：

char language[3][10];

数组的第一个下标决定字符串个数，第二个下标表明字符串的最大长度（实际最多只能是 9 个字符，'\0'占一位置）。

定义了一个字符串数组 language，则可以对字符串数组赋初值。如：

char language[3][10]={ "computer","vc++6.0","structure"}；它们在内存中的存储结构如图 8-27 所示。

language[0] →	c	o	m	p	u	t	e	r	\0	
language[1] →	v	c	+	+	6	.	0	\0		
language[2] →	s	t	r	u	c	t	u	r	e	\0

图 8-27 字符数组存储结构图

说明：各行字符间并不是连续存储的。这是因为字符串长度不同，都是从每行的第 1 个元素开始赋值，可以利用 language[i][j]来引用每一个字符，但操作不便，没有发挥字符串的优越性。由于字符数组变量在定义时就确定了大小，每行元素数是固定的，而字符串长度不等，这样会浪费存储空间，使用字符型指针数组可以方便地处理字符串数组。

8.4 指针数组

数组中每个元素都具有相同的数据类型，数组元素的类型就是数组的基本类型。如果一个数组中的每个元素均为指针类型，即由指针变量构成的数组，这种数组称为指针数组。

指针数组是指针变量的集合，即它的每一个元素都是指针变量，且具有相同的存储类别和指向相同的数据类型。

指针数组定义形式为：

类型标识符 *数组名[数组长度]

例如：

int *p[10];

由于[ ]比*的优先级高，所以 p 先与[10]结合成 p[10]，这正是数组的定义形式，说明共有10 个元素。最后 p[10]与*结合，表示它的各元素可以指向一个整型变量。

例如：

char *p[3];

定义了一个具有 3 个元素 p[0]，p[1]，p[2]的字符指针数组。每个元素都可以指向一个字符数组或字符串，对指针数组初始化：

char *p[3]={ "computer","vc++6.0","structure"};

其存储结构如图 8-28 所示。

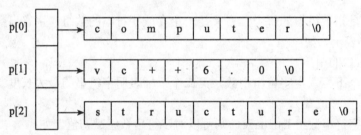

图 8-28　指针指向字符数组存储结构图

指针数组元素 p[0]指向字符串 computer，指针数组元素 p[1]指向字符串 vc++6.0,指针数组元素 p[2]指向字符串 structure。

用指针数组保存字符串与用二维字符数组保存字符串不同，指针数组保存字符串：各个字符串并不是连续存储的，但不占用多余的内存空间；二维数组保存字符串：数组的每行保存一个字符串，各字符串占用相同大小的存储空间且存在一片连续的存储单元中。

【例题 8.13】　编写程序：有若干本书，将其书名按字母顺序排序。

程序代码：

```
#include<stdio.h>
#include<string.h>
int main()
{ char *bname[]={"computer","vc++6.0","data structure"};
    int i,m;
    void sort(char *name[],int);
    m=sizeof(bname)/sizeof(char *); //字符串的个数
    sort(bname,m);                    //排序，改变指针的连接关系
    printf("\n");
```

```
    printf("按字典排序结果是：\n");
    for(i=0;i<m;i++)                    //输出排序结果
     printf("%s\n",bname[i]);
    return 0;
}
void sort(char *name[],int n)      //选择排序
{ char *t;
    int i,j,k;                          //k 记录每趟最小值下标
    for(i=0;i<n-1;i++)
    { k=i;
       for(j=i+1;j<n;j++)
        if(strcmp(name[k],name[j])>0)
            k=j;                //第 j 个元素更小
   if(k!=i)                     //最小元素是该趟的第 1 个元素，则不交换
   { t=name[i];name[i]=name[k];name[k]=t;}
    }
}
```

程序调试：程序调试的结果如图 8-29 所示。

图 8-29　程序运行结果

对字符数组与指针变量的几点说明：

（1）字符数组中每个元素可存放一个字符，字符指针变量存放字符串首地址，千万不要认为字符串是存放在字符指针变量中的。

（2）对字符数组来说，与普通数组一样，不能对其整体赋值，只能给各个元素赋值，但字符指针变量可以直接用字符串常量赋值。

例如，有如下定义：

char a[10];

char *p;

则语句 a="computer";是非法的。原因是数组名 a 是一个常量指针，不能对其赋值，只能对各个元素赋值。p="computer"；是合法的，原因是将字符串常量的首地址赋给指针变量 p。

8.5 指针与函数

变量有地址，数组名代表数组的首地址，函数名代表函数的首地址。指针可以指向一个变量，指针可以指向一个数组，同样指针也可指向一个函数。将指向函数的指针称函数指针。若一个函数的返回值是地址时称该函数为指针函数。因此指针与函数的关系主要讨论三个方面的内容：一是指针作为函数参数；二是函数的返回值是指针即指针函数；三是指向函数的指针即函数指针。

8.5.1 指针作为函数参数

在数组一章中已介绍了数组名可作为函数的参数，而数组名代表数组在计算机内存中首地址，既然数组名可以作为函数的参数，即说明地址（指针）可作为函数的参数，因此，指针（地址）可作为函数的实参和形参，参与函数间参数的传递，这种数据传递方式称为地址复制方式。

地址复制是把地址常量而不是数据传递给被调用函数的形参。这一方式要求用地址常量即数组名或指针变量作实参，形参也要求是数组名或指针变量。

【例题 8.14】 编写程序：输入两个数 a、b，要求用函数将两个数的存储位置进行调换。
算法分析：设计一个函数，函数的两个形参接收实参传过来的地址（指针），然后在函数中对数据的存储位置进行更换，最后通过地址返回。
程序代码：

```c
#include<stdio.h>

void exchange(float *fa,float *fb)
{
 float temp;
 temp=*fa;
 *fa=*fb;
 *fb=temp;
}
int main()
{
 float a,b;
 float *pa,*pb;
 pa=&a;
 pb=&b;
 printf("请输入两个数 a、b:\n");
 scanf("%f%f",&a,&b);
 printf("a=%f b=%f\n",a,b);
     exchange(pa,pb);
 printf("a=%f b=%f\n",a,b);
```

```
return 0;
}
```

程序调试：程序调试的结果如图 8-30 所示。

图 8-30　程序运行结果

程序说明：该程序实现了 a、b 两数的交换，即被调用函数 exchange()改变了被用函数中 a 和 b 的值，这就是地址复制的作用。地址复制的基本原理是：当函数 exchange(pa,pb)被调用时，地址指针 pa 和 pb 被复制到运行栈中形参占用的存储中，被告调用函数通过引用传递到运行栈中的地址，来对原参数进行间接访问。

8.5.2　指向函数的指针

问题提出：设计一个函数，通过指向函数的指针调用所指向的函数。

程序分析：C 语言中的指针，不仅可以指向整型、字符型和实型等变量，同样可以指向函数。我们可以定义一个指针变量，使它的值等于函数的入口地址，即指针是指向这个函数的，通过这个函数指针变量就可以调用此函数。

程序代码：

```
#include<stdio.h>
float max(float fa,float fb)
{
 return (fa>fb)? fa:fb;
}
int main()
{
 float a,b,c;
 float (*pf)(float,float);
 pf=max;
 printf("请输入两个数 a、b:\n");
 scanf("%f%f",&a,&b);
 printf("a=%f b=%f\n",a,b);
 c=(*pf)(a,b);
 printf("a=%f b=%f max=%f\n",a,b,c);
```

```
    return 0;
}
```

程序调试：程序调试的结果如图 8-31 所示。

图 8-31　程序运行结果

函数是由一系列 C 语言语句构成的且能实现某一特定功能。C 语言编译系统将组成函数的这些语句仿效存储在计算机的某一内存区域中，编译时，分配给函数一个入口地址，这个地址被称为函数指针。通过这个地址可找到该函数，定义一个指针变量，使它的值等于函数的入口地址，也就说用一个指针变量指向函数，然后用指向函数的指针变量代替函数名来调用这个函数。

指向函数的指针变量定义形式：

类型标识符　（*指针变量名）（形参列表）；

例如问题中语句：float (*pf)(float,float;表示定义了一个指向函数的指针变量 pf，函数的返回值是实型。

在定义了指向函数的指针变量后，可以将一个函数的入口地址赋给它，这就实现了使指针变量指向一个指定的函数。在一个程序中，一个指针变量可以先后指向不同的函数，但要求函数返回值的类型必须相同。

例如问题中语句：pf=max;其作用是使 pf 指向函数 max。因为是将函数的入口地址赋给 pf，不涉及实参与形参的结合，不能写成 pf=max(a,b);

指向函数的指针变量调用形式：

（*指针变量名）（实参列表）；

例如问题中语句：c=（*pf) (a,b);其作用是调用 max( )函数实现两数的比较并返回一个最大值。该语句等价于函数调用语句 c=max(a.b);

指向函数的指针变量的说明：一个函数指针可以先后指向不同的函数，将哪个函数的地址赋给它，它就指向哪个函数，使用该指针就可调用哪个函数，但是，必须用函数的地址为函数指针赋值；一个函数指针（*pf) ( ),pf+n，pf++，pf--等运算都是无意义。函数指针变量不能进行算术运算，这与数组指针变量不同。数组指针变量加减一个整数可使指针移动指向后一个或前一个数组元素。函数调用中"（*指针变量名）"的两边的括号不可少，其中的*不能理解为求值运算，在此处它只是一种表示符号。引用函数指针，除了增加函数的调用方式外，还可以将其作为函数的参数，在函数中间传递地址数据，这是 C 语言中一个比较深入的问题。

从问题中的程序代码可以看出，用函数指针变量形式调用函数的基本步骤：

（1）先定义函数指针变量。如程序中：float (*pf)(float,float)即定义 pf 为函数指针变量。

（2）将被调用函数的入口地址（函数名）赋给该函数指针变量。如程序中：pf=max;

（3）用函数指针变量形式调用函数。如程序中：c=(*pf)(a,b);

8.5.3 返回指针值的函数

所谓函数类型是指函数返回值的类型。前面介绍过，函数的返回值可以是整型、实型和字符型，但同样也可以是返回指针类型。这种返回指针值的函数称为指针型函数。

定义指针型函数的格式：

类型标识符 *函数名（形参列表）
{
　　…… //函数体
}

其中函数名前加了"*"表明这是一个指针型函数，返回值是一个指针。类型标识符表示了返回的指针值所指向的数据类型。

例如：float *pf(float x,float y)
　　　　{
　　　　　…… //函数体
　　　　}

表示定义一个返回指针值的指针型函数，它返回的指针指向一个实型变量。

应该严格区别函数指针变量与指针型函数两个概念。如：float (*pf)( )和 float *pf()是两个完全不同的概念。

float (*pf)( )是一个变量的定义，定义 pf 是一个指向函数入口的指针变量，该函数的返回值是一个实型量，且(*pf)的两边括号不能省。

float *pf()不是变量的定义而是函数的定义，定义 pf 是一个指针型函数，其返回值是一个指向实型量的指针，且 pf 两边没有括号。作为函数定义，在括号内最好写入形式参数，这样便于同变量定义相区别。

【例题 8.15】编写程序：在一个字符串查找一个指定的字符。如果指定字符在字符串中，返回串中指定字符出现的第一个地址；否则，返回 NULL 值，要求用指针函数实现。

算法分析：在一个字符串中查找指定的字符第一次出现的位置。按功能要求，函数应该提供两个形式参数，一个是待查找的字符串，一个是指定的用于查找的字符。函数返回值应该是一个地址值，对应的是找到的字符第一次出现的地址，也就是指向这个位置的指针。因此编写一个主函数 main( )来调用这个功能函数 mystrCh( )。

程序代码：

```
#include<stdio.h>
char *mystrch(char *str,char ch);
int main()
{
char *pc,ch,line[20];
printf("\ninput str:");
gets(line);
printf("\ninput ch:");
ch=getchar();
```

```
    pc=mystrch(line,ch);
    if(pc!=NULL)
    {
        printf("\nstring start at address:%x\n",line);
        printf("first occurrence of char '%c' is address:%x\n",ch,pc);
        printf("\nthis is position of %d(start from 0)\n\n",pc-line);
    }
    return 0;
}
char *mystrch(char *str,char ch)
{
    while(*str!='\0')
        if(*str= =ch)
                return (str);
        else
                str++;
    return NULL;
}
```

程序调试：程序调试的结果如图 8-32 所示。

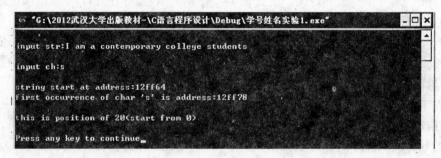

图 8-32　程序运行结果

8.6　动态指针

前面几节介绍的指针有一个共同特点，指针所指向的区域是静态的，也就是说在程序中，不需要考虑指针所指向的内存的分配与释放。但在实际应用中，动态指针的应用是十分广泛。

在 C 语言中允许建立内存动态分配区域，用以存放一些临时的数据，这些数据不必在程序的声明部分定义，也不必等到函数结束时才释放，而是需要时随时开辟，不需要时随时释放。这些数据是临时存放在一个特别的自由存储区，根据需要向系统申请所需大小空间。

对内存的动态分配是通过系统提供的库函数来实现的，主要有 malloc, calloc, free,realloc 这四个函数。

1. malloc 函数

函数原型：void *malloc(unsigned int size);

函数功能：为一个对象分配 size 字节大小的空间。size 为申请分配的空间的字节数，应是一个非负数。当申请成功，返回值为所分配的内存的首地址；申请失败，返回值为空指针0。

这个函数是一个返回指针值的函数，通常的使用方法是：

Type *p;

p=malloc(n sizeof(Type));

其中，Type 表示指针所指向的数据类型，sizeof(Type)表示一个 Type 类型变量所占用的空间大小，n*sizeof(Type)表示 n 个类型变量所占用的空间大小。

#define NULL(void *) 0

int *pa=NULL;

double *pd=NULL;

pa=malloc(10*sizeof(int));

pd=malloc(10*sizeof(double));

这个程序段的功能：pa 分配了 10 个 int 的空间，pd 分配了 10 个 double 的空间。存储空间申请完毕后，然后就可以使用这些空间了，当使用完毕后，需要释放这些资源，使得系统可以将这些资源分配给其他需要的场合。

2. calloc 函数

函数原型：void *calloc(unsigned n,unsigned size);

函数功能：在动态内存区开辟 n 个长度为 size 的连续存储空间。一般用该函数开辟一维动态数组，其中的 n 为数组元素的个数，size 为数组元素的类型。当申请成功，返回值为所分配的内存的首地址；申请失败，返回值为空指针0。

这个函数是一个返回指针值的函数，通常的使用方法是：

int *p;

p=calloc(50, 4);

开辟 50×4 个字节的临时分配空间并将首地址赋给指针变量 p。

3. free 函数

函数原型：void free(void *ptr)

函数功能：该函数释放由指针变量 ptr 指向的空间。该地址必须是在此之前成功调用maclloc、calloc、realloc 返回的指针；如果该指针为空，那么该操作不执行任何操作；如果该指针曾经被 free 或 realloc 释放，那么其行为是不可预测的。

4. realloc 函数

函数原型：void *realloc(void *ptr,unsigned int size);

函数功能：是对已经通过了 malloc 和 calloc 函数申请获得了动态空间再进行内存重新分配，将 ptr 所指向的动态空间大小改变为 size。ptr 的值不变即指向原来用 malloc 和 calloc 的首地址。如果分配不成功，返回 NULL。

使用以上四个函数时，要用#include<stdlib.h>指令将 stdlib.h 头文件包含到程序文件中。

【例题 8.16】 编写程序：建立动态数组，输入 5 个学生的成绩，用一个函数来检查其中有无低于 60 分的，若有并输出不合格的成绩。

算法分析：用 calloc 函数开辟一维数组的动态自由区域，用来存放 5 个学生的成绩，会得到这个动态区域第 1 个字节的地址，它的基类型是 void 型。用一个基类型为 int 的指针变量 pa 来指向动态数组的各元素，并输出它们的值。先要将 calloc 函数返回的 void 指针强制转换为整型指针后赋给 pa。

程序代码：

```c
#include<stdio.h>
#include<stdlib.h>
int main()
{
 void check(int *);
 int *pa,i;
 pa=(int *)calloc(5,sizeof(int));
 printf("input student achievement:");
 for(i=0;i<5;i++)
     scanf("%d",pa+i);
 check(pa);
 return 0;
}
void check(int *p)
{
 int i;
 printf("They are fail:");
 for(i=0;i<5;i++)
     if(p[i]<60)
         printf("%d",p[i]);
 printf("\n");
}
```

程序调试：程序调试的结果如图 8-33 所示。

图 8-33　程序运行结果

8.7　指针程序设计举例

【例题 8.17】程序功能：输入一个十进制整数，将其转换成二进制数、八进制数和十六进制数输出。

算法分析：

① 将十进制数 n 转换成 r(二进制数、八进制数、十六进制数)进制数的方法：n 除以 r 取余数作为转换后的数的最低位，若商不为 0，则继续除以 r，取余数作为转换后的数的次低位，以此类推，直到商为 0 止。

② 对于十六进制数中大于 9 的 6 个数字是用字母 A、B、C、D、E、F 来表示。

③ 所得余数的序列转换成字符保存在字符数组 a 中。

④ 字符'0'的 ASCII 值是 48，则余数 0~9 只要加上 48 就转变成字符'0'~'9'，余数中大于 9 的数 10~15 要转换字母，加上 55 就转变成'A'、'B'、'C'、'D'、'E'、'F'了。

⑤ 由于求得的余数系列是从低位到高位，而在显示时先显示高位，所以输出数组 a 时要反向进行。

⑥ 用转换函数 void trans10_2_8_16(char *p,long m,int base)进行转换，m 为被转换的数，base 为基数，指针参数 p[ ]带入的是存放结果的数组的首地址。

程序代码：

```c
#include<stdio.h>
#include<string.h>
void main()
{ int i,radix;
  long n;
  char a[33];
  void trans10_2_8_16(char *p,long m,int base);
  printf("Input radix(2,8,16):\n");
  scanf("%d",&radix);
  printf("Input a positive integer:\n");
  scanf("%ld",&n);
  trans10_2_8_16(a,n,radix);
  for(i=strlen(a)-1;i>=0;i--)
   printf("%c",*(a+i));
  puts("\n");
}
void trans10_2_8_16(char *p,long m,int base)
{ int r;
  while(m>0)
  { r=m%base;
    if(r<10)
      *p=r+48;
    else
      *p=r+55;
    m=m/base;
    p++;
```

```
  }
    *p='\0';
  }
```

程序运行结果如图 8-34 所示。

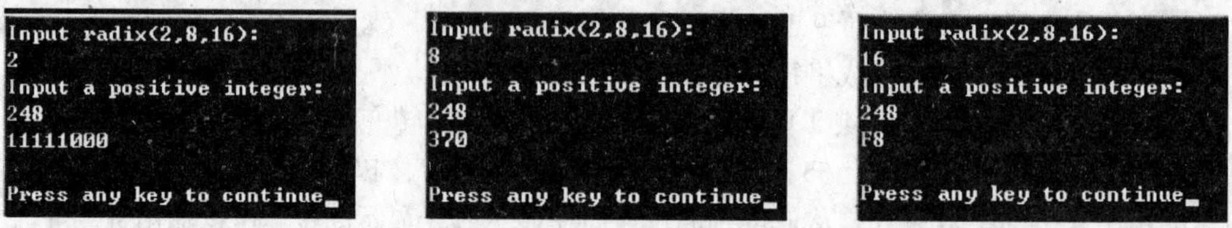

（a）　　　　　　　　　　（b）　　　　　　　　　　（c）

图 8-34

程序说明：程序中的主函数提供转换的数制和转换的十进制数。子函数 trans10_2_8_16（）完成数制转换。只要输入不同的基数，利用形参 base 可以实现将十进制数转换为其他进制数。函数形参使用了字符指针变量 p，主函数调用子函数 trans10_2_8_16()时，将实参字符数组 a 的首地址传给了形参 p，使 p 指向数组 a。在子函数 trans10_2_8_16()中，对指针变量 p 所指对象（*p）的操作，如*p=r+48,就是对 a 的某个元素的操作。因此函数中的结果可能通过数组 a 带回。

【例题 8.18】 程序功能：从键盘输入一个字符串与一个指定字符，将字符串中出现的指定字符全部删除。

算法分析：

删除指定字符采用在字符串中挪动字符，将指定字符后面的字符覆盖指定字符的方法。

程序代码：

```c
#include<stdio.h>
int main()
{ void del_ch(char *p,char ch);
  char str[80],*pf,ch;
  printf("请输入一个字符串：\n");
  gets(str);
  pf=str;
  printf("请输入要被删除的字符：\n");
  ch=getchar();
  del_ch(pf,ch);
  printf("删除字符后的字符串：\n%s\n",str);
  return 0;
}
void del_ch(char *p,char ch)
{ char *q=p;
  for(;*p!='\0';p++)
```

```
    if(*p!=ch)
        *q++=*p;
    *q='\0';
}
```

程序的执行结果如图 8-35 所示。

图 8-35 程序执行结果

本 章 小 结

对于指针一章的学习，初学者应从以下几个方面来掌握。

（1）准确理解指针。指针就是地址，只要程序中出现"地址"的位置，都可以用"指针"代替。例如：变量的指针就是变量的地址，指针变量就是地址变量。要区别指针和指针变量，指针就是地址本身，例如：1000 是某一变量的地址，1000 就是变量的指针；指针变量是用来存放地址的变量，指针变量的值是一个地址。

（2）弄清指向含义。计算机通过地址能找到该地址单元的内容即操作的对象，对指针变量来说，把谁的地址存放到指针变量中，就说该指针指向谁。但要注意的是只有与指针变量的基类型相同的数据的地址才能存放在相应的指针变量中。已学习的变量、数组、字符串和函数都在内存中被分配存储空间，有了地址，也就有了指针。可以定义一些指针变量，存放这些数据对象的地址，即指向这些对象。

（3）要掌握数组操作中指针的正确运用。一维数组名代表数组首元素的地址，它是指针常量，将数组名赋给指针变量后，也就是说指针变量指向数组的首元素，而不是指向整个数组，要正确理解指针变量指向数组的含义。同理，指针变量指向字符串，应该理解为指针变量指向字符串的首字符。

（4）要正确掌握指针变量的定义、类型及含义。见表 8-2。

表 8-2

变量定义	类型表示	含义
int i;	int	定义整型变量 i
int *pa;	int *	定义 pa 为指向整型数据的指针变量
int a[5];	int [5]	定义整型数组 a，它有 5 个元素
int *pa[4];	int *[4]	定义指针数组 pa，它由 4 个指向整型数据的指针元素组成
int(*pa)[4]	int(*)[4]	pa 为指向包含 4 个元素的一维数组的指针变量

续表

变量定义	类型表示	含义
int fun()	int ()	fun 为返回整型函数值的函数
int *pa()	int *()	pa 为返回一个指针的函数，该指针指向整型数据
int(*pa)()	int *() ()	pa 为指向函数的指针，该函数返回一个整型值
int **pa	int **	pa 是一个指针变量，它指向一个指向整型数据的指针变量

（5）正确掌握指针的基本运算。

① 指针变量加（减）一个整数。将该指针变量的原值（是一个地址）和它指向的变量所占用的存储单元的字节数相加（减）。如：p++,p--,p+i, p-i。

② 指针变量赋值。将一个变量地址赋给一个指针变量，但不能将一个整数赋给指针变量。例如：

p=&a;   //将变量 a 的地址赋给一个指针变量 p

p=array;   //将数组 array 首元素地址赋给 p

p=&array[i];   //将数组 array 第 i 个元素的地址赋给 p

p=max;   //max 为已定义的函数，将 max 的入口地址赋给 p

pa1=pa2;   //pa1 和 pa2 是基类型相同指针变量，将 pa2 的值赋给 pa1。

③ 两个指针变量可以相减。两个指针变量指向同一个数组中的元素，则两个指针变量值之差是两个指针之间的元素个数。

④ 两个指针变量比较。两个指针指向同一个数组的元素，则可以进行比较。指向前面的元素的指针变量小于指向后面元素的指针变量。若 p1 和 p2 不指向同一数组则比较无意义。

（6）对指针变量可以赋空值。即该指针变量不指向任何变量，其表示形式为：

p=NULL；其中的 NULL 是一个符号常量，代表整数 0。在 stdio.h 头文件中对 NULL 进行定义：#define NULL 0

它使指针变量 p 指向地址为 0 的单元，系统保证使该单元不作他用。但应注意 p 的值为 NULL 与未对 p 赋值是两个不同的概念。前者是有值只是其值为 0，不指向任何变量；后者虽未对 p 赋值但并不等于 p 无值，只是一个无法预料的值，也可能是 p 可能指向一个事先未指定的单元。

【易错提示】

（1）定义指针变量时，如：int *pa；指针变量前面的"*"表示该变量的类型是指针变量，指针变量名是 pa，而不是*pa，而 int 是指针变量的基类型，不同的基类型指明指针变量所指向变量的类型不同。

（2）指针变量只能存放地址，不能将一个整数赋给一个指针变量。只是因为变量的地址是由编译系统分配的。

（3）将一个变量的地址赋给指针变量，即形成指向关系。如：

int *pa,a;

pa=&a;

则此时的*pa 与 a 是等价的。因此*pa 是指针变量 pa 所指向的对象。当用输入语句对 a 赋值时可用下列形式:

scanf("%d",pa);而不能用 scanf("%d",&pa);因而要注意指针两个运算符*和&的用法。

（4）如：int a[10]={1,2,3,4,5,6,7,8,9,10};

　　　　int *pa;

　　　　pa=&a[0];是将 a[0]元素的地址赋给指针变量 pa，也可以是 pa=a;其含义是将数组 a 的首地址赋给指针变量，而不是将数组各元素的值赋给 pa。此时可以对 pa 进行以下操作：加 1 个整数；减 1 个整数；自加运算；自减运算，但绝不能理解是指针值加 1 操作那么简单。数组名 a 是一个指针型常量，不能进行 a++的操作。

（5）用指针调用函数，必须先使指针变量指向该函数，也就是将该函数的入口地址赋给了指针变量。调用时只将函数名赋给指针变量且函数名后不得有参数。

习题 8

1. 选择题。

（1）若函数 fun( )定义如下:

　　void fun(char *p,char *s)

　　{ while(*p++=*s++)

　　　　;

　　}则函数 fun()的功能是_____。

　　A．串比较　　　　B．串复制　　　　C．求串长　　　　D．串反向

（2）有定义 int array[10]={0,1,2,3,4,5,6,7,8,9};

　　　　int *p,i=2;

　　则执行语句：p=array;

　　　　　　　　Printf("%d",*(p+i));

　　则输出结果为_____。

　　A．0　　　　　　B．2　　　　　　C．3　　　　　　D．1

（3）在定义 int str[ ][3]={1,2,3,4,5,6};以下几种方法中，不能正确表示 i 行 j 列元素的是_____。

　　A．str[i][j]　　　B．*(str[i]+j)　　C．*(*(str+i)+j)　　D．*(str+i+j)

（4）已知：int *p,a；则语句 p=&a；中的运算符&的含义是_____。

　　A．位与运算　　　B．逻辑与运算　　C．取指针内容　　D．取变量地址

（5）已知：int a ,*p=&a；则下列函数调用中错误的是_____。

　　A．scanf("%d",&a);　　　　　　　　B．scanf("%d",p);

　　C．printf("%d",a);　　　　　　　　D．printf("%d",p);

（6）说明语句：int (*p)();的含义是_____。

　　A．p 是指向一维数组的指针变量

　　B．p 是指针变量，指向一个整型数据

　　C．p 是一个指向函数的指针，该函数的返回值是一个整型

　　D．以上说明都不对

（7）已知：int x；则下面的说明指针变量 pb 的语句_____是正确的。

A．int pb=&x; B．int *pb=x; C．int *pb=&x; D．*pb=*x;

（8）已知：int b[ ]={1,2,3,4},y,*b=b;则执行语句 y=(*--p)++；之后，变量 y 的值是_____。

A．1 B．2 C．3 D．4

（9）已知：int *ptr1,*ptr2；均指向同一个 int 型一维数组中的不同元素，k 为整型变量，则下面错误的赋值语句是_____。

A．k=*ptr1+*ptr2; B．*ptr2=k; C．ptr1=ptr2; D．k=*ptr1*(*ptr2);

（10）已知：char str[4]="12"；char *ptr；则执行以下语句的输出为_____。

```
ptr=str;
printf("%c\n",*(ptr+1));
```

A．字符'2' B．字符'1' C．字符'2'的地址 D．不确定

2.阅读程序，分析程序运行的结果。

（1）
```
#include<stdio.h>
int main()
{ static char a[]="program",*ptr;
  for(ptr=a;ptr<a+7;ptr+=2)
    putchar(*ptr);
  printf("\n");
  return 0;
}
```

则程序的执行结果是_____。

（2）
```
#include<stdio.h>
int main()
{ static char b[]="program",a[]="language";
  char *ptr1=a,*ptr2=b;
  int k;
  for(k=0;k<7;k++)
    if(*(ptr1+k)= =*(ptr2+k))
        printf("%c",*(ptr1+k));
  printf("\n");
  return 0;
}
```

则程序的执行结果是_____。

（3）
```
#include<stdio.h>
int main()
{ static int a[2][3]={{1,2,3},{4,5,6}};
  int m,*ptr;
  ptr=&a[0][0];
  m=(*ptr)*(*(ptr+2))*(*(ptr+4));
  printf("%d\n",m);
```

```
            return 0;
        }
    则程序的执行结果是_____。
（4）  #include<stdio.h>
        #include<string.h>
        int main()
        { char str[80];
            void prochar(char *str,char ch);
            printf("输入一字符串：\n");
            scanf("%s",str);
            prochar(str,'r');
            puts(str);
            return 0;
        }
        void prochar(char *str,char ch)
        { char *p;
            for(p=str;*p!='\0';p++)
                if(*p= =ch)
                { *str=*p;
                    (*str)++;
                    str++;
                }
            *str='\0';
        }
    则程序的执行结果是_____。
（5）  #include<stdio.h>
        int main()
        { int a=2,*p,**pp;
            pp=&p;
            p=&a;
            a++;
            printf("%d,%d,%d\n",a,*p,**pp);
            return 0;
        }
    则程序的执行结果是_____。
```

3．编写函数 fun（），函数功能是从字符串中删除指定的字符。同一字母的大小写按不同字符处理。

4．从键盘输入十个整数存放在一维数组中，求出它们的和及平均值并输出（要求用指针访问数组元素）。

5．编写一个程序，用 12 个月的英文名称初始化一个字符指针数组，当键盘输入整数为 1~12

时，显示相应月份名，输入其他整数时显示错误信息。

6．用指针法完成输入 3 个整数，按由小到大的顺序输出。

7．用指针法实现输入 3 个字符串，按由小到大顺序输出。

8．有 n 个人围成一圈，顺序排号。从第 1 个人开始报数（从 1 到 3），凡报到 3 的人退出圈子，问最后留下的是原来的第几号。

9．有一字符串，包含 n 个字符。写一函数，将此字符串中从第 m 个字符开始的全部字符复制成为另一字符串。

10．在主函数中输入 10 个等长的字符串。用另一函数对它们排序。然后在主函数输出这 10 个已排序的字符串。

11.有一个班 4 个学生，5 门课程。① 求第一门课程的平均分；②找出有两门以上课程不及格的学生，输出他们的学号和全部课程成绩及平均成绩；③找出平均成绩在 90 分以上或全部课程成绩在 85 分以上的学生。分别编 3 个函数实现以上 3 个要求。

【上机实验 8】

1．实验目的

(1)掌握指针的概念、指针变量的定义。

(2)掌握指针的运算。

(3)掌握指针与数组的关系。

(4)掌握指针与函数的关系。

(5)了解指向函数的指针。

(6)了解指向指针变量的指针。

2．预习内容

（1）指针变量的定义、赋值、操作（存储单元的引用、移动指针的操作、指针的比较），取地址运算符&和间接运算符*的功能及用法，数组元素的多种表示形式。

（2）指针是种特殊的变量，它具有变量的三要素（即变量名、变量值、变量类型），要注意指针的值及（基）类型。指针的值是某个变量的地址值，它的（基）类型是它所指向的变量的类型。

*：说明符，说明某一变量是指针。

&：对变量取地址。

3．实验内容

(1)先分析程序的运行结果，再上机验证。

```c
#include<stdio.h>
int main()
{ int i,j,*pi,*pj;
  pi=&i;
  pj=&j;
  i=5;
  j=7;
  printf("%d\t%d\t%d\t%d\n",i,j,pi,pj);
  printf("%d\t%d\t%d\t%d\n",&i,*&i,&j,*&j);
```

```
            return 0;
        }
```

① 先静态分析程序运行的结果，再与上机运行的结果比较是否一致，若不一致分析产生的原因。

②程序中的 pi，pj 是地址值，通过两次运行程序或在不同的机器中运行程，观察其结果是否一样，从中可得到什么结论？程序输出语句中"\t"的作用是什么？

（2）先分析程序的运行结果，再上机验证。

```
            #include<stdio.h>
            int main()
            { int a[]={1,2,3};
              int *p,i;
              p=a;
              for(i=0;i<3;i++)
                printf("%d\t%d\t%d\t%d\n",a[i],p[i],*(p+i),*(a+i));
              return 0;
            }
```

① 先静态分析程序运行的结果，再与上机运行的结果比较是否一致，若不一致分析产生的原因，特别注意输出的格式是如何控制的。

② 通过本题的练习，希望学生掌握数组元素与指向数组的指针是不同的。

a[i]：表示数组的下标为 i 的元素。a[i]←p[i]←*(p+i)←*(a+i)。a 是数组名，表示数组首地址，（p+i）表示数组中第 i 个元素的地址，*(p+i)相当于 a[i]。

（3）先分析程序的运行结果，再上机验证。

```
            #include<stdio.h>
            void fun(char *str,int i)
            { str[i]='\0';
              printf("%s\n",str);
              if(i>1)
                fun(str,i-1);
            }
            int   main()
            { char str[]="abcd";
              fun(str,4);
              return 0;
            }
```

① 先静态分析程序运行的结果，再与上机运行的结果比较是否一致，若不一致分析产生的原因。

② main()函数调用 fun 函数时传递的一个是 str 数组首地址和一个常量值 4，则要求 fun 函数的形参必须是什么类型？在 fun 函数中又调用 fun 函数，这种调用称为什么调用？又是如何退出调用的？

（4）输出 a 数组的 10 个元素的程序如下并指出程序问题所在。

```
#include<stdio.h>
int main()
{ int a[10];
  int *p,i;
  p=a;
  for(i=0;i<10;i++)
  { *p=i;
    p++;
  }
  for(i=0;i<10;i++,p++)
   printf("%d\n",*p);
  return 0;
}
```

通过上机调试，输出的结果不是 0~9，原因是什么？修改程序使其输出正确的结果为止。

（5）以下程序的功能是：输入 10 个数，将其中最小的数与第一个数对换，把最大的数与最后一个数对换。将空缺处语句填写完整并调试运行。

```
#include<stdio.h>
int main()
{ int number[10];
  int *p,i;
  void maxminvalue(int array[10]);
  printf("input 10 number:\n");
  for(i=0;i<10;i++)
   scanf("%d",&number[i]);
  maxminvalue(number);
  printf("New order:");
  for(p=number;p<=number+9;p++)
   printf("%d",*p);
  return 0;
}
  void maxminvalue(int array[10])
{ int *max,*min,*p,*end;
  end=array+9;
  max=array;
  min=array;
  for(p=array+1;p<=end;p++)
   if(*max<*p)
        max=p;
```

_____; _____; _____

```
    for(p=array+1;p<=end;p++)
      if(*min>*p)
            min=p;
    _____; _____; _____;
  return;
}
```

（6）　调试以下程序并说出该程序实现的功能。

```
#include<stdio.h>
#include<string.h>
int main()
{ char s[8];
  int n;
  int chnum(char *p);
  gets(s);
  if(*s= ='-')
    n=-chnum(s+1);
  else
    n=chnum(s);
  printf("%d\n",n);
  return0;
}
int chnum(char *p)
{ int num=0;
  for(;*p!='\0';p++)
    num=num*10+*p-'0';
  return(num);
}
```

该程序的功能是：_____。当输入-23456 回车时，程序输出的结果是：_____。当输入 23456 回车时，程序输出的结果是：_____。

（7）　代码设计。

①　编写一个程序，用 12 个月份的英文名称初始化一个字符指针数组，当键盘输入整数为 1 到 12 时，显示相应的月份名，键入其他整数时显示错误信息。

②　编写一个程序，将用户输入的由字符串和数字组成的字符串中的数字提取出来。如：输入"asd123K456,fg789"，则输出的数字分别是 123，456，789。

4．实验报告

（1）将上述 C 程序文件放在一个"学号姓名实验 8"的文件名下，并以该文件名的电子档提交给教师。

（2）按实验报告的格式完成每题后的要求。

第9章 结构体与共用体

【学习目标】

1. 掌握结构体类型的定义，结构体变量的定义、初始化和引用。
2. 学会利用结构体数组，指向结构体数据的指针变量进行编程。
3. 了解链表的概念、用结构体建立链表的方法及链表的基本操作。
4. 了解共用体的概念及其使用。

在第6章中我们已经学习了一种构造数据类型——数组，但数组中的元素只能属于同一种数据类型，而有时我们需要将不同数据类型的数据组合成一个有机的整体，以便引用，本章所要介绍的结构体和共用体便能够将不同类型的数据组合成一个有机的整体。

9.1 结构体的概念

在实际的应用中，经常会遇到成批处理数据的情况，这些数据类型不同但又相互关联，比如对一个学生而言，他的学号（num）、姓名（name）、性别（sex）、年龄（age）、成绩（score）等数据都与该学生有联系。这就需要有一种新的数据类型，它能将具有内在联系的不同类型的数据组合成一个整体，在C语言里，这种数据类型就是"结构体"。

结构体属于构造数据类型，它由若干成员组成，成员的类型既可以是基本数据类型，也可以是构造数据类型，并且可以互不相同。由于不同问题需要定义的结构体中包含的成员可能互不相同，所以，C语言只提供定义结构体的一般方法，结构体中的具体成员由用户自己定义。这样我们就可以根据实际情况定义所需要的结构体类型。

结构体遵循"先定义后使用"的原则，其定义又分两步：先定义结构体类型再定义该结构体类型变量。

9.1.1 结构体类型的定义

结构体类型定义的一般形式：

```
struct 结构体名
{
    类型名1   成员名1;
    类型名2   成员名2;
    ......
    类型名n   成员名n;
};
```

其中，struct 是结构体类型定义的关键字，是英文单词 structure 的缩写形式。"结构体名"

是用户自定义的结构体类型标识符，也称为结构体类型名。"struct 结构体名"作为一个整体与 C 语言的基本数据类型具有同样的地位和作用。花括号中的结构体成员表定义了此结构体内所包含的每一个成员及其类型，它们组成了一个结构体。结构体名和结构体成员名的命名规则与简单变量名的命名规则相同。

注意：在书写结构体类型定义时，不要忽略最后的分号。

例如，学生数据由表 9-1 组成。

表 9-1 学 生 数 据

成员	num	name	sex	age	score
数据类型	字符串	字符串	字符	整型	实型

对表 9-1 所描述的数据形式可定义如下的结构体类型：

```
struct student
{
    char num[10] ;
    char name[20] ;
    char sex ;
    int age ;
    float score ;
};
```

经过以上定义，即向编译系统声明用户定义了一个"结构体类型"，结构体名为 student，该结构体的全体成员包括 num、name、sex、age 和 score，它们在结构体中被依次作了类型定义。成员类型可以是除本身所属结构体类型外的任何已有数据类型。在同一作用域内，结构体类型名不能与其他变量名或结构体类型名重名。同一个结构体各成员不能重名，但允许成员名与程序中的变量名、函数名或者不同结构体类型中的成员名相同。

9.1.2 结构体类型变量的定义

9.1.1 节中只是构造了一个新的结构体类型，属于数据类型的范畴，在程序中必须要定义此种类型的变量，编译系统才会给变量分配存储单元，从而存放相关数据。结构体类型变量的作用域与普通变量的作用域相同。

结构体变量的定义有三种方式。

1. 先定义结构体类型，再定义结构体变量

一般形式如下：

```
struct 结构体名
{
    结构体成员表;
};
struct 结构体名 结构体变量名表;
```

例如：

```
struct student
{
    char num[10] ;
    char name[20] ;
    char sex ;
    int age ;
    float score ;
} ;
struct student student1，student2;
```

即在定义了结构体类型 struct student 后，利用该类型定义两个变量 student1 与 student2。一旦定义了结构体变量，就按照结构体类型的组成，系统为定义的结构体变量分配内存单元。结构体变量的各个成员在内存中占用连续存储区域，结构体变量所占内存大小为结构体中每个成员所占用内存的长度之和。

这里特别提醒注意的是：在定义结构体类型时并不分配内存空间，只有在定义结构体变量后才分配实际的存储空间。

2. 在定义结构体类型的同时定义结构体变量

一般形式如下：

```
struct  结构体名
{
    结构体成员表;
} 结构体变量名表;
```

例如：

```
struct student
{
    char num[10];
    char name[20];
    char sex;
    int age;
    float score;
} student1,student2;
```

即在定义结构体类型 struct student 的同时定义了该类型的两个变量 student1，student2。

3. 在定义结构体类型时省略结构体名，直接定义结构体变量

一般形式如下：

```
struct
{
    结构体成员表;
}结构体变量名表;
```

例如：

```
struct
```

```
{
    char num[10];
    char name[20];
    char sex;
    int age;
float score;
}student1, student2;
```

这时 student1，student2 也称为匿名结构体类型变量。

注意：在匿名结构体的定义中结构体变量名表是不能缺少的，并且在程序中不能再定义相同类型的其他结构体变量。

C 语言也允许结构体中的某个成员是另一个结构体类型的变量。根据表 9-2 中学生信息，可构造一个结构体类型，在它的内部有一个成员（出生日期）也是一个结构体变量。

表 9-2 复杂学生数据的组成

成员	num	name	sex	birthday			score
				year	month	day	
数据类型	字符串	字符串	字符	整型	整型	整型	实型

对表 9-2 的数据形式可以有如下的结构体类型定义：

```
struct date
{
    int year;
    int month;
    int day;
};
    struct student
{
    char num[10];
    char name[20];
    char sex;
    struct date birthday;
    float score;
};
```

也可以采用结构体类型的嵌套定义形式。如：

```
struct student
{
    char num[10];
    char name[20];
    char sex;
```

```
        struct date
        {
        int year;
        int month;
        int day;
    }birthday;
    float score;
};
```

定义结构体类型后可定义该结构体类型的变量：

```
        struct student student1;
```

结构体类型与结构体变量是两个不同的概念。前者只声明结构体的组织形式，本身不占用存储空间；后者是某种结构体类型的具体实例，编译系统只有定义了结构体变量后才为其分配内存空间。结构体变量的成员是存储在一片连续的内存单元中的，可以用 sizeof 测出某种基本类型数据或构造类型数据在内存中所占用的字节数，如：

```
        pirntf("%d",sizeof(struct student));
```

9.1.3　结构体类型变量的引用

在定义了结构体变量之后，可以引用这个变量和这个变量的成员。前者我们称其为整体引用，其引用方式与普通变量类似，可以引用变量名进行赋值操作，但是不能对结构体变量进行整体输入输出。例如：scanf("%d",&student1); 后者我们称为成员引用，成员引用有 3 种引用方式。

1.　使用成员运算符引用结构体变量的成员

结构体变量成员引用的一般方式为：

结构体变量名.成员名

"."被称为成员运算符，它在所有的运算符中优先级最高。所以可以把"结构体变量名.成员名"作为一个整体看待。

如：

```
        student1.score=94.5;
        strcpy(student1.name, "Zhou Jing");
```

如果成员变量又是结构体类型，必须一级一级地找到最低级成员变量，然后对其进行引用。如：

```
student1.brithday.year=1992;
student1.brithday.month=2;
student1.brithday.day=20;
```

结构体变量的成员所能进行的运算与同类型的普通变量相同。如：

```
student2.score=student1.score;
sum=student1.score+student2.score;
student1.age++;
scanf("%d",&student1.age);
```

2. 使用指针运算符和成员运算符引用结构体变量的成员

通过指针变量引用结构体成员的一般形式为：

(*结构体指针变量名). 结构体成员名

这种方式是一种间接引用方式。如：(*p).score 是代表指针变量 p 指向的结构体变量中的成员 score。由于运算符"．"比运算符"*"的优先级高，所以，*p 必须用圆括号括起来。

struct student stu,*p=&stu;

(*p).score=98;

strcpy((*p).name, "Zhou Jing");

3. 使用指向运算符"–>"引用结构体变量的成员

为了使通过指针变量引用结构体变量中的成员的方式更加直观，C 语言还提供了另一种引用形式：

结构体指针变量名->结构体成员名

其中，"->"称为指向成员运算符，指向成员运算符与点运算符具有相同的优先级。

struct student stu,*p=&stu;

p->score=65;

strcpy(p->name, "Zhou Jing");

9.1.4 结构体类型变量的初始化

结构体变量的初始化是指在定义结构体变量的同时为其成员变量赋初值。

【例题 9．1】 以学生信息结构体为例，初始化结构体变量并输出相应的信息。

算法分析：先在程序中建立一个结构体类型，包括有关学生信息的各成员，然后用它来定义结构体变量，同时赋予初值。最后输出该结构体变量的各成员。

程序代码：

```
#include <stdio.h>
struct date
{
    int year;
    int month;
    int day;
};
struct student
{
    char num[10];
    char name[20];
    char sex;
    struct date birthday;
    float score;
};
main()
```

```
{
    struct student stud1={"201101","Zhou Jing",'F',{1992,2,20}, 95};
    struct student stud2=stud1;      //利用 stud1 去初始化 stud2，属于整体引用
    stud2.score=98;                  //成员引用
    printf("No.:%s\n",stud1.num);
    printf("name:%s\n",stud1.name);
    printf("sex:%c\n",stud1.sex);
    printf("birthday: year:%4d month:%2d day:%2d\n",stud1.birthday.year,
            stud1.birthday.month,stud1.birthday.day);
    printf("stud1 score:%5.1f\n",stud1.score);
    printf("stud2 score:%5.1f\n",stud2.score);
}
```

运行结果：

No.:201101

name:Zhou Jing

sex:F

birthday: year:1992 month: 2 day:20

stud1 score: 95.0

stud2 score: 98.0

易错提示：

（1）初始化数据的数据类型及顺序要和结构体类型定义中的结构体成员相匹配。如果初始化数据中包含多个结构体成员的初值，则这些初值之间要用逗号分隔。可以同时对多个结构体变量进行初始化，它们之间也是用逗号来分隔。

（2）C 语言规定，不能跳过前面的结构体成员而直接给后面的成员赋初值，但可以只给前面的成员赋初值。这时，未得到初值的成员由系统根据其数据类型自动赋初值 0（数值型）、'\0'（字符型）或 NULL（指针型）。

9.2 结构体数组与链表

9.2.1 结构体数组的定义与引用

结构体数组是指该数组中的每个数组元素都是一个结构体变量，且这些元素都具有相同的结构体类型。结构体数组与普通数组一样，也是先定义，后引用。

1. 结构体数组的定义

结构体数组定义的一般形式：

struct 结构体名 数组名[常量表达式]；

例如：

```
struct student
{
    char num[10];
```

```
    char name[20];
    char sex;
    int age;
    float score;
};
struct student stud[3];
```

就定义了一个有 3 个元素的结构体数组，它的每个元素都是 struct student 类型。

2. 结构体数组的引用

结构体数组的引用操作与一般数组类似，只是除了可以引用数组名和数组元素外，它还能引用数组元素的成员，如：

```
stud[0].age=20;
stud[2].score=92.0;
```

9.2.2 结构体数组初始化和应用

结构体数组也可以进行初始化，结构体数组初始化方式类似于二维数组按行初始化方式，即用花括号将每个元素的初值括起来。当数组元素全部赋初值时，结构体数组的定义长度也可以缺省。如下面的初始化形式隐含其数组长度为 3。

```
struct student stud[]={{…}, {…}, {…}};
```

【例题 9.2】 先定义一个学生信息结构体，包括学号、姓名、性别、出生日期及三门课的分数和总分，再定义三位学生信息的结构体数组并初始化，计算每位同学的总分，然后输出所有学生信息。

算法分析：定义结构体数组 stud[N]，给每个数组元素赋初值。用循环语句对每个数组元素计算总分，并输出每个数组元素对应的成员。

程序代码：

```
#include <stdio.h>
#define N 3
struct date
{
    int year;
    int month;
    int day;
};
struct student
{
    char num[10];
    char name[20];
    char sex;
    struct date birthday;
    float score[4];
```

```
};
main()
{
    struct student stud[N]=
        { {"201101","Zhou Jing",'F', 1992,3,15,75,90,94},
            {"201102","Fu Bing",'M', 1991,6,24,85,90,82},
            {"201103","Wang Nan ",'F', 1990,2,29,95,70,80}};
    int i;
    printf("No.     Name      Sex Birthday      score1 score2 score3 total \n");
    for(i=0;i<N;i++)
    {
      stud[i].score[3]=stud[i].score[0]+stud[i].score[1]+stud[i]. score[2];
      printf("%s %-10s %c   %4d %2d %2d %6.1f %6.1f %6.1f   %6.1f\n",
        stud[i].num, stud[i].name, stud[i].sex,
          stud[i].birthday.year,stud[i].birthday.month,stud[i].birthday.day,
          stud[i].score[0],stud[i].score[1],stud[i].score[2],stud[i].score[3]);
    }
}
```

运行结果：

No.	Name	Sex	Birthday			score1	score2	score3	total
201101	Zhou Jing	F	1992	3	15	75.0	90.0	94.0	259.0
201102	Fu Bing	M	1991	6	24	85.0	90.0	82.0	257.0
201103	Wang Nan	F	1990	2	29	95.0	70.0	80.0	245.0

9.2.3　链表

链表是一种常见的数据结构，是由若干个节点组成的，所谓节点是指由计算机系统分配的一个连续的存储块，多个节点串接起来构成链表。每个存储节点有两个部分：数据域与指针域，分别用来存放实际数据和存放下一个节点的地址。链表串接的方法是：每个链表有一个"头指针"变量，如图 9-1 中的 head，它存储着链表第一个节点的地址，即指向链表中排在首位的存储节点。链表的其余部分由存储节点构成，链表最后一个节点的指针域被设置为空（NULL），表示链表终止。链表的逻辑结构如图 9-1 所示，这种表是线性表。链表又分为静态链表和动态链表。

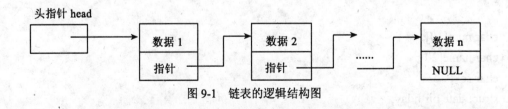

图 9-1　链表的逻辑结构图

1. 静态链表

【例题 9.3】　建立一个如图 9-2 所示三个学生电话簿的静态链表。链表头指针指向的节点称为链表的头节点，而节点的指针域值为空（NULL）的节点为链表的尾节点。

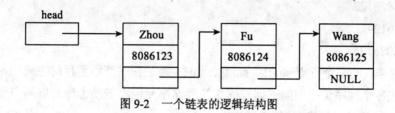

图 9-2　一个链表的逻辑结构图

算法分析：声明一个结构体类型，其成员包括 name(姓名)，tel（电话号码），next（指针变量）。将第 1 个节点的起始地址赋给头指针 head，将的 2 个节点的地址赋给第 1 个节点的 next 成员，将第 3 个节点的起始地址赋给第 2 个节点的 next 成员。第 3 个节点的 next 成员赋予 NULL。这就形成了链表。

程序代码：

```
#include <stdio.h>
#include <string.h>
struct node
{
    char name[20];
    char tel[9];
    struct node *next;
};
void main()
{
    struct node stud1,stud2,stud3,*head,*p;
    strcpy(stud1.name, "Zhou");          strcpy(stud1.tel,"8086123");
    strcpy(stud2.name,"Fu");        strcpy(stud2.tel,"8086124");
    strcpy(stud3.name,"Chen");          strcpy(stud3.tel,"8086125");
    head=&stud1;               /*将节点 stud1 的起始地址赋给头指针 head*/
    stud1.next=&stud2;         /*将节点 stud2 的起始地址赋给节点 stud1 的 next 成员*/
    stud2.next=&stud3;
    stud3.next=NULL;
    p=head;
    do{
        printf("%s   %s\n",p->name,p->tel);        /*输出 p 指向的节点的数据*/
        p=p->next;                                 /*p 指向下一个节点*/
```

```
        }while(p!=NULL);                        /*数据输完后 p 的值为 NULL*/
}
```

运行结果：

Zhou   8086123

Fu   8086124

Chen   8086125

例 9.3 中链表的三个节点 stud1、stud2、stud3 都是程序开始运行时生成的，它们有自己的名称，且在各个程序运行期间占据着固定的存储单元，不能动态地开辟新节点，也不能释放掉已开辟的节点,这种链表是"静态链表"。

2. 动态链表

在此章节之前，程序设计中所使用的各种数组，包括简单数据类型的数组、指针数组、结构体数组等，在内存中都是占用连续的存储空间。程序运行期间，这个内存空间的大小是不会改变的，数组这样的数据结构被称为静态数据结构。静态数据结构中各元素一般是连续存放的，因此可以方便地访问数组中的各个元素。但是，在数组中删除或插入一个元素是比较困难的，往往要引起大量的数据移动，而且数组中元素量的扩充也因受到所占用空间的限制而无法实际做到。所以，采用静态数组时，要么会因为事先定义过大的数组容量而造成内存的浪费，要么会因为保守的预测分配而满足不了实际使用的要求，这时就需要有另一种方法来解决这个问题，这就是动态数据结构和动态分配内存技术。动态数据结构包括队列、堆栈、链表、树、图等。它们在数据处理中起着十分重要的作用。

C 语言中，动态开辟和释放节点存储空间的过程是通过执行专门的动态内存分配的函数来实现的，包括标准库函数 malloc、free，对于动态链表可以有多种操作常用的有：建立链表、输出链表中的数据、查找链表中的某个元素、在链表中插入一个元素、从链表中删除一个元素等，下面通过几个例子分别介绍这些操作。

（1）建立链表：建立链表就是根据需要一个一个地开辟新节点，在节点中存放数据并建立节点之间的链接关系。

【例题 9.4】 建立一个学生电话簿的单向链表，要求将三个学生的电话簿数据建立成一个动态链表，并返回链表的头指针。

算法分析：先考虑实现此要求的算法。在用程序处理时要用到第 8 章介绍的动态内存分配的知识和有关函数。

定义三个指针变量：head，p，q，分别用来指向头节点，新节点和尾节点。

分析创建第一个节点的情况：先使 head 的值为空，如果输入的姓名不是空串，先用 malloc 函数开辟第 1 个节点，使 head，p，q 指向它。如图 9-3（a）所示。

分析创建第二个节点的情况：如果输入的姓名不是空串，用 malloc 函数开辟第二个节点，p 指向新开辟的节点，q 的指针域指向新节点。如图 9-3（b）所示。成功后，将 q 指向新节点，成为尾节点。如图 9-3（c）所示。

后面操作类似，可以用 while 循环来建立动态链表。

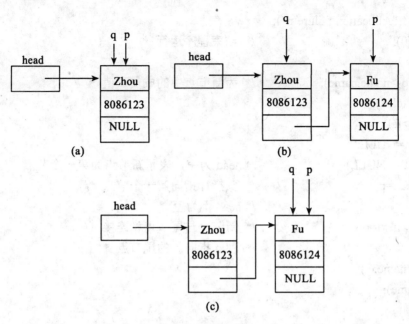

图 9-3 建立动态链表

程序代码:
```c
#include <stdio.h>
#include <stdlib.h>
#include <string.h>
struct node
{
    char name[20];
    char tel[9];
    struct node *next;
};
struct node *create( )
{
    struct node *head;
    struct node *p,*q;
    char name[20];
    head=NULL;
    printf("name: ");
    gets(name);
    while (strlen(name)!=0)              /* 当输入的姓名不是空串循环 */
    {
        p=(struct node *)malloc(sizeof(struct node));      /* 开辟新节点 */
        if (p= =NULL)                    /* 如果 p 为 NULL,新节点分配失败 */
```

```
    {
        printf("Allocation failure\n");
        exit(0);                        /* 结束程序运行 */
    }
    strcpy(p->name,name);               /* 为新节点中的成员赋值 */
    printf("tel: ");
    gets(p->tel);
    p->next=NULL;
    if (head= =NULL)                    /* head 为空，表示新节点为第一个节点 */
        head=p;                         /* 头指针指向第一个节点 */
    else                                /* head 不为空 */
        q->next=p;                      /* 新节点与尾节点相连接 */
    q=p;                                /* 使 q 指向新的尾节点 */
    printf("name: ");
    gets(name);
    }
    return head;
}
void main( )
{
    struct node *head;
    head=create( );
}
```

运行结果：

```
    name: Zhou↙
    tel: 8086123↙
    name: Fu↙
    tel: 8086124↙
    name: Chen↙
    tel: 8086125↙
    name: ↙
```

（2）遍历链表：遍历链表就是从头节点开始依次查看（或输出）链表中的各个节点数据。

【例题 9.5】 遍历链表，输出学生电话簿。

算法分析：定义 2 个指针变量：head，P，分别指向头节点和当前节点。先 p=head，如果 head 为空就结束，否则就输出头节点中的数据。然后通过 p=p->next;使 p 指向下一个节点，如果下一节点为空就结束，否则输出下一节点中的数据。当输出完最后一个节点的数据后，p->next 的值是 NULL,结束。中间操作类似，同样要用循环来完成遍历操作。

程序代码：

```
#include <stdio.h>
```

```
#include <stdlib.h>
#include <string.h>
struct node{......}; /* 例 9.4 中定义结构体类型 */
struct node *create( ) {......}   /* 例 9.4 中的函数 */
void prlist(struct node *head)
{
    struct node *p;
    p=head;
    while (p!=NULL)
    {
        printf("%s\t%s\n",p->name,p->tel);
        p=p->next;
    }
}
void main( )
{
    struct node *head;
    head=create( );
    prlist(head);
}
```

运行结果：
```
    name: Zhou↙
    tel: 8086123↙
    name: Fu↙
    tel: 8086124↙
    name: Chen↙
    tel: 8086125↙
    name: ↙
    Zhou        8086123
    Fu        8086124
    Chen        8086125
```

（3）在链表中添加节点：将一个新节点插入到链表中，首先要寻找插入的位置。

【例题 9．6】在学生电话簿链表中插入一个学生的信息。要求将新的信息插入在指定学生信息之前，如果未找到指定学生，则追加在链表尾部。

算法分析：如图 9-4 所示，假设要在付（Fu）同学前插入钟(Zhong)同学的数据。定义四个指针变量：head，p，q，r，分别用来指向头节点，插入位置节点，插入位置的前节点和待插入节点。这里存在两种特殊情况，一种是要插入的位置为头节点位置，第二种是未找到指定位置，直接插入到链表尾。

分析一般情况：q->next=r; r->next=p; 如图 9-4（a）（b）（c）所示。

分析在链表头添加节点情况：head=r; r->next=p; 如图 9-4（d）（e）（f）所示。

分析在链表尾添加节点情况：p->next=r; 如图 9-4（g）（h）所示。

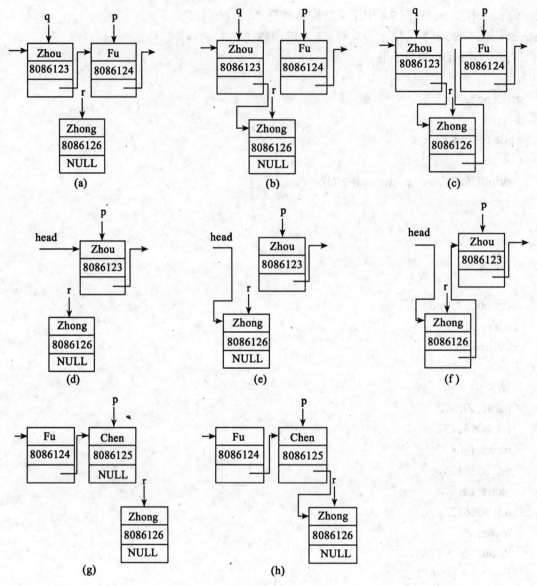

图 9-4   在链表中添加节点

程序代码：

```
#include <stdio.h>
#include <stdlib.h>
#include <string.h>
struct node {......};   /* 例 9.4 中定义结构体类型 */
struct node *create( ) {......}   /* 例 9.4 中的函数 */
void prlist(struct node *head) {......}   /* 例 9.5 中的函数 */
struct node *insert(struct node   *head, struct node   *r, char   *x)
```

```
    {
        struct node *p,*q;
        struct node *h;
        if (head= =NULL)
        {
          head=r;                       /*  空表时，插入节点  */
          r->next=NULL;
        }
        else
        {
          p=head;
          while (strcmp(x,p->name)!=0 && p->next!=NULL)
          { q=p;p=q->next; }
          if (strcmp(x,p->name)= =0)
          {
            if (p= =head)
                head=r;                 /*  在表头插入节点  */
            else
                q->next=r;              /*  在表中间插入节点  */
            r->next=p;
          }
          else
          {
            p->next=r;                  /*  在表尾插入节点  */
            r->next=NULL;
          }
        }
        h=head;
        return h;
    }
    void main( )
    {
        struct node *head;
        struct node r={"Zhong","8086126"};
        head=create( );
        head=insert(head,&r,"Fu");
        prlist(head);
    }
```

（4）在链表中删除节点：最常见的是删除指定的某中间节点。

【例题 9.7】 删除学生电话簿链表中指定学生的信息。

算法分析：如图9-5（a）所示，以删除链表中的付（Fu）同学为例，定义两个指针变量：p 指向要删除的节点，q 指向 p 的前一个节点。

删除中间节点情况：q->next=p->next;如图9-5（b）所示。由于节点都是动态分配的，一旦不再使用，就通过 free(p) 释放掉 p 原先所指向的那一块存储空间。

删除尾节点的情况：如果 p 指向的是最后一个节点，它的 next 域为 NULL，则执行 q->next=p->next;正好就把 NULL 赋给了 q->next。

删除头节点的情况：只要执行 head=p->next;就可以实现。

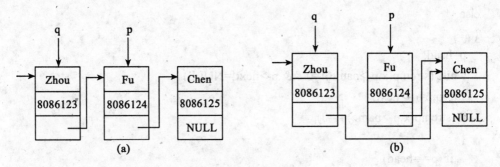

图9-5　在链表中删除节点

程序代码：

```
struct node *delnode(struct node    *head, char   *x)
{
   struct node *p,*q;
   struct node *h;
   if (head= =NULL)
   {
      printf("This is a empty list.");        /* 空链表情况 */
      return   head;
   }
   p=head;
   while (strcmp(x,p->name)!=0 && p->next!=NULL)
   { q=p; p=p->next;}                 /* q 指针尾随 p 指针向表尾移动 */
   if (strcmp(x,p->name)= =0)
   {
      if (p= =head)
         head=p->next;                /* 删除头节点 */
      else
         q->next=p->next;             /* 删除中间或尾节点 */
      free(p);                        /* 释放被删除的节点 */
   }
   else
```

```
        printf("Not found.");              /* 未找到指定的节点 */
    h=head;
    return h;
}
```

这里我们只列出了关键程序代码，大家可以根据参考本节其他例子中给出的代码将程序补充完整。

9.3 共用体的概念

9.3.1 共用体类型的定义

共用体是多个成员数据共用同一段内存空间。这些分配在同一段内存空间的不同的数据在存储时采用相互覆盖的技术。例如：如果有一个整型变量、一个字符型变量、一个实型变量在程序中不是同时使用，则可把这三个变量放在同一个地址开始的内存空间中，由于这三个变量各自占据的内存空间的字节数都不相同，但又要从同一个内存地址开始存放，所以几个变量之间只能是互相覆盖，系统将保留最后一次赋值的变量的内容，且这个内存存储空间的长度以这三个变量中所需存储空间最大的为准，即整型和实型变量所需的四个字节，如图9-6 所示。这种使不同变量共用同一段内存空间的结构称为共用体类型结构。

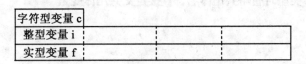

图 9-6 不同变量共用同一段存储空间

定义共用体类型的一般形式如下：
union 共用体名
{
    成员名表；
};
例如，定义如图 9-6 所示的共用体类型结构如下：
union data
{
    char c ;
    int i ;
    float f ;
};
即定义一个共用体类型，包含三个成员，分别为字符型成员 c 、普通整型成员 i 、单精度实型成员 f 。

9.3.2　共用体类型变量的定义

共用体类型变量的定义方式与结构体类型变量的定义方式相同。也有三种形式：

1.　先定义共用体类型，再定义共用体变量

```
union data
{
    char c ;
    int i ;
    float f ;
};
union data a,b;
```

2.　在定义共用体类型的同时定义共用体变量

```
union data
{
    char c ;
    int i ;
    float f ;
} a,b;
```

3.　在定义共用体类型时省略共用体名，直接定义共用体变量

```
union
{
    char c ;
    int i ;
    float f ;
} a,b;
```

从以上形式可以看出，"共用体"与"结构体"的定义形式相似，但是它们的含义是完全不相同的。结构体变量所占用内存空间长度是结构体类型中所有成员占据内存空间的长度之和，结构体变量中的每个成员分别拥有自己的内存空间。而共用体变量所占用的内存空间长度是所有成员中占据内存空间最大的那个成员的存储空间长度。如共用体类型 union data 的两个共用体变量 a 和 b 的长度都是四个字节，即取 c、i 和 f 三个成员中占据内存空间最大的成员长度作为该共用体变量的长度，而且共用体变量中的各个成员共用同一个起始地址的内存存储区。

注意：可以对共用体变量初始化，但初始化表中只能有一个常量。如：

```
union data a={'a' ,1,1.5}; //错误
union data a={97}; //正确，对第 1 个成员初始化
```

9.3.3　共用体类型变量的引用

共用体变量也要先定义后引用，定义了共用体变量之后，也可以引用这个变量和这个变量的成员。引用共用体变量成员的方法与引用结构体变量成员一样，有三种形式：

（1）共用体变量名 . 共用体成员名

（2）共用体指针变量名->结构体成员名

（3）(*共用体指针变量名). 结构体成员名

例如下面的程序段中：

```
void main()
{
    union data
    {
        int x;
        char c[2];
    } a;
    a.c[0]=2;
    a.c[1]=1;
    printf("%0x",a.x);
}
```

其中 a.x 表示引用共用体变量 a 中的整型变量成员 x，程序可以输出 a.x 的值（cccc0102）$_{16}$。自己分析结果，确定内存单元的分配情况。

【例题 9.8】 设有若干个人员的数据，其中有学生和教师。学生数据包括：姓名、号码、性别、职业、班级。教师数据包括：姓名、号码、性别、职业、职务，如表 9-3 所示。要求输入人员数据，然后输出。

表 9-3 学生/教师的基本情况

num	name	sex	job	class(班级) / position(职务)	
8247	YeWenjuan	F	S	602	
1001	DuYoufu	M	T	professor	

算法分析：表 9-3 中的第五列学生数据的 class(班级)和教师数据的 position(职务)类型不同，但可以用共用体来处理，将 class 和 position 放在同一段内存中。

程序代码：

```
#include<stdio.h>
struct
{
    int num;
    char name[10];
    char sex;
    char job;
    union data
    {
        int class;
```

```
        char position[10];
    }category;
}person[2];
void main()
{
    int i;
    for(i=0;i<2;i++)
    {
        printf("please input num name sex job class or position:");
        scanf("%d %s %c %c", &person[i].num, person[i].name,
                &person[i].sex, &person[i].job);
        if(person[i].job = = 'S')
            scanf("%d", &person[i].category.class);
        else if(person[i].job = = 'T')
            scanf("%s", person[i].category.position);
        else
            printf("Input error!");
    }
    printf("\n");
    printf("No.    name        sex job class/position\n");
    for(i=0;i<2;i++)
    {
        if (person[i].job = = 'S')
            printf("%-6d%-10s%-4c%-4c%-6d\n",person[i].num, person[i].name,
                    person[i].sex, person[i].job, person[i].category.class);
        else
            printf("%-6d%-10s%-4c%-4c%-6s\n",person[i].num, person[i].name,
                    person[i].sex, person[i].job, person[i].category.position);
    }
}
```

运行结果：

please input num name sex job class or position:

8247 YeWenjuan F S 602✓

please input num name sex job class or position:

1001 DuYoufu M T professor✓

No.   name   sex job class/position

8247   YeWenjuan F   S   602

1001   DuYoufu   M   T   professor

9.4 程序设计举例

【例题 9-9】 设某组有四个人,填写如表 9-4 所示的登记表,除姓名、学号外,还有三科成绩,编程实现对表格的计算,求解出每个人的三科平均成绩,求出四个学生的单科平均,并按三科平均成绩由高分到低分输出。

表 9-4
登 记 表

Number	Name	English	Math	Physics	Average
1	Liping	78	98	76	
2	Wanglin	66	90	86	
3	Jiangbo	89	70	76	
4	Yangming	90	100	67	

算法分析:题目要求的问题多,采用模块化编程方式,将问题进行分解如下:

(1)结构体类型数组的输入。

(2)求解各学生的三科平均成绩。

(3)按学生的平均成绩排序。

(4)按表格要求输出。

(5)求解组内学生单科平均成绩并输出。

(6)定义 main ( )函数,调用各子程序。

程序代码:

```
#include <stdlib.h>
#include <stdio.h>
struct stu
{
    char name[20];
    long number;
    float score[4]; /* 数组依次存放 English、Math、Physics, 及 Average*/
};
/*第一步,定义结构体类型数组的输入模块*/
void input(struct stu arr[],int n)
{
    int i,j;
    char temp[30];
    for (i=0;i<n;i++)
    {
        printf("input name,number,English,math,physic\n");
        gets(arr[i].name);
        gets(temp);
```

```
                arr[i].number = atol(temp);    //把字符串转换成长整型数
                for(j = 0; j < 3; j++)
                {
                        gets(temp); //输入三科成绩
                        arr[i].score[j]=atof(temp); //把字符串转换成浮点型数
                }
        }
}
/*第二步，求解各学生的三科平均成绩*/
 void aver(struct stu arr[],int n)
{
        int i,j;
        for(i=0;i<n;i++)
        {
                arr[i].score[3] = 0;
                for(j=0;j<3;j++)
                        arr[i].score[3]=arr[i].score[3]+arr[i].score[j];
                arr[i].score[3]=arr[i].score[3] /3;
        }
}
/*第三步，按平均成绩排序，排序算法采用冒泡法*/
void order(struct stu arr[],int n)
{
        struct stu temp;
        int i,j;
        for(i = 0; i < n - 1; i++)
                for( j = 0; j < n - 1 - i; j++)
                        if (arr[j].score[3]>arr[j+1].score[3])
                        {
                           temp=arr[j];
                           arr[j]=arr[j+1];
                           arr[j + 1] = temp;
                        }
}
/*第四步，按表格要求输出*/
void output(struct stu arr[],int n)
{
        int i,j;
        printf("********************TABLE********************\n"); /* 打印表头*/
        printf("---------------------------------------------------\n");
```

```
printf("|%10s|%8s|%7s|%7s|%7s|%7s|\n","Name","Number","English",
"Mathema","physics","average");
/*输出效果为：| Name| Number|English|Math|Physics|Average|*/
printf("----------------------------------------------------\n");
for (i=0;i<n;i++)
{
    printf("|%10s|%8ld|",arr[i].name,arr[i].number);
    for(j=0;j<4;j++)
    printf("%7.2f|",arr[i].score[j]);
    printf("\n");
    printf("----------------------------------------------------\n");
}
}
```

/*第五步，求解组内学生单科平均成绩并输出。在输出表格的最后一行，输出单科平均成绩及总平均*/

```
void out_row(struct stu arr[],int n)
{
    float row[4]={0,0,0,0};/*定义存放单项平均的一维数组*/
    int i,j;
    for( i = 0; i < 4; i++)
    {
        for(j=0; j<n; j++)
        row[i] = row[i] + arr[j].score[i]; /* 计算单项总和*/
        row[i]=row[i]/n; /* 计算单项平均*/
    }
    printf("|%19c|",' '); /* 按表格形式输出*/
    for (i=0;i<4;i++)
    printf("%7.2f|",row[i]);
    printf("\n----------------------------------------------------\n");
}
```

/*第六步，定义 main( )函数，列出完整的程序清单*/

```
void main( )
{
    void input(struct stu arr[],int n); /*函数声明*/
    void aver(struct stu arr[],int n);
    void order(struct stu arr[],int n);
    void output(struct stu arr[],int n);
    void out_row(struct stu arr[],int n);
    struct stu stud[4]; /* 定义结构体数组*/
    input(stud, 4);
```

```
        aver(stud,4);
        order(stud,4);
        output(stud, 4);
        out_row(stud,4);
}
```

运行结果：

```
input name,number,English,math,physic
LiMing
1
90
80
70
input name,number,English,math,physic
HaiMei
2
85
68
77
input name,number,English,math,physic
WangHong
3
89
95
60
input name,number,English,math,physic
JiangBo
4
76
78
83
*******************TABLE*******************
```

Name	Number	English	Mathema	physics	average
HaiMei	2	85.00	68.00	77.00	76.67
JiangBo	4	76.00	78.00	83.00	79.00
LiMing	1	90.00	80.00	70.00	80.00

| WangHong| 3| 89.00| 95.00| 60.00| 81.33|

| | | 85.00| 80.25| 72.50| 79.25|

易错提示：

（1）程序中要谨慎处理以数组名作函数的参数。由于数组名作为数组的首地址，在形参和实参结合时，传递给子程序的就是数组的首地址。形参数组的大小最好不定义，以表示与调用函数的数组保持一致。

（2）在定义的结构体内，成员 score [3]用于表示计算的平均成绩，也是我们用于排序的依据。我们无法用结构体数组元素进行相互比较，而只能用结构体数组元素的成员 score[3]进行比较。在需要交换的时候，用数组元素的整体包括姓名、学号、三科成绩及平均成绩进行交换。在程序 order（）函数中，比较采用： arr[j].score[3]>arr[j+1].score[3]，而交换则采用：arr[j]<—> arr[j+1]。

【例题 9-10】 已定义结构体 time 和共用体 dig，其结构如下，通过代码输出共用体成员的值，分析其在内存的存储情况。

```
struct time
{
    int year; /*年*/
    int month;/*月*/
    int day; /*日*/
};
```

```
union dig
{
    struct time data;
    char byte[6];
};
```

程序代码：

```
struct time
{
    int year; /*年*/
    int month; /*月*/
    int day; /*日*/
};
union dig
{
    struct time data; /*嵌套的结构体类型*/
    char byte[6];
};
void main( )
{
    union dig unit;
    int i;
    printf("enter year:\n");
```

```
scanf("%d",&unit.data.year); /*输入年*/
printf("enter month:\n");
scanf("%d",&unit.data.month); /* 输入月*/
printf("enter day:\n");
scanf("%d",&unit.data.day); /*输入日*/
printf("year=%d month=%d day=%d\n",unit.data.year,unit.data.month,unit.data.day);
for(i=0;i<6;i++)
printf("%d,",unit.byte[i]); /*以十进制输出 byte 数组元素值*/
printf("\n");
}
```

运行结果：

enter year:

2012

enter month:

6

enter day:

9

year=2012 month=6 day=9

−36,7,0,0,6,0,

由于共用体成员 d a t a 包含三个整型的结构体成员，各占 4 个字节。而数组成员个数为 6，各占 1 字节，所以整个共用体类型需占存储空间 12 个字节，即共用体 dig 的成员 data 与 byte 共用这 12 个字节的存储空间。

从程序的输出结果来看， 2012 占 4 个字节，构成 byte 数组的前 4 个元素， 6 同样占 4 个字节，其中两个字节构成 byte 数组的后两个元素。具体内存分配见表 9-5。

表 9-5 内存存储情况表

十进制	二进制				数组元素
2012	00000000	00000000	00000111	11011100	byte[3] byte[2] byte[1] byte[0]
6	00000000	00000000	00000000	00000110	byte[5] byte[4]

本 章 小 结

结构体与共用体是C语言中两个重要的构造数据类型：前者能将不同类型的数据组合成一个整体加以处理，能直观地反映问题域中数据之间的内在关系；后者允许多个变量占用同一段内存，有利于提高内存利用率。通过本章的学习，要理解和掌握这两种数据类型的作用及其用法。要理解链表的概念，更重要的是能熟练使用结构体与指针对链表进行处理。

（1）结构体能将具有内在联系的不同类型的数据组合成一个整体，它由若干成员组成，成员的类型可以互不相同，具体由用户根据需要定义。

使用结构体必须事先定义好结构体类型，并对结构体变量进行声明；之后可通过结构体

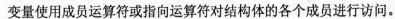

变量使用成员运算符或指向运算符对结构体的各个成员进行访问。

结构体数组是指该数组中的每个数据元素都是一个结构体变量，且这些元素都具有相同的结构体类型。

（2）链表是一种物理存储单元上非连续、非顺序的存储结构，数据元素的逻辑顺序是通过链表中的指针链接次序实现的。链表由一系列节点组成，每个节点包括两个部分：一个是存储数据元素的数据域，另一个是存储下一个节点地址的指针域。链表分静态链表和动态链表。

①静态链表。利用定义好的结构体变量构成的链表称为静态链表，它通常用于链表长度固定且长度有限的情况。此类链表所占用的存储空间由系统在编译时自动分配，直到程序执行完毕后方能由系统释放，无法在程序的执行过程中进行动态的存储分配。

②动态链表。在程序执行过程中，通过动态存储分配函数动态开辟节点从而形成的链表称为动态链表。链表由头节点、尾节点及若干中间节点组成。每个节点都是一个结构体类型的数据，其中包括数据域和指针域两部分，本书所涉及的链表中，各节点的指针域只含有一个指向后继节点的指针。

（3）共用体使用覆盖技术，使得若干类型相同或不同的变量可以占用同一段内存。这有利于提高内存利用率，在内存资源相对紧张的情况下是一种重要的技术。

习题 9

一、选择题

1. 设有以下说明语句
```
struct ex
{   int x;
    float y;
    char z;
}example;
```
则下面的叙述中不正确的是_____。

A．struct 是结构体类型的关键字　　　　B．example 是结构体类型名

C．x,y,z 都是结构体成员名　　　　D．struct ex 是结构体类型

2. 当定义一个结构体变量时，系统分配给它的内存是_____。

A．各成员所需内存量的总和　　　　B．变量中第一个成员所需的内存量

C．成员中占内存量最大者所需的容量　　　　D．变量中最后一个成员所需的内存量

3. 有如下定义：
```
union data
{
    int     i;
    char    c;
    float   a;
}test;
```
则 sizeof(test)的值是_____。

A. 4   B. 5   C. 6   D. 7

4. 有如下的结构体类型定义和结构体变量定义，其中正确的结构体成员形式是_____。

```
struct  ss
{
    char x[10];
    float y;
};
struct ss abc={"hi", 123.456};
```

A. ss.abc.y   B. abc.x[0]   C. ss.abc.x   D. abc.x[]

5. 根据下面的定义，能输出字母 M 的语句是_____。

```
struct person
{
    char name[9];
    int age;
};
struct person class[10]={{"John",17},{"Paul",19},{"Mary",18},{"Adam",16}};
```

A. printf("%c\n", class[3].name);   B. printf("%c\n",class[3].name[1]);

C. printf("%c\n",class[2].name[1]);   D. printf("%c\n",class[2].name[0]);

6. 已知学生记录描述为：

```
struct student
{
    int    no;
    char   name[20];
    char   sex;
    struct date
    {
        int   year;
        int   month;
        int   day;
    }birth;
};
struct student s;
```

设变量 s 中的"生日"应是"1991 年 11 月 11 日"，下列对"生日"的正确赋值方式是_____。

A. year = 1991;month = 11;day = 11;

B. birth.year = 1991;birth.month = 11;birth.day = 11;

C. s.year = 1991;s.month = 11; s.day = 11;

D. s.birth.year = 1991;s.birth.month = 11;s.birth.day = 11;

7. 若有以下定义和语句：

```
struct student
```

```
    {
        int age;
        int num;
    }std, *p;
    p=&std;
```

则以下对结构体变量 std 中成员 age 的引用方式不正确的是_____。

   A．std.age   B．p->age   C．(*p).age   D．*p.age

8. 若有以下定义和语句，则以下引用形式非法的是_____。

```
    struct student
    {
        int num;
        int age;
    };
    struct student stu[3]={{1001,20},{1002,19},{1003,21}};
    struct student *p = stu;
```

   A．(p++)->num   B．p++   C．(*p).num   D．p=&stu.age

9. 若已建立下面的链表，指针变量 p、s 分别指向图 9-7 中所示节点，则不能将 s 所指节点插入到链表尾的语句组是_____。

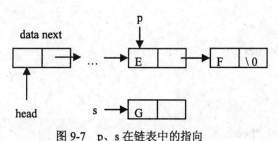

图 9-7　p、s 在链表中的指向

   A．s->next=NULL;p=p->next;p->next=s;

   B．p=p->next;s->next=p->next;p->next=s;

   C．p->next=s; s->next=p->next;p=p->next;

   D．p=(*p).next;(*s).next=(*p).next;(*p).next=s;

10. 以下是对 C 语言中共用体类型数据的叙述，正确的是_____。

   A．可以对共用体变量名直接赋成员值

   B．一个共用体变量中可以同时存放其所有成员

   C．一个共用体变量中不能同时存放其所有成员

   D．共用体类型定义中不能出现结构体类型的成员

二、填空题

1. 若有下面的定义：

```
    struct
    {
        int x;
```

```
    int y;
}s[2]={{1,2},{3,4}},*p=s;
```
则表达式 ++p->x 的值为_____；表达式(++p)->x 的值为_____。

2. 为了建立如图 9-8 所示的链表，节点的正确描述形式是：

图 9-8　链表的节点

```
struct node
{
    int   data;
    _____;
};
```

3. 已知 head 指向一个带头节点的单向链表，链表中每个节点包含数据域（data）和指针域（next），数据域为整型。下面的 sum 函数是求出链表中所有节点数据域值的和，作为函数值返回。请填空完善程序。

```
struct link
{
    int data;
    struct link *next;
}
main()
{
    struct link *head;
    int s;
       ⋮
s=sum(head);
       ⋮
}
int sum( _____ )
{
    struct link *p;
    int s=0;
    p=head->next;
    while(p)
{
    s+= _____ ;
    p= _____ ;
}
```

```
        return(s);
}
```

4. 设有共用体类型和共用体变量定义如下：

```
union Utype
{
    char ch;   int n;   long m;
    float x;    double y;
};
    union Utype un;
```

并假定 un 的地址为 ffca。

则 un.n 的地址是_____，un.y 的地址是_____。执行赋值语句：un.n=321；后，再执行语句：printf("%c\n",un.ch)；其输出值是_____。（提示：321D=101000001B）

三、代码设计题

1. 定义一个包括年、月、日的结构体。输入一个日期，计算该日在当年中是第几天？

2. 有 10 个学生，每个学生的数据包括学号、姓名、3 门课程的成绩。从键盘输入 10 个学生的数据，要求输出 3 门课程的总平均成绩，以及最高分的学生的学号、姓名、3 门课程成绩、平均分数。

3. 有两个链表 a 和 b。设节点中包括学号、姓名。从 a 链表中删去与 b 链表中有相同学号的那些节点。

4. 13 个人围成一圈，从第 1 个人开始顺序报号 1，2，3。凡报到 3 者退出圈子。找出最后留在圈子中的人原来的序号。要用链表实现。

【上机实验】

实验 9 结构体和共用体

1. 实验目的

（1）掌握结构体类型在实际应用中的使用方法和技巧。

（2）掌握用结构体建立链表的方法及链表的基本操作。

（3）强化编程训练，提高逻辑思维能力。

2. 实验预备

（1）结构体类型变量的定义和使用。

（2）结构体类型数组的概念和使用。

（3）链表的概念和基本操作。

3. 实验内容

（1）编写程序 1：有 10 个学生，每个学生的数据包括学号、姓名、3 门课程的成绩。从键盘输入 10 个学生的数据，要求输出 3 门课程的总平均成绩，以及最高分的学生的学号、姓名、3 门课程成绩、平均分数。

（2）编写程序 2：有两个链表 a 和 b。设节点中包括学号、姓名。从 a 链表中删除去与 b 链表中有相同学号的那些节点。

4. 实验提示

（1）在 D:\下建立学号姓名实验 9 的文件夹，启动 Visual C++6.0，建立程序源文件，其放置位置为学号姓名实验 5 文件夹。

（2）编辑 C 语言源程序。

程序 1 代码：

```c
#include <stdio.h>
#include <stdlib.h>
#define N 10
struct student
{
  char stuNum[20]; //学生学号
  char stuName[20]; //学生姓名
  int stuscore[4]; //学生 3 门课成绩及平均分数
};
int main()
{
  int i,j;
  student stu[N];
  int aver=0;
  for(i=0; i<N; i++)
  {
    printf("请输入第%d 个学生学号：", i + 1);
    scanf("%s", stu[i].stuNum);
    printf("请输入第%d 个学生姓名：", i + 1);
    scanf("%s", stu[i].stuName);
    printf("请输入第%d 个学生的三门课程成绩：", i + 1);
    for(j=0; j<3; j++)
      scanf("%d", &stu[i].stuscore[j]);
stu[i].stuscore[3]=(stu[i].stuscore[0]+stu[i].stuscore[1]+stu[i].stuscore[2])/3;
    aver+=stu[i].stuscore[3];
  }
  printf("3 门课程的总平均成绩：%d\n",aver/3);
  int max=0,maxi;
  for(i=0;i<N;i++)
  {
    if(stu[i].stuscore[3]>max)
    {
      max=stu[i].stuscore[3];
      maxi=i;
    }
  }
```

```
   printf("最高分学生\n 学号:%s\n 姓名:%s\n3 门课程成绩:%d %d %d\n 平均分数:%d",
stu[maxi].stuNum,stu[maxi].stuName,stu[maxi].stuscore[0],stu[maxi].stuscore[1],stu[maxi].stuscor
e[2],stu[maxi].stuscore[3]);
}
```

程序 2 代码：

```
#include <stdio.h>
#include <string.h>
#include <malloc.h>
struct student
{
    int num;
    char name[10];
    struct student *next;
};
int main()
{
    void print(struct student *head);
    struct student *creat();
    struct student *del(struct student *head_a,struct student *head_b);
    struct student *head,*head_a,*head_b;
    printf("********初始化链表 A********\n");
    head_a=creat();
    printf("********输出链表 A********\n");
    print(head_a);

    printf("********初始化链表 B********\n");
    head_b=creat();
    printf("********输出链表 B********\n");
    print(head_b);

    printf("********从 a 链表中删去与 b 链表中有相同学号的那些节点********\n");
    head=del(head_a,head_b);
    print(head);
    return 0;
}
struct student *creat()
{
    struct student *head,*p,*q;
    p = q=(struct student *)malloc(sizeof(struct student));
    head = NULL;
```

```
    printf("请输入学生学号和姓名（输入学号 0 和姓名 0 停止接收数据）:");
    scanf("%d%s",&p->num,&p->name);
    while(!(p->num = = 0 && strcmp(p->name,"0")= =0))
    {
        if(head = = NULL)
            head = p;
        else
            q->next=p;
        q=p;
        p=(struct student *)malloc(sizeof(struct student));
        printf("请输入学生学号和姓名（输入学号 0 和姓名 0 停止接收数据）:");
        scanf("%d%s",&p->num,&p->name);
    }
    q->next=NULL;
    return head;
}

struct student *del(struct student *head_a,struct student *head_b)
{
    struct student *p,*q,*t;
    p=q=head_a;
    if(head_b = = NULL)
        return head_a;
    while(p!=NULL)
    {
        t=head_b;
        while(t->next!=NULL&&(t->num!=p->num))
            t=t->next;
        if(t->num= =p->num)
        {
            if(p= =head_a)
            {
                head_a=p->next;
                free(p);
                q=p=head_a;
            }
            else
            {
                q->next=p->next;
                free(p);
```

```
                p=q->next;
            }
        }
        else
        {
            q=p;
            p=p->next;
        }
    }
    return head_a;
}

void print(struct student *head)
{
    struct student *p;
    p = head;
    while(p!=NULL)
    {
        printf("%d %s\n",p->num,p->name);
        p=p->next;
    }
}
```

（3）当编辑完成源程序后，分别对其进行编译、连接和运行，分析其结果是否符合题目要求，符合后则对 C 语言源程序加上注释。

5. 实验报告

　　（1）写出算法分析的描述。

　　（2）写出实验过程的基本步骤。

　　（3）写出实验过程中遇到问题的解决方法。

第 10 章 文 件

【学习目标】

1. 了解文件的相关概念，类型以及数据组织形式。
2. 掌握文件打开和关闭函数的使用。
3. 掌握文件读写函数的使用。
4. 掌握文件定位函数的使用。
5. 了解文件检测函数的使用。

10.1 文件的概述

文件是以单个名称在计算机上存储的信息集合，一般是以二进制的形式驻留在计算机的外部介质（硬盘等）上，在使用的时候再从外部介质调入到内存中来。操作系统是以文件为单位对数据进行管理的，所以，在程序设计中，文件是一个重要的概念。任意程序要读取外部介质上的数据，就先要通过文件名找到数据所在的文件；同样，如果要将数据保存到外部介质上，也必须先在外部介质上建立一个文件，再将数据保存到文件中。

10.1.1 文件数据的存储形式

从文件数据的存储形式来看，文件可以分为 ASCII 文件和二进制文件。

ASCII 文件又称为文本（text）文件。这种文件将所有的数据当成字符，因此，在外部介质上进行存储时，一个字节存放一个字符的 ASCII 码。例如，将一个整数 13579 当成是由'1'，'3'，'5'，'7'和'9'五个字符构成的，然后按照 ASCII 码保存到文件中，每个字节存放对应字符的 ASCII 码，一共要用 5 个字节。其存储形式为：

00110001	00110011	00110101	00110111	00111001

在 ASCII 文件，由于字节和字符是一一对应的，因此，这种文件类型便于输出字符，也便于对字符逐个进行处理。但是，占用的外存空间较多，并且需要转换开销。例如，在将内存中的某个整数保存到文本文件中时，需要将其转换成 ASCII 码的形式。

二进制文件是按将数据在内存中的二进制形式原样存放在文件中。例如，一个整数 13579 在内存中的存储形式为 0011010100001011，则在二进制文件中的存储形式为：

00110101	00001011

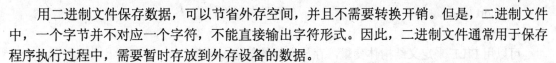

用二进制文件保存数据，可以节省外存空间，并且不需要转换开销。但是，二进制文件中，一个字节并不对应一个字符，不能直接输出字符形式。因此，二进制文件通常用于保存程序执行过程中，需要暂时存放到外存设备的数据。

在 C 语言中，文件被都看成是字节流，按字节进行处理，不区分类型。输入输出字节流的开始和结束由程序控制，而不是受物理符号（如回车符）的控制。因此，通常也把这种文件称作"流式文件"。

10.1.2　文件的处理方法

在过去的 C 语言版本中，有两种对文件的处理方法：缓冲文件系统和非缓冲文件系统。

在缓冲文件系统中，系统自动在内存中为每个正在使用的文件开辟一个缓冲区，缓冲区相当于一个中转站，其大小一般为 512 字节。文件的存取都是通过缓冲区进行的，写入文件的数据先存放在缓冲区，等缓冲区满的时候，再一起写入文件；从文件读取的数据也是先经过缓冲区，再送入到内存中去。

在非缓冲文件系统中，系统不会自动地为所打开的文件开辟缓冲区，缓冲区的开辟是由程序完成。在老版本的 C 中，缓冲文件系统用于处理文本文件，而非缓冲文件系统原来用于处理二进制文件。

通过扩充缓冲文件系统，ANSI C 使缓冲文件系统既能处理文本文件，又能处理二进制文件。因此，ANSI C 只采用缓冲文件系统，而不再使用非缓冲文件系统。本章中所指的文件系统都默认为缓冲文件系统。

在 C 语言中有两种对文件的存取方式：顺序存取和随机存取。

顺序存取文件的特点是：对文件进行读写操作时，必须按固定的顺序自头至尾的读或写，不能跳过文件之前的内容而对文件后面的内容进行访问或操作。

随机存取文件的特点是：只要使用 C 语言的库函数去指定开始读或写的位置，在该位置上直接读或写就可以了，这种操作不需要按数据在文件中的物理位置次序进行读或写，而是可以随机访问文件中的任何位置，显然这种方法比顺序存取文件效率高得多，在磁盘介质中的绝大部分文件都是这种形式。

10.1.3　文件类型的指针

FILE 是系统定义的一个结构体类型,其成员用于描述文件当前的状态信息,比如文件名、文件状态和文件当前位置等信息。Turbo C 中，对 FILE 结构的定义放在 stdio.h 文件中，定义如下：

```
typedef struct {
    int level;                        /*缓冲区空或满的程度*/
    unsigned flags;                   /*文件状态标志*/
    char fd;                          /*文件描述符*/
    unsigned char hold;               /*如果没有缓冲区，不读取字符*/
    int bsize;                        /*缓冲区大小*/
    unsigned char _FAR *buffer;       /*数据缓冲区*/
    unsigned char _FAR *curp;         /*当前活动指针*/
    unsigned istemp;                  /*临时文件指示器*/
```

short token;   /*用于有效性检查*/
}FILE;

可以用 FILE 来定义结构体变量，存放文件的信息，例如：

FILE p;

也可以用 FILE 来定义结构体指针变量，例如：

FILE *fp;

通常把 FILE*类型的变量称为指向一个文件的指针变量，或称为文件类型的指针变量，简称文件指针。在这里，fp 就是一个文件类型的指针变量。通过 fp 可以找到存放某个文件信息的结构变量，然后按结构变量提供的信息找到该文件，实施对文件的操作。

10.2 文件的常用操作

在 C 语言中，文件的基本操作都是由库函数来完成的，因此，我们主要对文件操作库函数的使用进行介绍。

10.2.1 文件的打开与关闭

对文件进行读写操作之前，需要打开文件；对文件读写操作完毕之后，需要关闭文件。就像一个抽屉，不管是往里面放东西，还是去取东西，都需要先把抽屉打开；而放完东西或取完东西之后，都需要关闭抽屉。

通常在使用文件操作的时候，一般都是在打开文件的同时指定一个指针变量指向该文件，实际上就是建立起指针变量与文件之间的联系，接着就可以通过指针变量对文件进行操作了。操作完毕后关闭文件就是撤销指针变量与文件之间的关联关系，这样就无法通过指针来操作文件了。

1. 文件的打开

在 C 语言中，用 fopen 函数来实现文件的打开，该函数的调用方式为：

FILE* fp;
fp=fopen（文件名，文件使用方式）；

其中，"文件名"是需要被打开文件的名称；"文件使用方式"是用来指定文件类型和操作要求。文件类型表示打开的文件是文本文件还是二进制文件。操作要求表示文件是以只读方式打开，读写方式打开还是追加方式打开等。例如，以只读方式打开文本文件 data1 的语句如下：

FILE* fp;

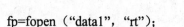

fp=fopen（"data1"，"rt"）；

其中，"rt"代表只读方式打开文本文件，可以简写为"r"。若文件不在默认目录下，则需要在文件名中指定文件路径。例如，data1 不在默认路径下，而是在 C 盘根目录下，则打开文本文件 data1 的语句如下：

FILE* fp；

fp=fopen（"c：\\ data1"，"rt"）

fopen 函数的返回值是一个文件指针。上例中，fopen 函数返回的指向 data1 文件的指针被赋值给 fp，这样 fp 就和文件 data1 相关联了，通常也称 fp 指向了文件 data1。

使用文件的方式有多种选择，见表 10-1。

表 10-1　　　　　　　　　　　使用文件的方式

文件使用方式的种类	文件类型	操作要求
"rt"	打开一个文本文件	对文件进行读操作
"wt"	打开一个文本文件	对文件进行写操作
"at"	打开一个文本文件	在文件末尾追加数据
"rb"	打开一个二进制文件	对文件进行读操作
"wb"	打开一个二进制文件	对文件进行写操作
"ab"	打开一个二进制文件	在文件末尾追加数据
"rt+"	打开一个文本文件	对文件进行读/写操作
"wt+"	打开一个文本文件	对文件进行读/写操作
"at+"	打开一个文本文件	对文件进行读操作和末尾追加数据的操作
"rb+"	打开一个二进制文件	对该文件进行读/写操作
"wb+"	打开一个二进制文件	对该文件进行读/写操作
"ab+"	打开一个二进制文件	对文件进行读操作和末尾追加数据的操作

对文件的使用方式有一些细节需要说明：

（1）文件使用方式由操作方式和文件类型组成。

（2）操作方式有 r，w，a 和+四个可供选择，各字符的含义是：r（read）表示读；w（write）表示写；a（append）表示追加；+表示读和写。

（3）文件类型有 t 和 b 可供选择，t（text）表示文本文件，可省略不写；b（banary）表示二进制文件。

（4）用 r 打开一个文件时，只能读取文件内容，并且被打开文件必须已经存在，否则会出错。

（5）用 w 打开一个文件时，只能向该文件写入；若打开的文件已经存在，则将该文件删去，重建一个新文件；若打开的文件不存在，则以指定的文件名建立该文件。

（6）若要向一个已存在的文件追加新的信息，只能用 a 方式打开文件，但是此时，该文件必须是存在的，否则将会出错。

（7）在打开一个文件时，如果出错，fopen 函数将返回一个空指针值 NULL。

操作系统会默认自动打开三个标准的流文件——标准输入流、标准输出流、标准出错输出流。这三个流的名字分别为 stdin、stdout 和 stderr。标准输入流是从终端的输入，标准输出流是向终端的输出，标准出错输出流是把出错信息发送到终端。

程序应该始终检查 fopen 函数的返回值！如果函数失败，它会返回一个 NULL 值。如果程序不检查错误，这个 NULL 指针就会传递给后续的操作函数，它们将对这个指针执行间接访问，这样操作将会失败、下面给出 fopen 函数常用的用法：

```
FILE *fp;                          /*定义文件指针*/
if ((fp=fopen ("data1.c","rt")) ==NULL)   /*文件打开不成功，结束程序*/
{
    printf ("Cannot open the file！");
    exit (0);
}
```

2. 文件的关闭

在使用完一个文件之后，需要关闭该文件。关闭文件所使用的库函数是 fclose，其调用形式为：

$$fclose（文件指针）；$$

例如：

$$fclose（fp）；$$

关闭文件之后，文件指针 fp 就不再指向文件了，也不能再利用 fp 对原文件进行操作了。当文件顺利关闭时，函数 fclose 的返回值为 0；当文件关闭出错时，函数 fclose 的返回值为 EOF（-1）。

由于系统一般是在缓冲区装满数据的情况下，一次性将缓冲区的数据写入到文件，因此在程序结束的时候，如果缓冲区未被装满，则里面的数据就不会被写入到文件。若此时缓冲区被释放，其中要写入文件的数据也随之丢失。文件关闭函数 fclose 会将缓冲区的数据直接写入到文件，而不论缓冲区是否装满。因此，应该养成在文件使用完毕后关闭文件的好习惯，以免引起文件数据的丢失。

10.2.2　文件的读写与定位

当文件被打开之后，就可以使用文件操作库函数对文件进行各种操作了。

在 C 语言中提供了多种文件读写的函数。

（1）字符读写函数：fgetc 和 fputc。

（2）字符串读写函数：fgets 和 fputs。

（3）数据块读写函数：fread 和 fwrite。

（4）格式化读写函数：fscanf 和 fprintf。

文件的定位函数主要有两个，即 rewind 函数和 fseek 函数。

下面分别予以介绍。

1. 单个字符的读和写

函数 fgetc 的作用是从指定文件中读取一个字符，其调用形式为：

ch=fgetc（文件指针）；

表示从文件指针所指向的文件中，读取一个字符，赋值给字符变量 ch。对 fgetc 函数的使用，有以下几点说明：

（1）指定文件必须是以读或读写方式打开的。

（2）在文件内部有一个位置指针，用来指向文件当前的读写字节。在文件打开时，该指针总是指向文件的第一个字节。使用 fgetc 函数后，位置指针就会向后移动一个字节。文件内部的位置指针不需在程序中定义说明，是由系统自动设置的。

（3）文件末尾有一个文件结束符 EOF（-1）来标识文件的结束，可以通过函数 feof（文件指针）来判断当前文件的位置指针是否指向文件结束符；若 feof 函数的返回值为 1（真），就表示当前文件的位置指针指向了结束符，否则表示位置指针指向的是有效的数据字节。

【例题 10.1】 读入默认路径下的文件 data2.c 的内容，并在屏幕上输出其内容。

```
#include<stdio.h>
int main( )
{    FILE *fp;
     char ch;
     if（（fp=fopen（"data2.c","rt"））= =NULL）
     {
          printf（"Cannot open the file！"）;
          exit（0）;
     }
     while（feof（fp）!=1）/*位置指针还没有到结束符，则循环读取每一个字节*/
     {
          ch=fgetc（fp）;
          putchar（ch）;
     }
     fclose（fp）;
     return 0;
}
```

函数 fputc 的作用是将一个字符写到指定文件中，其调用形式为：

fputc（待写入字符，文件指针）；

其中待写入的字符可以为字符常量，也可以为字符变量。对 fputc 函数的使用，有以下几点说明：

（1）被写入的文件可以用写，读写或追加的方式打开。用写或读写方式打开一个已存在的文件时，将清除原有的文件内容，并且写入字符从文件首开始；如果需保留原有文件内容，希望写入的字符存放在文件的末尾，就必须以追加方式打开文件；被写入的文件若不存在，则创建该文件。

（2）每写入一个字符，文件内部位置指针向后移动一个字节。

（3）fputc 函数有一个返回值，如写入成功则返回写入的字符，否则返回一个 EOF。可用函数的返回值来判断写入是否成功。

【例题 10.2】 从键盘输入一些字符，并逐个将其写入默认路径下的文件 data1.c 中，直到碰到一个"@"为止。

```c
#include<stdio.h>
int main()
{    FILE *fp;
     char ch;
     if（（fp=fopen（"data1.c","wt"））==NULL）
     {
         printf（"Cannot open the file！"）；
         exit（0）；
     }
     ch=getchar（）；                  /*从键盘输入一个字符*/
     while（ch!='@'）                 /*当输入字符不为"@"时*/
     {
         fputc（ch，fp）；             /*将输入的字符写入到 fp 所指向的文件中*/
         getchar（ch）；
     }
     fclose（fp）；
     return 0;
}
```

2. 字符串的读和写

前面掌握了单个字符的读写方法，如果字符个数太多，一个一个读和写太麻烦，可以使用 C 语言提供的字符串读写函数 fgets 和 fputs 来实现一个字符串的读写操作。

函数 fgets 的作用是从指定文件中读取一个字符串，其调用形式为：

fgets（str，n，fp）；

其中，n 是一个正整数，str 一个字符数组的首地址。fgets 函数是从 fp 所指向的文件中读取 n-1 个字符，并且在最后加上字符'\0'，一共是 n 个字符，放入到字符数组 str 中。对函数 fgets 的使用，有以下几点说明：

（1）如果在读出 n-1 个字符之前，就遇到了换行符或 EOF，则读出结束。

（2）fgets 函数有返回值，其返回值是字符数组的首地址。

【例题 10.3】 从文件 data1 中读取 20 个字符，并在显示器上显示出来。

```
#include<stdio.h>
int main()
{   FILE *fp;
    char str[21];   /*从文件读取 20 个字符，最后还要加上'\0'，一共 21 个字符*/
    if ((fp=fopen ("data1.c","rt")) = =NULL)
    {
        printf ("Cannot open the file！");
        exit (0);
    }
    f=fgets (str，21，fp);   /*从 fp 指向的文件读取 20 个字符，放到 str 数组中*/
    printf ("%s"，str);
    fclose (fp);
    return 0;
}
```

函数 fputs 的功能是向指定的文件写入一个字符串，其调用形式为：

$$fputs （str，fp）；$$

其中，字符串 str 可以是字符串常量，也可以是字符数组名或指针变量。

【例题 10.4】 从键盘输入一个字符串，并将其追加到文件 data2 中。

```
#include<stdio.h>
int main()
{   FILE *fp;
    char str[21];
    if ((fp=fopen ("data2.c","at+")) = =NULL)
    {
        printf ("Cannot open the file！");
        exit (0);
    }
    scanf ("%s"，str);
    f=fputs (str，fp);
    fclose (fp);
    return 0;
}
```

3. 数据块的读和写

当程序需要读写一整块数据，比如一个结构体变量值，这时，以上的读写函数就不再适用了。ANSI C 提供了专门读写数据块的函数。

读数据块函数 fread 的调用形式为：

$$fread（buffer，size，count，fp）；$$

其中，buffer 是一个指针，表示从文件读取的数据在内存中存放的首地址；size 表示从文件中读取的一个数据块的字节数；count 表示要读写多少个数据块；fp 表示读数据文件的指针。例如：

$$fread（str，4，6，fp）；$$

表示从 fp 所指向的文件中读取 6 次，每次读取 4 个字节，将读取的内容存放到首地址为 str 的内存单元中。

写数据块函数 fwrite 的调用形式为：

$$fwrite（buffer，size，count，fp）；$$

其中，buffer 是一个指针，表示要写到文件中去的数据在内存中的首地址；size 表示写到文件中的数据块的字节数；count 表示要写的次数；fp 表示被写入数据的文件指针。例如：

$$fwrite（str，4，6，fp）；$$

表示从首地址为 str 的内存单元中，每次取 4 个字节，连续取 6 次，写到 fp 所指向的文件中去。

【例题 10.5】 从键盘输入四个学生信息（学号，姓名，年龄）存放到文件中，再从文件中读取出来，在显示器上显示。

```c
#include<stdio.h>
typedef struct student
{
    char no[10];
    int age;
    char name[10];
};
int main()
{   FILE *fp;
```

```
    student stu1[4]，stu2[4];
    int i;
    if（(fp=fopen（"data1.c","wb+")）==NULL）
    {
        printf（"Cannot open the file！"）;
        exit（0）;
    }
    for（i=0；i<4；i++）
        scanf（"%s%d%s"，stu1[i].no，&stu1[i].age，stu1[i].name）;
    fwrite（stu1，sizeof（student），4，fp）;
    fread（stu2，sizeof（student），4，fp）;
    for（i=0；i<4；i++）
    {
        printf（"%s\t%5d\t%s"，stu2[i].no，stu2[i].age，stu2[i].name）;
        printf（"\n"）;
    }
    fclose（fp）;
    return 0;
}
```

4. 格式化数据的读和写

fscanf 函数和 fprintf 函数与格式化输入输出函数 scanf 和 printf 的功能相似，都是格式化读写函数。两者的区别在于 fscanf 函数和 fprintf 函数的读写对象不是键盘和显示器，而是磁盘文件。这两个函数的调用格式为：

fscanf（文件指针，格式字符串，输入表列）;
fprintf（文件指针，格式字符串，输出表列）;

例如：

fprintf（fp，"%d，%6.2f"，i，s）;

表示将整型变量 i 和实型变量 s 分别以%d 和%6.2f 的格式保存到 fp 所指向的文件中，两个数据之间用逗号隔开；若 i 的值为 3，s 的值为 4，则 fp 所指向的文件中保存的是 3，4.00。

fscanf（fp，"%d，%c"，&j，&ch）;

表示从 fp 所指向的文件中读入两个数据，分别送给变量 j 和 ch；若文件上有数据 40，a，则将 40 送给变量 j，字符 a 送给变量 ch。

5. 文件的定位

文件都只能在位置指针所指向的位置进行读和写的操作。以上介绍的函数,文件位置指针的移动都是读写函数自动进行的。但是,在实际问题中,常常需要按要求读写文件中某一指定的部分,这样就需要自由地将文件的位置指针移动到指定的位置,然后再进行读写。这种读写就是前面介绍的随机读写。将文件的位置指针移动到指定位置,就称为文件的定位。文件定位函数主要有两个,rewind 函数和 fseek 函数。

rewind 函数的功能是把文件内部的位置指针移到文件首,调用形式为:

rewind(文件指针);

fseek 函数用来移动文件内部位置指针,其调用形式为:

fseek(文件指针,位移量,起始点);

其中"位移量"表示移动的字节数,要求位移量是 long 型数据,以便在文件长度大于 64KB 时不会出错。当用常量表示位移量时,要求加字母后缀"L"。"起始点"表示从何处开始计算位移量,规定的起始点有三种:文件首,当前位置和文件尾。如表 10-2 所示。

表 10-2

起始点	表示符号	数字表示
文件首	SEEK—SET	0
当前位置	SEEK—CUR	1
文件末尾	SEEK—END	2

例如,fseek(fp,50L,0);语句的作用是把位置指针移到离文件首部 50 个字节处。在文本文件中,因为要进行转换,所以往往计算的位置会出现错误。因此,fseek 函数一般用于二进制文件。

10.2.3 文件的检测

读写文件出错检测函数 ferror 函数,用来检查文件在用各种输入输出函数进行读写时是否出错。调用格式为:

ferror(文件指针);

如果 ferror 的返回值为 0,表示未出错,否则表示有错。

clearerr 函数是文件出错标志和结束标志置 0 函数,其功能是用于清除文件的出错标志和结束标志,使其变为 0。调用格式为:

clearerr(文件指针);

本 章 小 结

本章介绍了文件的基本概念、文件的分类和文件指针，重点阐述了文件的打开和关闭，文件的各种读写操作函数，文件的定位和检测函数。

文件打开函数 fopen 的使用，主要理解几种打开方式的区别。几个文件读写函数的使用，主要理解其功能，并且能够在不同的情况和需求下，选择合适的函数对文件进行操作。字符读写函数可以使用 fgetc 函数和 fputc 函数；字符串读写函数可以选用 fgets 函数和 fputs 函数；把数据写到文件效率最高的方法是用二进制形式写入，fread 函数用于读取二进制数据，fwrite 函数用于写入二进制数据；文件的格式化读写函数使用 fscanf 函数和 fprintf 函数。

文件的定位函数主要有两个，即 rewind 函数和 fseek 函数。文件定位和文件检测函数主要是和文件读写函数搭配使用的。

本章只介绍了一些基本常用的文件处理函数，在 C 语言库中还有其他的文件处理函数可供使用，希望读者在实践中再去掌握。

【易错提示】

（1）在对文件操作时，没有在使用完之后及时关闭打开的文件。一般来说，文件操作可以分为三个步骤进行，即首先打开，然后操作，最后关闭。文件一旦使用完毕，应该立即使用库函数把文件关闭，以避免造成文件数据的丢失等错误。

（2）不检查 fopen 函数的返回值。

（3）在使用 fgets 时指定太小的缓冲区。

（4）fscanf 函数的非指针、非数组参数前忘了加上&符号。

（5）混淆 fprintf 和 fscanf 格式代码。

习题 10

1. 系统的标准输出设备是（　　）。
   A．键盘　　　　　　　　　　B．显示器
   C．硬盘　　　　　　　　　　D．软盘
2. 函数调用语句"fseek(fp, 10L, 1)"的含义是（　　）。
   A．将文件位置指针移到距离文件头 10 个字节处
   B．将文件位置指针从当前位置前移 10 个字节处
   C．将文件位置指针从文件末尾处前移 10 个字节处
   D．将文件位置指针移到距离文件尾 10 个字节处
3. 从数据的存储形式来看，文件分为＿＿＿和＿＿＿两类。
4. 为什么要对 fopen 函数的返回值进行错误检查？
5. 从文件 data1 中读取 10 个字符，并显示到屏幕上。
6. 从键盘输入一些字符，并逐个把这些字符写入默认路径下的文件 data1.c 中，直到碰到一个"&"为止。

【上机实验】

1．实验目的

    （1）了解文件的相关概念。

    （2）熟练使用文件打开和关闭函数。

    （3）熟练使用文件定位函数和文件读写函数。

2．实验预备

    （1）fopen 和 fclose 的使用。

    （2）fget 和 fput，fread 和 fwrite 等读写函数的使用。

3．实验内容

    （1）建立一个文本文件 test1.txt，输入一些内容，编写程序从这个文本文件中顺序读取字符并显示在屏幕上。

    （2）编写一个程序用来统计文件 test2.txt 中的字符个数。

4．实验提示

程序 1 代码：

```
#include<stdio.h>
main()
{
    FILE *fp；
    Char ch；
    if（(fp=fopen（"test1.c","r"))＝＝NULL）
    {
        printf（"Cannot open the file！"）;
        exit（0）;
    }
    while((ch=fgetc(fp)!=EOF))
    {
        putchar(ch);
    }
    fclose（fp）;
}
```

程序 2 代码：

```
#include<stdio.h>
main()
{
    FILE *fp；
    int num=0;

    Char ch；
    if（(fp=fopen（"test2.c","r"))＝＝NULL）
    {
        printf（"Cannot open the file！"）;
```

```
        exit (0);
    }
    while(!feof(fp))
    {
        fgetc(fp);
        num++;
    }
        printf("num=%d \n",num-1);

        fclose (fp);
    }
```

5. 实验报告

(1) 写出实验过程的基本步骤。

(2) 实验过程中使用到的文件操作函数的含义。

(3) 实验过程遇到问题的解决方法。

第11章 C 语言综合实训

根据教育部的要求，高校学生必须具备扎实的计算机基础知识，具有较强的程序设计和软件开发能力，特别对计算机专业及相关专业（如电子信息工程、通信工程、土木工程等）的学生要求更高。安排综合实训的目的，就是要通过一次集中的强化训练，使学生能及时地巩固已学的基础知识，补充未学的但又是必要的内容，更进一步提高程序设计的能力。通过本课程综合实训要求学生提高以下几种能力：综合运用所学专业知识分析、解决实际问题的能力；掌握文献检索、资料查询的基本方法以及获取新知识的能力；计算机软件、硬件或应用系统设计和开发的基本能力；书面和口头表达的能力；协作配合工作的能力。

11.1 分支与循环

11.1.1 算法与示例

1. 递推算法

递推算法是循环程序设计的精华之一，在很多情况下使用递推算法能使程序简练，同时还能节省计算时间。

递推算法的基本思想：通过分析问题，找出问题内部包含的规律和性质，设计算法，按照找出的规律从初始条件进行递推，得到最终问题的答案。使用递推算法的前提是必须有一项的值（一般是最前项）是已知的。使用递推算法的关键是如何根据多项式推出递推公式。

【例题 11.1】 求 1！+2！+3！+…+20！的程序。

算法分析：若多项式第 1 项为 t1, 第 2 项为 t2，…，第 20 项为 t20, 则

第 1 项 t1=1！

第 2 项 t2=2！ =1！ *2=t1*2

第 3 项 t3=3！ =2！ *3=t2*3,

……

第 20 项 t20=20！ =19！ *20=t19*20

可以推出多项式后一项等于前一项乘以某一系数这一规律，故求某一项的递推公式为：ti=ti-1*n (n=1 to 20)。因此知道了多项式第 1 项 1！，就可以利用递推公式求出后面的每一项，每求一项累加求和。

程序代码：

```c
#include <stdio.h>
int main( )
{   double sum=0,t=1;
     int n;
```

```
for (n=1;n<=20;n++)
{
 t=t*n;          //递推公式
 sum=sum+t;
 }
printf("1!+2!+…+20!=%22.15e\n",sum);
return 0;
}
```

2. 测试法

在实际应用中，有许多问题是无法用解释方法实现的，这时采用测试法来求解是一种很有效的方法。

测试法的基本思想是假设各种可能的解，让计算机进行测试，如果测试结果满足条件，则假设的解就是所要求的解。如果所要求的解是多值的，则假设的解也应是多值的，在程序设计中，实现多值解的假设往往使用多重循环进行组合。

测试法求解的程序设计有两个要点：

（1）通过循环列出所有可能的解。

（2）对所有列出的可能的解进行条件测试。

【例题 11.2】　百钱买百鸡问题。

已知公鸡每只 5 元，母鸡每只 3 元，小鸡 1 元买 3 只。要求用 100 元钱正好买 100 只鸡，问公鸡、母鸡、小鸡各多少只？

算法分析：设公鸡、母鸡、小鸡分别为 a、b、c 只，依据题目能列出下列两个方程：

$$a+b+c=100$$
$$5a+3b+c/3=100$$

三个未知数，只有两个方程，故是个多解问题。可采用多重循环组合出各种可能的 a、b、c 的值。通过循环列出公鸡、母鸡和小鸡可能的只数，再对可能的只数进行条件测试。

100 元钱，全部买公鸡最多只能买 20 只，即公鸡的只数 a 的范围是：a=0 to 20

100 元钱，全部买母鸡最多只能买 33 只，即母鸡的只数 b 的范围是：b=0 to 33

100 元钱，全部买小鸡最多只能买 100 只，即小鸡的只数 c 的范围是：c=0 to 100

程序代码：

```
#include<stdio.h>
int main()
{    int a,b,c;
    printf("公鸡   母鸡    小鸡\n");
    for(a=0;a<=20;a++)
    for(b=0;b<=33;b++)
      for(c=0;c<=100;c++)
        if((a+b+c= =100&&5*a+3*b+c/3.0= =100)
          printf(" %d      %d       %d\n",a,b,c);
```

```
    return 0;
}
```

11.1.2 实训题目

1．马克思手稿中有一道数学题：有 30 个人，其中有男人、女人和小孩，在一家饭馆吃饭花了 50 先令（货币单位）：每个男人花了 3 先令，每个女人花了 2 先令，每个小孩花了 1 先令；问男人、女人和小孩各有几人（算法提示：采用测试法）？

2．A、B、C、D、E 五人在某天夜里合伙捕鱼，到第二天凌晨时都疲惫不堪，于是各自睡觉。日上三竿，A 第一个醒来，他将鱼分成 5 份，把多余的 1 条鱼扔掉，拿走自己的 1 份。B 第二个醒来，也将鱼分成 5 份，把多余的 1 条鱼扔掉，拿走自己的 1 份，C、D、E 依次醒来按同样的方法拿鱼。问他们合伙至少捕了多少条鱼（算法提示：采用递推法和测试法相结合）。

3．减式还原：编写程序求解下式中各字母所代表的数字，不同的字母代表不同的数字（算法提示：采用测试法）。

$$\begin{array}{r}
\text{PEAR} \\
- \quad \text{ARA} \\
\hline
\text{PEA}
\end{array}$$

11.2 数组与函数

11.2.1 算法与示例

【例题 11.3】输入 n 个学生的成绩，并求出其中高于平均分的人数。

算法提示：用程序来实现本题的要求，首先有两个值得思考的问题：一是数据结构的选择；二是数组的长度。

（1）数据结构的选择：n 个学生的成绩是否有必要开辟数组来存放还是定义变量来存放？从任务要求分析知，两次用学生成绩，一次是求平均分；另一次是将每个学生的成绩与平均分比较，高于平均分要输出。因此有必要将其定义数组。

（2）数组的长度定义：学生个数 n 的具体数值一般表示在编写程序时是未知的，而在程序执行时由使用者随意确定。即 n 是一个变量，其值需要用输入来确定。这样一来，存放 n 个分数的数组 a，其长度的定义就必须注意，既不能定义为 int a[n]；因为数组长度要求是常量，而 n 是一个变量，又不能将 n 定义成符号常量，因为 n 的具体值是未知的。对于这种情况的处理方法一般是：将数组的长度定义较大，让使用者在此范围内随意使用，当然这个长度的定义有其原则，那就是既不让使用者感到长度不够，又不至于定义过大而浪费内存，这种情况视应用情况而定。

程序代码：

```
#include<stdio.h>
int main()
{
    int i,a[1000],num=0,n;
```

```
        float aver=0;
        printf("输入学生个数 n\n");
        scanf("%d",&n);
        printf("输入学生的成绩存放到数组 a 中\n");
        for(i=0;i<n;i++)
        {
                scanf("%d",&a[i]);
                aver=aver+a[i];
        }
        aver=aver/n;
        for(i=0;i<n;i++)
        if(a[i]>=aver)
                num++;
        printf("高于平均分的人数是：%d\n",num);
        return 0;
}
```

【例题 11.4】 输入任意多个学生的学号及成绩，然后按顺序输出高分的前十名。
算法提示：依据设计任务的要求需要考虑几个问题：初始数据的数据结构选择；采用的算法如何实现及相关的数据结构；任意多个数据的实现问题。

（1）初始数据的数据结构选择问题：所谓任意多个学生，应该是个数不限，因此，对于存放初始数据的数据结构不宜选择为数组，并且，从算法实现的角度考虑，每个学生的数据输入后只需使用一次，没有再保留的必要，因此可选择简单变量作数据结构来存放一个学生的数据，而且每个学生的初始数据都用同一个数据结构存放，即对一个学生的数据使用完后就将该数据结构让给下一个学生的数据使用。

（2）算法的实现及相关的数据结构：本题核心的算法是排序，由设计任务可知只要求前十名的排序结果，因此算法上不需考虑对所有学生数据进行排序，只考虑对前十名排序即可。因此，应选择合适的数据结构来存放前十名排序结果的数据，显然，选择数组是最合适的。关于算法的实现可采用插入排序法最为合适。即存放排序结果的数组始终是存放当前已插入数据的前十名的排序结果，而后每输入一个学生的数据就进行一次插入排序更新这一排序结果。

（3）任意多个的实现：对于本题的程序来说，总体结构还是一个循环结构，每次循环的任务是输入一个学生的数据并进行插入排序。问题是何时结束循环？循环结束的条件是什么？对用户输入的有用数据，循环继续；对用户输入的无用数据即输入数据为负数时，循环结束。

（4）为了使程序更加清晰。主程序只提供输入学生的学号、成绩，并且输出前十名的学号及成绩；子函数实现插入排序的过程。
程序代码：

```
#include<stdio.h>
void insertsort(int num[],int a[],int n,int number,int score)
{
```

```
    int i,j;
    for(i=0;i<n;i++)
        if(score>a[i])
        break;
        if(i>=n)
        return;
        for(j=n-2;j>=i;j--)
        {
            num[j]=num[j-1];
            a[j]=a[j-1];
        }
        num[i]=number;
        a[i]=score;
}
int main()
{
    int i,num[10],a[10],number,score;
    for(i=0;i<10;i++)
    {
        a[i]=0;
        num[i]=0;
    }
    while(1)
    {
        printf("输入学生的学号及学生成绩：\n");
        scanf("%d%d",&number,&score);
        if(number<0||score<0)
         break;
        insertsort(num,a,10,number,score);
    }
    for(i=0;i<10;i++)
       printf("前十名学生学号%d 成绩是%d\n",num[i],a[i]);
return 0;
}
```

11.2.2 实训题目

1．有一个一维数组 score[]，内存放 10 个学生的成绩，要求编写三个函数分别求学生的平均成绩，求 10 个学生的最高分，求 10 个学生的最低分。

2．编写一个函数，将输入的一串字符中的小写字母转变成大写字母，并输出所有的大写字母。

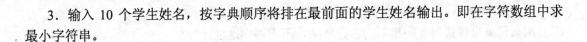

3. 输入 10 个学生姓名，按字典顺序将排在最前面的学生姓名输出。即在字符数组中求最小字符串。

11.3　指针

11.3.1　算法与示例

1. 指针变量作为函数参数

最常见的有以下两种用法：

（1）用于接受实参变量的地址，从而可以在函数中通过访问指针变量所指向的内存单元来达到间接地访问实参变量。这样，函数中既可引用实参变量原来的值，也可将结果存入实参变量所在的单元，达到双向传递的效果。

（2）用于接受实参数组的首地址，从而可以在函数中通过访问指针变量所指向的内存单元来达到间接访问实参数组的各元素，这样，函数中既可以引用实参数组各元素的值，也可以将结果存入实参数组的各元素中。

2. 内存空间的动态分配

在我们的程序设计当中，常常遇到要处理批量数据的问题，则会立即想到运用数组作为数据结构来存放批量的数据，运用数组来处理批量数据的必要条件是批量数据的个数是已知的，也就是数组的长度必须明确。但在这批数据的长度不明确时，用数组来实现则显示得力不从心了。而 C 语言提供的动态内存分配函数正好能解决此类问题。动态内存分配的步骤如下：

（1）定义一指针变量。如：*p；

（2）申请内存空间，并将该内存空间的首地址赋给该指针变量 p，便可通过指针变量 p 来访问这片内存空间。如：p=(int *)malloc(byte);因 malloc 函数的基类型是 void 型，用一个基类型为 int 的指针变量 p 来指向动态数组的各元素，因此必须先将 malloc 函数的返回值 void 转换成整型指针赋给 p。

（3）使用完内存空间后进行释放。如：free(p);

其中，malloc 是分配内存空间函数，p=(int *)malloc(byte)的作用是分配一片内存空间，其长度为 byte 个字节。如果分配成功，则将这片内存空间的首地址赋给 p，否则 p 的值为 NULL（即 0），因此可根据 p 值作为判断分配的成功与否。在使用该函数时需用#include<stdlib.h>头文件将其包含到程序文件中。

【例题 11.5】 通过改变指针的指向来引用不同元素：编写输入 100 名学生的成绩，输出其中高于平均分的人数。

程序代码：

```
#include<stdio.h>
int over_aver_number(int *a,int n)
{
    int i,number=0;
    float aver=0;
    for(i=0;i<n;i++)
```

```
        aver+=*a++;   /*a++的作用是每执行一次循环就让指针变量 a 指向下一个元素，使
以后的访问就直接访问 a 所指向的内存单元，不需再作地址计算*/
    aver/=n;
    a-=n;      // a-=n 的作用是使 a 恢复其初始指向。
    for(i=0;i<n;i++)
        if(*a++>=aver)
            number++;
    return number;
}
int main()
{
    int i,number,a[100];   //a 是数组名，是指针常量。
    printf("\n Enter a:");
    for(i=0;i<100;i++)
        scanf("%d",&a[i]);
    number=over_aver_number(a,100);
    printf("\n 输出高于平均分的人数 number=%d",number);
    return 0;
}
```

【例题 11.6】 输入法 n 个学生的学号及考试成绩，然后按分数从高到低的顺序排序后输出。

程序代码：

```
#include<stdio.h>
#include<stdlib.h>
void sort(int *num,int *score,int n)
{
int i,j,t;
for(i=0;i<=n-1;i++)
    for(j=i+i;j<=n;j++)
        if(score[i]<score[j])
            {
                t=score[i];
                score[i]=score[j];
                score[j]=t;
                t=num[i];
                num[i]=num[j];
                num[j]=t;
            }
}
    int main()
```

```
{
int i,n,*num,*score;
printf("\n Input the number of students n=");
scanf("%d",&n);
num=(int *)malloc(n*sizeof(int));
score=(int *)malloc(n*sizeof(int));
if(!num||!score) exit(0);
printf("\n Input the number and fraction of students:");
for(i=0;i<n;i++)
     scanf("%d%d",num+i,score+i);
sort(num,score,n);
    printf("\n Sort the output results:");
    printf("\n number     score");
for(i=0;i<n;i++)
    printf("\n %d    %d\n",num[i],score[i]);
free(num);
free(score);
return 0;
}
```

11.3.2 实训题目

1．编写两个排序函数，要求一个函数完成从小到大排序，一个函数完成从大到小排序，并编写主函数完成：

（1）输入 n 个数。

（2）组织调用排序函数对 n 个数按从大到小排序并输出。

（3）组织调用排序函数对 n 个数按从小到大排序并输出。

2．输入 n 个学生的学号（int 型）、性别（char 型，0 为男，非 0 为女）、年龄（int 型）和 3 个单科分数（float 型），分别输出男生总分和女生总分。

3．编写一个函数，这个函数的功能：求出 n 个学生成绩的最高分、最低分、平均分及超过平均分的人数。并编写主函数完成：

（1）输入 n 个学生的成绩。

（2）调用编写函数进行比较统计。

（3）输出统计结果。

11.4 结构体

11.4.1 算法与示例

在我们的程序设计或系统开发过程中，会遇到要打印输出的信息是由多个字段名来表示的。如：学号、姓名、性别、语文、数学、英语等。用前面所学的数组来实现，但数组要求处理的对象是同一属性的，而学号、姓名、性别是不同的属性。C 提供了结构体数据类型来实现。结构体中的每个成员可以是不同的简单类型还可是复合的数据类型。这样存储学生信息复杂的数据提供了极大的方便。

定义结构体变量的方法有三种：先定义结构体类型再定义结构体变量；在定义结构体类型的同时定义结构体变量；直接定义结构体变量。一般是使用第一种方法，并且将结构体类型的定义放在文件头部（或放在头文件中），这样就可在该文件的各函数中用这一类型去定义局部的结构体变量，也可以用此类型去定义外部的结构体变量，甚至于定义结构体类型的函数。

【例题 11.7】 输入 10 个学生的学号、姓名及数学、英语、计算机三门课的成绩，在屏幕上打印出总分最高分和最低分的学生的全部信息。

程序代码：

```
#include<stdio.h>
struct student
{
    int number;
    char name[20];
    int math;
    int english;
    int computer;
    int total;
};      //对结构体类型 student 的定义
int main()
{
    int i;
    struct student st,stmax,stmin;
    //定义三个结构体变量 st,stmax,stmin
    stmax.total=0;
    stmin.total=0;
    for(i=0;i<10;i++)
    {
        printf("\nInput student information");
        scanf("%d%s%d%d%d",&st.number,&st.name,&st.math,&st.english,
            &st.computer);
        st.total=st.math+st.english+st.computer;
        if(st.total>stmax.total)
            stmax=st;
```

```
        if(st.total<stmin.total)
              stmin=st;
    }
    printf("\n max:%5d%15d%4d%4d%4d%4d",stmax.number,stmax.name,stmax.math,
           stmax.english,stmax.computer,stmax.total);
    printf("\n max:%5d%15d%4d%4d%4d%4d",stmin.number,stmin.name,stmin.math,
           stmin.english,stmin.computer,stmin.total);
    return 0;
}
```

11.4.2　实训题目

1．输入 20 个学生的学号、姓名、性别和年龄，分别输出男生中最大年龄的学生的信息及女学生中最大年龄的学生信息，并输出女学生的人数。

2．用结构体存放表 11-1 中的信息，然后输出每个职工的姓名、基本工资、浮动工资、支出和实发工资（实发工资=基本工资+浮动工资-支出）。

表 11-1　　　　　　　　　　　　工　资　表

姓名	基本工资	浮动工资	支出
zhangli	1543.0	1269.0	178.0
wanghua	1655.0	1254.0	156.0
ahaoqiao	1621.0	1312.0	149.0

11.5　综合实训

11.5.1　简单的银行自动取款机系统

问题描述

设计一个银行自动取款机系统。该系统能建立用户插入的银行卡识别功能，能对银行卡号和密码的判断功能和登录取款机系统功能。当用户登录成功后，能分别实现以下功能：

（1）退出系统功能。

（2）取款功能。且要设置取款的最高限额。

（3）修改银行卡号的密码功能。

（4）查询用户存款余额功能。

11.5.2　总体设计

根据需求分析,可以将这个系统的设计分为四大模块:查询余额、取款、修改密码、退出系统，如图 11-1 所示。其中主要功能是查询余额、取款、修改密码和退出四个功能模块。

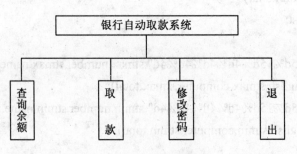

图 11-1　系统功能模块图

11.5.3　详细设计

1. 主函数

主函数一般设计比较简单，只提供输入、功能处理和输出部分的函数调用。其中各功能模块菜单方式选择；菜单的功能用函数实现。主函数流程如图 11-2 所示。

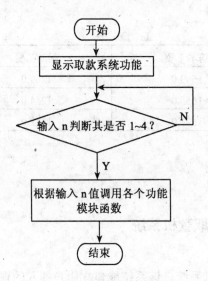

图 11-2　主函数流程图

设计代码如下：

```
    int main()    /******************主函数******************/
    {
    CONSUMER bank[MAX];    /* 每个数组元素对应一个客户信息，MAX 为客户个数，程
序中采用宏定义的方式，可以随时在源程序宏定义中更改，本程序宏定义#define MAX 5 */
    initconsumer(&bank[0],"1001","wang",1000.0,"111111");    //初始化客户信息 1
    initconsumer(&bank[1],"1002","zhang",2000.0,"222222"); //初始化客户信息 2
    initconsumer(&bank[2],"1003","li",3000.0,"333333");    //初始化客户信息 3
```

```
initconsumer(&bank[3],"1004","sun",4000.0,"444444");    //初始化客户信息 4
initconsumer(&bank[4],"1005","yuan",5000.0,"555555");   //初始化客户信息 5
setCurrent(0);                                          //设置当前状态
welcome(bank);                                          //登录系统
return 0;
}
```

将客户的姓名、账号、密码、账户余额等信息定义为结构体成员，如果要存放若干个客户信息用结构体数组。

```
typedef struct cs
{
    char Password[7];      //密码
    char Name[20];         //用户
    char ID[20];           //账号
    float Money;           //余额
    int Lockstatus;        //锁定状态
}CONSUMER;
```

根据主函数实现的功能，下面分别进行系统当前状态的设计、客户信息初始化的设计和客户登录系统的设计。

（1）初始系统状态的设计。主函数通过调用系统当前状态函数 setCurrent( ) 来实现。当未插入卡时，系统的初始状态值 cr 为 0；当插入卡时，系统初始化客户卡号的系列信息并进行判断，无误时，获取新的系统状态值 cr。代码设计如下：

```
void setCurrent(int cr)
{
    current=cr;
}
```

（2）初始化客户信息的设计。主函数通过调用系统客户信息函数 initconsumer() 来实现。该函数实现插入卡的客户姓名、卡号、密码和余额信息判断。设计代码如下：

```
void initconsumer(CONSUMER *c,char id[],char name[],float money,char password[])
{
    strcpy(c->Name ,name);
    strcpy(c->ID ,id);
    c->Money=money;
    strcpy(c->Password,password);
    c->Lockstatus =0;            //为 0 表示未锁定
}
```

（3）系统登录的设计。主函数通过调用登录银行取款系统函数 welcome() 来实现。当客户插入卡后，显示系统信息提示。系统提示客户输入卡号且小于等于 3 次，若卡号有误，则退出系统。若卡号无误，系统提示输入密码，输入密码无误，则进入系统界面菜单，客户根据需要选择相关系列操作。系统登录流程图如图 11-3 所示。

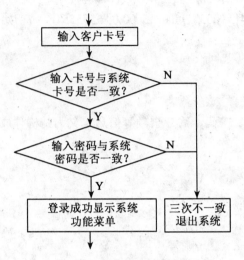

图 11-3　系统登录流程图

设计代码如下：

// welcome()：登录银行取款系统函数。

```c
void welcome(CONSUMER cs[])
{
    int timesCard=1;        //表示输入账号次数
    int cn;
    int issame;
    int timesPass;          //表示输入密码次数
    char id[20],password[20];
    bankhead();
    printf("请输入账号：");
    gets(id);
    cn=seek(cs,id);         //客户账号与输入账号比较，返回比较次数
    while(cn<0 && timesCard<3)
    {
        printf("你输入的卡号有误，请重新输入：");
        timesCard++;
        gets(id);
        cn=seek(cs,id);
    }
    if(timesCard>=3)
    {
        printf("你 3 次输入的卡号有误，系统返回\n");
        setCurrent(-1);         //设置账户状态
        return;
```

```
    }
    timesPass=1;
    printf("请输入密码：");
    gets(password);
    issame=cheekPassword(&cs[cn],password);
    while(issame= =0 && timesPass<3)
    {
        printf("你输入法密码不对，请重新输入：");
        timesPass++;
        gets(password);
        issame=cheekPassword(&cs[cn],password);
    }
    if(timesPass>=3)
    {
        printf("你 3 次输入口令有误，系统返回\n");
        setCurrent(-1); /*设置账户状态*/
        return;
    }
    setCurrent(cn); /          // 设置账户状态
    menu(cs);
}
```

① 设计系统提示信息。由登录银行取款系统函数 welcome()调用系统提示信息函数 bankhead()来实现。其主要功能是在屏幕上显示"欢迎使用银行自动取款系统"的相关信息。设计代码如下：

```
void bankhead()
{
    printf("**************************\n");
    printf("欢迎使用银行自动取款系统！  \n");
    printf("**************************\n");
}
```

② 设计卡号判断并返回判断次数。由登录银行取款系统函数 welcome()调用卡号判断及返回次数函数 seek（）来实现。其功能是判断客户输入的卡号与系统的卡号是否一致并允许客户输入次数不得大于 3。设计代码如下：

```
int seek(CONSUMER cs[],char id[])
{
    int i;
    for(i=0;i<MAX;i++)
        if(strcmp(getID(&cs[i]),id)= =0)
            return i;
        return -1;}
```

③ 设计获取客户卡号。由卡号判断及返回次数函数 seek()调用获取卡号函数 getID()来实现。其功能获取系统初始卡号，设计代码如下：

```
char *getID(CONSUMER *c)
{
    return c->ID ;
}
```

④ 设计输入密码判断。由登录银行取款系统函数 welcome()调用输入密码判断函数 cheekPassword( )来实现。其功能是对用户输入的密码与系统密码进行判断，相一致返回值为 1；否则返回值为 0。设计代码如下：

```
int cheekPassword(CONSUMER *c,char password[])
{
    if(strcmp(getPassword(c),password)= =0)/*表示口令相同*/
        return 1;
    else
        return 0;
}
```

⑤ 设计客户操作菜单。由登录银行取款系统函数 welcome()调用客户操作菜单函数 menu()实现显示客户操作的菜单选项。其功能判断客户输入 n 的值，当 n 的值是 1～4 中的一个时，就执行其相应的功能。如：n=1 时，执行查询余额功能。当 n 的值不是 1～4 中的一个时，就退出系统。设计实现的流程图如图 11-4 所示。

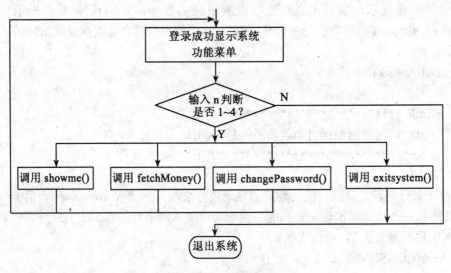

图 11-4　客户操作菜单项

设计代码如下：

```
void menu(CONSUMER cs[])
{
 char c;
```

```
system("cls");
bankhead();
do
{
     printf("1:查询余额\n");
     printf("2:取      款\n");
     printf("3:修改密码\n");
     printf("4:退出系统\n");
     printf("选择 1 2 3 4:\n");
     c=getch();
     switch(c)
     {
     case '1': showme(&cs[getCurrent()]);break;
     case '2': fetchMoney(&cs[getCurrent()]);break;
     case '3': changePassword(&cs[getCurrent()]);break;
     case '4': exitsystem();break;
     }
}while(1);
}
```

getCurrent()：获取客户当前状态函数。

```
int getCurrent( )
{
   return current;
}
```

2.　功能模块设计

（1）查询余额。在客户操作菜单界面下，输入 1，则调用 showme(CONSUMER *c)模块。该模块功能实现当前客户的信息输出。即显示客户名、卡号、余额。设计代码如下：

```
void showme(CONSUMER *c)
{
     printf("\n**********************\n");
     printf("当前账号信息\n");
     printf("用户：%s\n",c->Name );
     printf("卡号：%s\n",c->ID );
     printf("余额：%.2f\n",c->Money);
     printf("\n**********************\n");
}
```

（2）取款。在客户操作菜单界面下，输入 2，则调用取款模块 fetchMoney(CONSUMER *c)。该模块实现取款功能并显示取款后的余额。其实现过程流程图如图 11-5 所示。

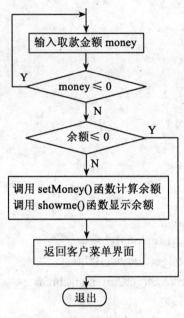

图 11-5　取款模块流程图

设计代码如下：

```
void fetchMoney(CONSUMER *c)
{
    float money;
    printf("请输入取款金额： ");
    scanf("%f",&money);
    while(money<=0)
    {
        printf("请输入正确的金额： \n");
        scanf("%f",&money);
    }
    if(getMoney(c)-money<0)                //判断余额是否小于0
        printf("对不起，你的余额不足！ \n");
    else
    {
        printf("开始取款......\n");
        setMoney(c,0-money);
        printf("取款完成\n");
        showme(c);
    }
}
```

在取款模块中分别要进行账户余额的判断、根据取款金额计算账户余额和显示取款后该账户的余额显示的功能设计。设计代码如下：

① getMoney( )：获取客户账号余额。

```
float getMoney(CONSUMER *c)
{
    return c->Money ;}
```

② setMoney( )：根据取款金额计算余额。

```
void setMoney(CONSUMER *c,float money)     //money 为取款金额
{
    c->Money=c->Money+money;
}
```

③ showme( )：输出当前客户的信息。

（3）修改密码。在客户操作菜单界面下，输入 3，则调用修改密码模块 changePassword( ) 实现。该模块功能完成对输入原始密码的判断，若与系统不一致且输入次数大于 3 次，则退出系统；若小于 3 次判断不一致，则输入新的密码和确认的密码，对两次新密码判断是否相同，若不相同重新输入，若相同，则保存密码。实现流程图如图 11-6 所示。

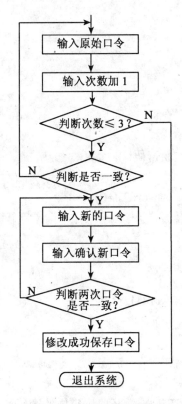

图 11-6　修改密码流程图

设计代码如下：

```
void changePassword(CONSUMER *c)
```

```c
{
    char password1[10],password2[10];
    int times=1;
    int issame;
    printf("请输入原始口令:");
    gets(password1);
    issame=strcmp(getPassword(c),password1);
    while(issame!=0 && times<3)
      {
          printf("口令不对,请重新输入原始口令:");
          gets(password1);
          issame=strcmp(getPassword(c),password1);   //比较原始密码与输入密码
          times++;
      }
    if(times>=3)
    {
        lock(c);
        return ;
    }
    do
    {
        printf("请输入新的口令:");
        gets(password1);
        printf("请再输入一次新密码:");
        gets(password2);
        if(strcmp(password1,password2)!=0)
            printf("你两次输入的密码不一样，请重新输入！\n");
        else
            break;
    }while(1);
    strcpy(c->Password ,password1);
    printf("密码修改成功！\n");
}
```

    修改模块还分别调用了获取用户原始密码函数 getPassword( )和锁定状态函数 lock( )函数。设计代码如下：

```c
char *getPassword(CONSUMER *c)   //获取用户原始密码函数。
    {
    return c->Password ;
    }
void lock(CONSUMER *c)                //锁定状态函数。
```

```
        {
            c->Lockstatus=1;
        }
```

(4)退出系统

在客户操作菜单界面下，输入 4，则调用退出系统模块 exitsystem()实现。设计代码如下：

```
void exitsystem()
{
    printf("欢迎下次光临！\n");
    printf("请取卡……\n");
    exit (0);
}
```

11.5.4　设计代码

```
#include<stdio.h>
#include<string.h>
#include<conio.h>
#include<stdlib.h>
#define MAX 5
typedef struct cs
{
    char Password[7];
    char Name[20];
    char ID[20];
    float Money;
    int Lockstatus;
}CONSUMER;
int current;
void showme(CONSUMER *c );
int seek(CONSUMER cs[],char id[]);
void menu(CONSUMER cs[]);
void exitsystem();
void bankhead();
void initconsumer(CONSUMER *c,char id[],char name[],float money,char password[])
{
    strcpy(c->Name,name);
    strcpy(c->>ID,id);
    c->Money=money;
    strcpy(c->Password,password);
    c->Lockstatus =0;
```

```
}
  int getCurrent( )
  {
      return current;
  }
  void setCurrent(int cr)
  {
      current=cr;
  }
float getMoney(CONSUMER *c)
{
    return c->Money ;
}
char *getName(CONSUMER *c)
{
    return c->Name ;
}
char *getID(CONSUMER *c)
{
    return c->ID ;
}
char *getPassword(CONSUMER *c)
{
    return c->Password ;
}
int cheekPassword(CONSUMER *c,char password[])
{
    if(strcmp(getPassword(c),password)= =0)
        return 1;
    else
        return 0;
}
int islock(CONSUMER *c)
{
    return c->Lockstatus ;
}
void lock(CONSUMER *c)
{
    c->Lockstatus=1;
}
```

```c
void unlock(CONSUMER *c)
{
    c->Lockstatus=0;
}
void setID(CONSUMER *c,char id[])
{
    strcpy(c->ID,id);
}
void setName(CONSUMER *c,char name[])
{
    strcpy(c->Name,name);
}
void setMoney(CONSUMER *c,float money)
{
    c->Money=c->Money+money;
}
void setPassword(CONSUMER *c,char password[])
{
    strcpy(c->Password,password);
}
void changePassword(CONSUMER *c)
{
    char password1[10],password2[10];
    int times=1;
    int issame;
    printf("\t\t\t 请输入原始口令:");
    gets(password1);
    issame=strcmp(getPassword(c),password1);
    while(issame!=0 && times<3)
    {
        printf("\t\t\t 口令不对,请重新输入原始口令:");
        gets(password1);
        issame=strcmp(getPassword(c),password1);
        times++;
    }
    if(times>=3)
    {
        lock(c);
        return ;
    }
```

```
do
{
    printf("\t\t\t 请输入新的口令:");
    gets(password1);
    printf("\t\t\t 请再输入一次新密码:");
    gets(password2);
    if(strcmp(password1,password2)!=0)
        printf("\t\t\t 你两次输入的密码不一样，请重新输入！\n");
    else
        break;
}while(1);
strcpy(c->Password ,password1);
printf("\t\t\t 密码修改成功！\n");
}
void fetchMoney(CONSUMER *c)
{
    float money;
    printf("\t\t\t 请输入取款金额：");
    scanf("%f",&money);
    while(money<=0)
    {
        printf("\t\t\t 请输入正确的金额：\n");
        scanf("%f",&money);
    }
    if(getMoney(c) -money<0)
        printf("\t\t\t 对不起，你的余额不足！\n");
    else
    {
        printf("\t\t\t 开始取款……\n");
        setMoney(c,0-money);
        printf("\t\t\t 取款完成\n");
        showme(c);
    }
}
void showme(CONSUMER *c)
{
    printf("\t\t\t**********************\n");
    printf("\t\t\t 当前账号信息\n");
    printf("\t\t\t 用户：%s\n",c->Name );
```

```
        printf("\t\t\t 卡号：%s\n",c->ID );
        printf("\t\t\t 余额：%.2f\n",c->Money);
        printf("\t\t\t*********************\n");
}
/*BANK*/
void welcome(CONSUMER cs[])
{
    int timesCard=1;
    int cn;
    int issame;
    int timesPass;
    char id[20],password[20];
    bankhead();
    printf("\t\t\t 请输入账号：");
    gets(id);
    cn=seek(cs,id);
    while(cn<0 && timesCard<3)
    {
        printf("\t\t\t 你输入的卡号有误，请重新输入：");
        timesCard++;
        gets(id);
        cn=seek(cs,id);
    }
    if(timesCard>=3)
    {
        printf("\t\t\t 你 3 次输入的卡号有误，系统返回\n");
        setCurrent(-1);
        return;
    }
    timesPass=1;
    printf("\t\t\t 请输入密码：");
    gets(password);
    issame=cheekPassword(&cs[cn],password);
    while(issame= =0 && timesPass<3)
    {
        printf("\t\t\t 你输入的密码不对，请重新输入：");
        timesPass++;
        gets(password);
        issame=cheekPassword(&cs[cn],password);
    }
```

```c
        if(timesPass>=3)
        {
            printf("\t\t\t 你 3 次输入口令有误，系统返回\n");
            setCurrent(-1);
            return;
        }
        setCurrent(cn);
        menu(cs);
}
void menu(CONSUMER cs[])
{
    char c;
    system("cls");
    bankhead();
    do
    {
        printf("\t\t\t1:查询余额\n");
        printf("\t\t\t2:取     款\n");
        printf("\t\t\t3:修改密码\n");
        printf("\t\t\t4:退出系统\n");
        printf("\t\t\t 选择 1 2 3 4:\n");
        c=getch();
        switch(c)
        {
        case '1': showme(&cs[getCurrent()]);break;
        case '2': fetchMoney(&cs[getCurrent()]);break;
        case '3': changePassword(&cs[getCurrent()]);break;
        case '4': exitsystem();break;
        }
    }while(1);
}
int seek(CONSUMER cs[],char id[])
{
    int i;
    for(i=0;i<MAX;i++)
        if(strcmp(getID(&cs[i]),id)= =0)
            return i;
        return -1;
}
void exitsystem()
```

```
{
    printf("\t\t\t 欢迎下次光临！\n");
    printf("\t\t\t 请取卡……\n");
    exit (0);
}
int main()
{
    CONSUMER bank[MAX];
    initconsumer(&bank[0],"1001","wang",10000.0,"11111111");
    initconsumer(&bank[1],"1002","zhang",20000.0,"22222222");
    initconsumer(&bank[2],"1003","li",30000.0,"33333333");
    initconsumer(&bank[3],"1004","sun",40000.0,"44444444");
    initconsumer(&bank[4],"1005","yuan",50000.0,"55555544");
    setCurrent(0);
    welcome(bank);
    return 0;
}
void bankhead()
{
    printf("\t\t\t************************\n");
    printf("\t\t\t 欢迎使用银行自动取款系统！\n");
    printf("\t\t\t************************\n");
}
```

11.5.5　系统测试

上机编译、链接和运行后的模块界面图分别如下所示。

（1）主模块界面如图 11-7 所示。

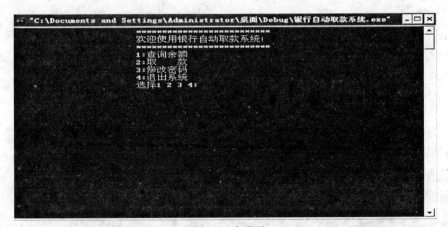

图 11-7　主菜单

（2）查询余额界面如图 11-8 所示。

图 11-8　查询客户账户余额

（3）取款界面如图 11-9 所示。

图 11-9　取款

（4）修改密码界面如图 11-10 所示。

图 11-10　修改密码

11.5.6 综合实训题目

1. 运用 C 语言开发一个"小学生算术四则运算测试系统"。该系统是让计算机充当一位给小学生布置作业的算术老师，为学生出题并阅卷。该系统要求实现下列功能：

　　（1）为小学生出题（分别进行+、-、*、/等不同运算）。

　　（2）学生做题后，进行评阅。学生每做一题后，评阅给出"答题正确，很好"或"答题错误，重做"等信息。

　　（3）加、减、乘、除运算功能可以自由选择实现。

　　（4）运算数值可控制在两位数的四则运算范围内。

2. 运用 C 语言开发一个"比赛评分系统"。评委打分原则：满分 10 分，评委打分后，去掉一个最高分和一个最低分，最后的平均分为参赛选手的最后得分（精确到小数点后两位）。要求该系统实现以下功能：

　　（1）假设参赛人数为 20 人，评委为 10 人。（有兴趣的同学可拓展为参赛人数为 n 人，评委为 m 人）。并对参赛选手和评委分别编号，序号从 1 开始，顺序编号。

　　（2）选手按编号顺序依次参加比赛，统计最后得分。

　　（3）比赛结束，按从高分到低分每行 5 人依次打印选手的得分情况。

　　（4）公布选手获奖。取一等奖 1 名，二等奖 2 名，三等奖 3 名。

3. 用 C 语言开发一个"库存管理系统"。该系统要求实现以下基本功能。

　　（1）商品入库。

　　（2）商品删除。

　　（3）商品编辑修改。

　　（4）商品浏览。

　　（5）商品查询。

4. 用 C 语言开发飞机订票系统设计

　　问题描述：某民航机场共有 n 个航班，每个航班有一个航班号、确定的航线（起始站、目的站）、确定的飞行时间（星期几）和一定的成员定额。试设计民航订票系统，要求实现下列功能：

　　（1）航班信息录入功能（航班信息用文件保存）。

　　（2）航班信息浏览功能。

　　① 按航班号查询。

　　② 按起点站查询。

　　③ 按目的站查询。

　　④ 按飞行时间查询。

　　设计提示：航班信息用文件保存；航班信息浏览功能需要提供显示操作；要查询航线需要提供查找功能，可提供按照航班号、起点站、目的站和飞行时间查询；还要提供键盘选择菜单以实现功能选择。建立航班结构体，结构体成员包括航班号、起始站、目的站、飞行时间（星期几）、预售票总数、已售票数。

5. 学生成绩管理系统

　（1）问题描述。设计一个学生管理系统。该系统能建立学生信息表，该表能实现插入新记录、删除已存在的记录、按给定关键字查找指定的学生信息；该系统能实现学生成绩的输入，包括每名学生的学号、姓名、高等数学、大学英语、计算机文化基础成绩，建立学生成绩表；学生成绩表能实现新学生信息的添加、删除学生成绩表中的某个指定位置的学生信息，能按给定的关键字显示学生的信息；在主函数中设计一个菜单，将要进行的操作用 A～E 来表示，允许用户输入不同的字符进行反复操作。

（2）设计提示。

① 数据结构。该系统的主要数据类型是带关节点的单链表：

```
typedef stuct node
{ int number;            /*学生的学号*/
  char name[20];        /*学生的姓名*/
  int highermathe, english,computers;    /*高等数学大学英语计算机文化基础*/
  struct node *next;
} LinkList;
```

②程序流程。主函数调用各个功能函数及各功能函数的关系程序流程图如图 11-11 所示。

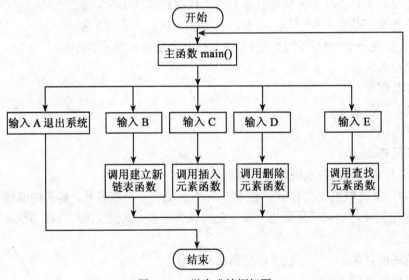

图 11-11　学生成绩框架图

③主要函数。

- 初始化链表函数：LinkList *InitList()
- 求链表长度：int Length_List(LinkList *H)
- 建立链表函数：void CreateList(linkList *H,int n)
- 表中元素定位函数：LinkList *Loacte(LinkList *H,int num)
- 查找表中元素位置函数：LinkList *GetList(LinkList *H,int i)
- 在链表中插入新元素函数：int InsList(LinkList *p,LinkList x)
- 在给定位置 i 插入元素函数：int Ins_List(LinkList *H,int i,LinkList x)
- 删除链表中的某元素函数：int DelList(LinkList *p,LinkList *x)

- 删除链表中给定位置的元素函数：int Del_List(LinkList *H,int I,LinkList *x)
- 主函数中的菜单显示函数：out()
- 输出表中信息函数：void DistLinkList(LinkList *H)
- 主函数：main()

附录 I ◈ ASCII 表

八进制	十六进制	十进制	字符	八进制	十六进制	十进制	字符
00	00	0	nul	100	40	64	@
01	01	1	soh	101	41	65	A
02	02	2	stx	102	42	66	B
03	03	3	etx	103	43	67	C
04	04	4	eot	104	44	68	D
05	05	5	enq	105	45	69	E
06	06	6	ack	106	46	70	F
07	07	7	bel	107	47	71	G
10	08	8	bs	110	48	72	H
11	09	9	ht	111	49	73	I
12	0a	10	nl	112	4a	74	J
13	0b	11	vt	113	4b	75	K
14	0c	12	ff	114	4c	76	L
15	0d	13	er	115	4d	77	M
16	0e	14	so	116	4e	78	N
17	0f	15	si	117	4f	79	O
20	10	16	dle	120	50	80	P
21	11	17	dc1	121	51	81	Q
22	12	18	dc2	122	52	82	R
23	13	19	dc3	123	53	83	S
24	14	20	dc4	124	54	84	T
25	15	21	nak	125	55	85	U
26	16	22	syn	126	56	86	V
27	17	23	etb	127	57	87	W
30	18	24	can	130	58	88	X
31	19	25	em	131	59	89	Y
32	1a	26	sub	132	5a	90	Z
33	1b	27	esc	133	5b	91	[
34	1c	28	fs	134	5c	92	\

八进制	十六进制	十进制	字符	八进制	十六进制	十进制	字符
35	1d	29	gs	135	5d	93	]
36	1e	30	re	136	5e	94	^
37	1f	31	us	137	5f	95	_
40	20	32	sp	140	60	96	`
41	21	33	!	141	61	97	a
42	22	34	"	142	62	98	b
43	23	35	#	143	63	99	c
44	24	36	$	144	64	100	d
45	25	37	%	145	65	101	e
46	26	38	&	146	66	102	f
47	27	39	`	147	67	103	g
50	28	40	(	150	68	104	h
51	29	41	)	151	69	105	i
52	2a	42	*	152	6a	106	j
53	2b	43	+	153	6b	107	k
54	2c	44	,	154	6c	108	l
55	2d	45	-	155	6d	109	m
56	2e	46	.	156	6e	110	n
57	2f	47	/	157	6f	111	o
60	30	48	0	160	70	112	p
61	31	49	1	161	71	113	q
62	32	50	2	162	72	114	r
63	33	51	3	163	73	115	s
64	34	52	4	164	74	116	t
65	35	53	5	165	75	117	u
66	36	54	6	166	76	118	v
67	37	55	7	167	77	119	w
70	38	56	8	170	78	120	x
71	39	57	9	171	79	121	y
72	3a	58	:	172	7a	122	z
73	3b	59	;	173	7b	123	{
74	3c	60	<	174	7c	124		
75	3d	61	=	175	7d	125	}
76	3e	62	>	176	7e	126	~
77	3f	63	?	177	7f	127	del

附录 II 运算符及优先级

运算符	解 释	结合方式
() [] -> .	括号（函数等），数组，两种结构成员访问	由左向右
! ~ ++ -- + - * & (类型) sizeof	否定，按位否定，增量，减量，正负号，间接，取地址，类型转换，求大小	由右向左
* / %	乘，除，取模	由左向右
+ -	加，减	由左向右
<< >>	左移，右移	由左向右
< <= >= >	小于，小于等于，大于等于，大于	由左向右
== !=	等于，不等于	由左向右
&	按位与	由左向右
^	按位异或	由左向右
|	按位或	由左向右
&&	逻辑与	由左向右
||	逻辑或	由左向右
? :	条件	由右向左
= += -= *= /= &= ^= |= <<= >>=	各种赋值	由右向左
,	逗号（顺序）	由左向右

附录Ⅲ C语言常用语法提要

1. 标识符

可由字母，数字和下划线组成。标识符必须以字母或下划线开头。大小写的字母分别认为是两个不同的字符。不同的系统对标识的字符的字符数有不同的规定，一般允许 7 个字符。

2. 常量

（1）整型常量。

①十进制常数。

②八进制常数（以 0 开头的数字序列）。

③十六进制常数（以 0X 开头的数字序列）。

④长整型常数（在数字后加字符 l 或 L）。

（2）求字符常量。用单撇号括起来的一个字符，可以使用转义字符。

（3）实型常量（浮点型常量）。

①小数形式。

②指数形式。

（4）字符串常量。用双撇号括起来的字符序列。

3. 表达式

（1）算术表达式。

①整型表达式：参加运算的运算量是整型量，结果也是整型数。

②实型表达式：参加运算的运算是实型量，运算过程中先转换成 double 型，结果为 double 型。

（2）逻辑表达式。用逻辑运算符连接的整型量，结果为一个整数 0 或 1。逻辑表达式可以认为是整型表达式的一种特殊形式。

（3）字位表达式。用位运算符连接的整型量，结果为整数。字位表达式也可以认为是整型表达式的一种特殊形式。

（4）强制类型转换表达式。用"（类型）"运算符使表达式的类型进行强制转换。

（5）逗号表达式（顺序表达式）。形式为：

表达式 1，表达式 2 表达式 n

顺序求出表达式 1，表达式 2 表达式 n 的值。结果为表达式 n 的值。

（6）赋值表达式。将赋值号"="右侧表达式的值赋值号左边的变量。赋值表达式的值为执行赋值后被赋值的变量的值。

（7）条件表达式。形式为：

逻辑表达式？表达式 1：表达式 2

逻辑表达式的若为非零，则条件表达式的值等于表达式 1 的值；若逻辑表达式的值为零，则条件表达式的值等于表达式 2 的值。

（8）指针表达式。对指针类型的数据进行运算。例如，p-2，p1-p2 等（其中 p，P1，P2 均已定义为指向数组的指针变量，p1 与 p2 指向同一数组中的元素），结果为指针类型。

以上各种表达式可以包含有关的运算符，也可以不包含任何运算符的初等量（例如，常数是算术表达式的最简单的形式）。

4. 数据定义

对程序中用到的所有变量都需要进行定义。对数据要定义其数据类型，需要时要指定其存储类别。

（1）可用类型标识符。

int

short

long

unsigned

char

float

double

struct 结构体名

union 共用体名

enum 枚举型名

用 typedef 定义的类型名

结构体与共同体的定义形式为：

struct 结构体名

　{成员表列};

union 共用体名

　{成员表列};

用 typedef 定义新类型名的形式为:

typedef 已有类型 新定义类型;

如:

typedef int COUNT;//就是在有 INT 的地方都可以用 COUNT 代替

（2）存储类别。

auto//一般默认

static

register

extren

(如不指定存储类别,作 auto 处理)

变量的定义形式为

存储类别 数据类型 变量表列;

例如:

```
static   float   a,b,c;
```
注意外部数据定义只能用 extern 或 static,而不能用 auto 或 register。

5. 函数定义

形式为:

存储类别　数据类型　函数名(形参表列)

函数体

函数的存储类别只能用 extern 或 static，函数体是用花括弧括起来的,可包括数据定义和语句。函数的定义举例如下:

```
static   int   max (int,int y)
  { int z;
   z=x>y?x:y;
   return (z);
  }
```

6. 变量的初始化

可以在定义时对变量或数组指定初始值。

静态变量或外部变量如未初始化,系统自动使其初值为零或空,对自动变量或寄存器变量,若未初始化,则其初值为一不可预测的数据。

7. 语句

（1）表达式语句;

（2）函数调用语句;

（3）控制语句;

（4）复合语句;

（5）空语句.

控制语句包括下列语句:

①if(表达式)语句 // 判断语句

或

if(表达式)语句 1 // 判断语句

else 语句 2

②while(表达式)语句 //相当于当型循环

//当型循环：条件为真的情况下执行循环语句，一旦条件为假退出循环

③do 语句

　while（表达式）;

//先执行循环体,然后判断循环条件是否成立，之后继续循环;

//循环语句 条件为假退出循环，而直到型循环是条件为假的情况才执行循环，所以

do ...while（）不是直到型循环;

//而是当型循环。

④for（表达式 1；表达式 2；表达式 3）

　语句

计算机系列教材

//循环次数固定的情况下使用 for 循环

//循环,可替代 while 语句；只是用法不同

⑤ switch（表达式） // 多相选择

    {case　常量表达式 1：　语句 1；

    case　常量表达式 2：　语句 2；

    case　常量表达式 n：　语句 n；

    default；语句 n+1；

    }

前缀 case 和 default 本身并不改变控制流程，它们只起标号作用，在执行上一个 case 所标志的语句后，继续顺序执行下一个 case 前缀所所标志的语句，除非上一个语句中最后用 break 语句使控制转出 switch 结构。

⑥ break　语句　跳出当前循环，执行下面的语句

⑦ continue　语句　结束当前循环，继续执行下一次循环

⑧ return　语句　返回

⑨ goto　语句　无条件转向

8. 预处理命令

    # define　宏名　字符串

    # define　宏名（参数 1，参数 2，…，参数 n）字符串

    # undef　宏名

    #include "文件名"（或〈文件名〉）

    #if　　常量表达式

    #ifdef　　宏名

    #ifndef　　宏名

    #else

    #endif

附录IV 2008年9月全国计算机等级考试笔试试卷

二级公共基础知识和C语言程序设计

（考试时间 90 分钟，满分100 分）

1. **选择题**（（1）～（10）、（21）～（40）每题2 分，（11）～（20）每题1 分，70 分）
下列各题A）、B）、C）、D）四个选项中，只有一个选项是正确的，请将正确选项填涂在答题卡相应位置上，答在试卷上不得分。

（1）一个栈的初始状态为空。现将元素1、2、3、4、5、A、B、C、D、E 依次入栈，然后再依次出栈，则元素出栈的顺序是（ ）。

    A）12345ABCDE   B）EDCBA54321   C）ABCDE12345   D）54321EDCBA

（2）下列叙述中正确的是（ ）。

    A）循环队列有队头和队尾两个指针，因此，循环队列是非线性结构

    B）在循环队列中，只需要队头指针就能反映队列中元素的动态变化情况

    C）在循环队列中，只需要队尾指针就能反映队列中元素的动态变化情况

    D）循环队列中元素的个数是由队头指针和队尾指针共同决定

（3）在长度为n 的有序线性表中进行二分查找，最坏情况下需要比较的次数是（ ）。

    A）O(n)   B）O(n_2)   C）O($\log_2 n$)   D）O($n\log_2 n$)

（4）下列叙述中正确的是（ ）。

    A）顺序存储结构的存储一定是连续的，链式存储结构的存储空间不一定是连续的

    B）顺序存储结构只针对线性结构，链式存储结构只针对非线性结构

    C）顺序存储结构能存储有序表，链式存储结构不能存储有序表

    D）链式存储结构比顺序存储结构节省存储空间

（5）数据流图中带有箭头的线段表示的是（ ）。

    A）控制流   B）事件驱动   C）模块调用   D）数据流

（6）在软件开发中，需求分析阶段可以使用的工具是（ ）。

    A）N-S 图   B）DFD 图   C）PAD 图   D）程序流程图

（7）在面向对象方法中，不属于"对象"基本特点的是（ ）。

    A）一致性   B）分类性   C）多态性   D）标识唯一性

（8）一间宿舍可住多个学生，则实体宿舍和学生之间的联系是（ ）。

    A）一对一   B）一对多   C）多对一   D）多对多

（9）在数据管理技术发展的三个阶段中，数据共享最好的是（ ）。

    A）人工管理阶段   B）文件系统阶段   C）数据库系统阶段   D）三个阶段相同

（10）有三个关系R、S 和T 如下：

    R S T

A B B C A B C

m 1 1 3 m 1 3

n 2 3 5

由关系R 和S 通过运算得到关系T，则所使用的运算为（　　）。

    A）笛卡尔积　　　B）交　　　　　　C）并　　　　　　D）自然连接

（11）以下叙述中正确的是（　　）。

    A）C程序的基本组成单位是语句　　　B）C程序中的每一行只能写一条语句

    C）简单C语句必须以分号结束　　　D）C语句必须在一行内写完

（12）计算机能直接执行的程序是（　　）。

    A）源程序　　　B）目标程序　　　C）汇编程序　　　D）可执行程序

（13）以下选项中不能作为C 语言合法常量的是（　　）。

    A）'cd'　　　B）0.1e+6　　　C）"\a"　　　D）'\011'

（14）以下选项中正确的定义语句是（　　）。

    A）double a; b;　　B）double a=b=7;　　C）double a=7, b=7;　　D）double, a, b;

（15）以下不能正确表示代数式2abcd的C 语言表达式是（　　）。

    A）2*a*b/c/d　　B）a*b/c/d*2　　C）a/c/d*b*2　　D）2*a*b/c*d

（16）C源程序中不能表示的数制是（　　）。

    A）二进制　　　B）八进制　　　C）十进制　　　D）十六进制

（17）若有表达式(w)?(--x):(++y)，则其中与w 等价的表达式是（　　）。

    A）w= =1　　　B）w= =0　　　C）w!=1　　　D）w!=0

（18）执行以下程序段后，w 的值为（　　）。

int w='A', x=14, y=15;

w=((x || y)&&(w<'a'));

    A）−1　　　B）NULL　　　C）1　　　D）0

（19）若变量已正确定义为int 型，要通过语句scanf("%d, %d, %d", &a, &b, &c);给a赋值1、给b 赋值2、给c 赋值3，以下输入形式中错误的是（ ◊ 代表一个空格符）（　　）。

    A）◊◊◊1,2,3<回车>　　　　　B）1◊2◊3<回车>

    C）1,◊◊◊2,◊◊◊3<回车>　　　　D）1,2,3<回车>

（20）有以下程序段

int a, b, c;

a=10; b=50; c=30;

if (a>b) a=b, b=c; c=a;

printf("a=%d b=%d c=%d\n", a, b, c);

程序的输出结果是（　　）。

    A）a=10 b=50 c=10　　　　　B）a=10 b=50 c=30

    C）a=10 b=30 c=10　　　　　D）a=50 b=30 c=50

（21）若有定义语句: int m[]={5,4,3,2,1},i=4;，则下面对m 数组元素的引用中错误的是（　　）。

    A）m[--i]　　　B）m[2*2]　　　C）m[m[0]]　　　D）m[m[i]]

（22）下面的函数调用语句中func 函数的实参个数是（　　）。

func (f2(v1, v2), (v3, v4, v5), (v6, max(v7, v8)));

A）3　　　　　　　B）4　　　　　　　C）5　　　　　　　D）8

（23）若有定义语句：double x[5]={1.0,2.0,3.0,4.0,5.0}, *p=x；则错误引用x 数组元素的是（　　）。

　　A）*p　　　　　　B）x[5]　　　　　　C）*(p+1)　　　　　D）*x

（24）若有定义语句：char s[10]="1234567\0\0"；，则strlen(s)的值是（　　）。

　　A）7　　　　　　　B）8　　　　　　　C）9　　　　　　　D）10

（25）以下叙述中错误的是（　　）。

　　A）用户定义的函数中可以没有return 语句

　　B）用户定义的函数中可以有多个return 语句，以便可以调用一次返回多个函数值

　　C）用户定义的函数中若没有return 语句，则应当定义函数为void 类型

　　D）函数的return 语句中可以没有表达式

（26）以下关于宏的叙述中正确的是（　　）。

　　A）宏名必须用大写字母表示

　　B）宏定义必须位于源程序中所有语句之前

　　C）宏替换没有数据类型限制

　　D）宏调用比函数调用耗费时间

（27）有以下程序

```
#include<stdio.h>
main()
{ int i, j;
for(i=3; i>=1; i--)
{ for(j=1; j<=2; j++) printf("%d", i+j);
printf("\n");
}
}
```

程序的运行结果是（　　）。

　　A）2 3 4　　　B）4 3 2

3 4 5 5 4 3

　　C）2 3　　　　D）4 5

3 4 3 4

4 5 2 3

（28）有以下程序

```
#include <stdio.h>
main()
{ int x=1, y=2, z=3;
if(x>y)
if(y<z) printf("%d", ++z);
else printf("%d", ++y);
printf("%d\n", x++);
}
```

程序的运行结果是（　　）。

A）331　　　　B）41　　　　C）2　　　　D）1

（29）有以下程序

```
# include <stdio.h>
main()
{ int i=5;
do
{ if (i%3=1)
if (i%5= =2)
{ printf("*%d", i); break;}
i++;
} while(i!=0);
printf("\n");
}
```

程序的运行结果是（　）。

A）*7　　　　B）*3*5　　　　C）*5　　　　D）*2*6

（30）有以下程序

```
#include <stdio.h>
int fun(int a,int b)
{ if(b= =0) return a;
else return(fun(--a,--b));
}
main()
{ printf("%d\n", fun(4,2));}
```

程序的运行结果是（　）。

A）1　　　　B）2　　　　C）3　　　　D）4

（31）有以下程序

```
#include <stdio.h>
#include <stdlib.h>
int fun(int n)
{ int *p;
p=(int*)malloc(sizeof(int));
*p=n; return *p;
}
main()
{ int a;
a = fun(10); printf("%d\n", a+fun(10));
}
```

程序的运行结果是（　）。

A）0　　　　B）10　　　　C）20　　　　D）出错

（32）有以下程序

```
#include <stdio.h>
void fun(int a, int b)
{ int t;
t=a; a=b; b=t;
}
main()
{ int c[10]={1,2,3,4,5,6,7,8,9,0), i;
for (i=0; i<10; i+=2) fun(c[i], c[i+1]);
for (i=0; i<10; i++) printf("%d,", c[i]);
printf("\n");
}
```
程序的运行结果是（ ）。

  A）1,2,3,4,5,6,7,8,9,0,   B）2,1,4,3,6,5,8,7,0,9,

  C）0,9,8,7,6,5,4,3,2,1,   D）0,1,2,3,4,5,6,7,8,9,

（33）有以下程序
```
#include <stdio.h>
struct st
{ int x, y;) data[2]={1,10,2,20};
main()
{ struct st *p=data;
printf("%d,", p->y); printf("%d\n",(++p)->x);
}
```
程序的运行结果是（ ）。

  A）10,1   B）20,1   C）10,2   D）20,2

（34）有以下程序
```
#include <stdio.h>
void fun(int a[], int n)
{ int i, t;
for(i=0; i<n/2; i++) {t=a[i]; a[i]=a[n-1-i]; a[n-1-i]=t;}
}
main()
{ int k[10]={1,2,3,4,5,6,7,8,9,10}, i;
fun(k,5);
for(i=2; i<8; i++) printf("%d", k[i]);
printf("\n");
}
```
程序的运行结果是（ ）。

  A）345678   B）876543   C）1098765   D）321678

（35）有以下程序
```
#include <stdio.h>
```

```
#define N 4
void fun(int a[][N], int b[])
{ int i;
for(i=0; i<N; i++) b[i]=a[i][i];
}
main()
{ int x[][N]={{1,2,3},{4},{5,6,7,8},{9,10}},y[N], i;
fun(x,y);
for (i=0; i<N; i++) printf("%d,", y[i]);
printf("\n");
}
```
程序的运行结果是（　）。

   A）1,2,3,4,   B）1,0,7,0,   C）1,4,5,9,   D）3,4,8,10,

（36）有以下程序
```
#include <stdio.h>
int fun(int (*s)[4],int n, int k)
{ int m, i;
m=s[0][k];
for(i=1; i<n; i++) if(s[i][k]>m) m=s[i][k];
return m;
}
main()
{ int a[4][4]={{1,2,3,4},{11,12,13,14},{21,22,23,24},{31,32,33,34}};
printf("%d\n", fun(a,4,0));
}
```
程序的运行结果是（　）。

   A）4   B）34   C）31   D）32

（37）有以下程序
```
#include <stdio.h>
main()
{ struct STU { char name[9]; char sex; double score[2]; };
struct STU a={"Zhao",'m',85.0,90.0}, b={"Qian",'f',95.0,92.0};
b=a;
printf("%s,%c,%2.0f,%2.0f\n",b.name,b.sex,b.score[0],b.score[1]);
}
```
程序的运行结果是（　）。

   A）Qian,f,95,92 B）Qian,m,85,90 C）Zhao,f,95,92 D）Zhao,m,85,90

（38）假定已建立以下链表结构，且指针p 和q 已指向如图所示的节点：

head a b c

data next

↑p ↑q

则以下选项中可将 q 所指节点从链表中删除并释放该节点的语句组是（　）。

  A）(*p).next=(*q).next; free(p);   B）p=q->next; free(q);

  C）p=q; free(q);   D）p->next=q->next; free(q);

（39）有以下程序

```
#include <stdio.h>
main()
{ char a=4;
printf("%d\n", a=a<<1);
}
```

程序的运行结果是（　）。

  A）40   B）16   C）8   D）4

（40）有以下程序

```
#include <stdio.h>
main()
{ FILE *pf;
char *s1="China",*s2="Beijing";
pf=fopen("abc.dat","wb+");
fwrite(s2,7,l,pf);
rewind(pf); /*文件位置指针回到文件开头*/
fwrite(s1,5,1,pf);
fclose(pf);
}
```

以上程序执行后abc.dat 文件的内容是（　）。

  A）China   B）Chinang   C）ChinaBeijing   D）BeijingChina

2．填空题（每空2分，共30 分）

请将每一个空的正确答案写在答题卡【1】至【15】序号的横线上,答在试卷上不得分。

（1）对下列二叉树进行中序遍历的结果【1】。

A

B C

D E F

X Y Z

（2）按照软件测试的一般步骤，集成测试应在【2】测试之后进行。

（3）软件工程三要素包括方法、工具和过程，其中， 【3】支持软件开发的各个环节的控制和管理。

（4）数据库设计包括概念设计、【4】和物理设计。

（5）在二维表中，元组的【5】不能再分成更小的数据项。

（6）设变量a 和b 已正确定义并赋初值。请写出与a-=a+b 等价的赋值表达式【6】。

（7）若整型变量a 和b 中的值分别为7 和9，要求按以下格式输出a 和b 的值：

a=7

311

b=9

请完成输出语句：printf (" 【7】 ",a,b);。

（8）以下程序的输出结果是【8】。

```c
#include <stdio.h>
main()
{ int i,j,sum;
for(i=3;i>=1;i--)
{ sum=0;
for(j=1;j<=i;j++) sum+=i*j;
}
printf("%d\n",sum);
}
```

（9）以下程序的输出结果是【9】。

```c
#include <stdio.h>
main()
{ int j, a[]={1,3,5,7,9,11,13,15},*p=a+5;
for(j=3; j; j--)
{ switch(j)
{ case 1:
case 2: printf("%d",*p++); break;
case 3: printf("%d",*(--p));
}
}
}
```

（10）以下程序的输出结果是【10】。

```c
#include <stdio.h>
#define N 5
int fun(int *s, int a, int n)
{ int j;
*s=a; j=n;
while(a!=s[j])j--;
return j;
}
main()
{ int s[N+1]; int k;
for(k=l; k<=N; k++) s[k]=k+l;
printf("%d\n",fun(s,4,N));
}
```

（11）以下程序的输出结果是【11】。

```c
#include <stdio.h>
```

```
int fun(int x)
{ static int t=0;
return(t +=x);
}
main()
{ int s,i;
for(i=l;i<=5;i++) s=fun(i);
printf("%d\n",s);
}
```

（12）以下程序按下面指定的数据给x 数组的下三角置数，并按如下形式输出，请填空。

```
4
3 7
2 6 9
1 5 8 10
#include <stdio.h>
main()
{ int x[4][4],n=0,i,j;
for(j=0;j<4;j++)
for(i=3;i>=j; 【12】 ) {n++;x[i][j]= 【13】 ;}
for(i=0;i<4;i++)
{ for(j=0;j<=i;j++) printf("%3 d",x[i][j]);
printf("\n");
}
}
```

（13）以下程序的功能是：通过函数func 输入字符并统计输入字符的个数。输入时用字符
@作为输入结束标志。请填空。

```
#include <stdio.h>
long 【14】 ; /* 函数说明语句 */
main()
{ long n;
n=func(); printf("n=%ld\n",n);
}
long func()
{ long m;
for( m=0; getchar()!='@'; 【15】 );
retum m;
}
```

附录V C语言函数

1. 字符函数，所在函数库为 ctype.h

int isalpha(int ch)	若 ch 是字母('A'-'Z','a'-'z')返回非 0 值,否则返回 0
int isalnum(int ch)	若 ch 是字母('A'-'Z','a'-'z')或数字('0'-'9')返回非 0 值,否则返回 0
int isascii(int ch)	若 ch 是字符(ASCII 码中的 0-127)返回非 0 值,否则返回 0
int iscntrl(int ch)	若 ch 是作废字符(0x7F)或普通控制字符(0x00-0x1F)返回非 0 值,否则返回 0
int isdigit(int ch)	若 ch 是数字('0'-'9')返回非 0 值,否则返回 0
int isgraph(int ch)	若 ch 是可打印字符(不含空格)(0x21-0x7E)返回非 0 值,否则返回 0
int islower(int ch)	若 ch 是小写字母('a'-'z')返回非 0 值,否则返回 0
int isprint(int ch)	若 ch 是可打印字符(含空格)(0x20-0x7E)返回非 0 值,否则返回 0
int ispunct(int ch)	若 ch 是标点字符(0x00-0x1F)返回非 0 值,否则返回 0
int isspace(int ch)	若 ch 是空格(' '),水平制表符('\t'),回车符('\r'),走纸换行('\f'),垂直制表符('\v'),换行符('\n')返回非 0 值,否则返回 0
int isupper(int ch)	若 ch 是大写字母('A'-'Z')返回非 0 值,否则返回 0
int isxdigit(int ch)	若 ch 是 16 进制数('0'-'9','A'-'F','a'-'f')返回非 0 值,否则返回 0
int tolower(int ch)	若 ch 是大写字母('A'-'Z')返回相应的小写字母('a'-'z')
int toupper(int ch)	若 ch 是小写字母('a'-'z')返回相应的大写字母('A'-'Z')

2. 数学函数，所在函数库为 math.h、stdlib.h、string.h、float.h

int abs(int i)	返回整型参数 i 的绝对值
double cabs(struct complex znum)	返回复数 znum 的绝对值
double fabs(double x)	返回双精度参数 x 的绝对值
long labs(long n)	返回长整型参数 n 的绝对值
double exp(double x)	返回指数函数 ex 的值
double frexp(double value,int *eptr)	返回 value=x*2n 中 x 的值,n 存储在 eptr 中
double ldexp(double value,int exp);	返回 value*2exp 的值
double log(double x)	返回 logex 的值
double log10(double x)	返回 log10x 的值
double pow(double x,double y)	返回 xy 的值

double pow10(int p)	返回 10p 的值
double sqrt(double x)	返回 x 的开方
double acos(double x)	返回 x 的反余弦 cos-1(x)值,x 为弧度
double asin(double x)	返回 x 的反正弦 sin-1(x)值,x 为弧度
double atan(double x)	返回 x 的反正切 tan-1(x)值,x 为弧度
double atan2(double y,double x)	返回 y/x 的反正切 tan-1(x)值,y 的 x 为弧度
double cos(double x)	返回 x 的余弦 cos(x)值,x 为弧度
double sin(double x)	返回 x 的正弦 sin(x)值,x 为弧度
double tan(double x)	返回 x 的正切 tan(x)值,x 为弧度
double cosh(double x)	返回 x 的双曲余弦 cosh(x)值,x 为弧度
double sinh(double x)	返回 x 的双曲正弦 sinh(x)值,x 为弧度
double tanh(double x)	返回 x 的双曲正切 tanh(x)值,x 为弧度
double hypot(double x,double y)	返回直角三角形斜边的长度(z),x 和 y 为直角边的长度,z2=x2+y2
double ceil(double x)	返回不小于 x 的最小整数
double floor(double x)	返回不大于 x 的最大整数
void srand(unsigned seed)	初始化随机数发生器
int rand()	产生一个随机数并返回这个数
double poly(double x,int n,double c[])	从参数产生一个多项式
double modf(double value,double *iptr)	将双精度数 value 分解成尾数和阶
double fmod(double x,double y)	返回 x/y 的余数
double frexp(double value,int *eptr)	将双精度数 value 分成尾数和阶
double atof(char *nptr)	将字符串 nptr 转换成浮点数并返回这个浮点数
double atoi(char *nptr)	将字符串 nptr 转换成整数并返回这个整数
double atol(char *nptr)	将字符串 nptr 转换成长整数并返回这个整数
char *ecvt(double value,int ndigit,int *decpt,int *sign)	将浮点数 value 转换成字符串并返回该字符串
char *fcvt(double value,int ndigit,int *decpt,int *sign)	将浮点数 value 转换成字符串并返回该字符串
char *gcvt(double value,int ndigit,char *buf)	将数 value 转换成字符串并存于 buf 中,并返回 buf 的指针
char *ultoa(unsigned long value,char *string,int radix)	将无符号整型数 value 转换成字符串并返回该字符串,radix 为转换时所用基数
char *ltoa(long value,char *string,int radix)	将长整型数 value 转换成字符串并返回该字符串,radix 为转换时所用基数

char *itoa(int value,char *string,int radix)	将整数 value 转换成字符串存入 string,radix 为转换时所用基数
double atof(char *nptr)	将字符串 nptr 转换成双精度数,并返回这个数,错误返回 0
int atoi(char *nptr)	将字符串 nptr 转换成整型数, 并返回这个数,错误返回 0
long atol(char *nptr)	将字符串 nptr 转换成长整型数,并返回这个数,错误返回 0
double strtod(char *str,char **endptr)	将字符串 str 转换成双精度数,并返回这个数,
long strtol(char *str,char **endptr,int base)	将字符串 str 转换成长整型数并返回这个数
int matherr(struct exception *e)	用户修改数学错误返回信息函数(没有必要使用)
double _matherr(_mexcep why,char *fun,double *arg1p, double *arg2p,double retval)	用户修改数学错误返回信息函数(没有必要使用)
unsigned int _clear87()	清除浮点状态字并返回原来的浮点状态
void _fpreset()	重新初使化浮点数学程序包
unsigned int _status87()	返回浮点状态字

3. 目录函数,所在函数库为 dir.h、dos.h

int chdir(char *path)	使指定的目录 path（如:"C:\\WPS"）变成当前的工作目录,成功返回 0

int findfirst(char *pathname,struct ffblk *ffblk,int attrib)	查找指定的文件,成功返回 0
	pathname 为指定的目录名和文件名,如"C:\\WPS\\TXT"
	
	ffblk 为指定的保存文件信息的一个结构,定义如下:
	struct ffblk
	{
	　char ff_reserved[21];/*DOS 保留字*/
	　char ff_attrib;/*文件属性*/
	　int ff_ftime;/*文件时间*/
	　int ff_fdate;/*文件日期*/
	　long ff_fsize;/*文件长度*/
	　char ff_name[13];/*文件名*/
	}
	attrib 为文件属性,由以下字符代表:
	FA_RDONLY 只读文件　　　　FA_LABEL 卷标号
	FA_HIDDEN 隐藏文件　　　　FA_DIREC 目录
	FA_SYSTEM 系统文件　　　　FA_ARCH 档案
	例:
	struct ffblk ff;
	findfirst("*.wps",&ff,FA_RDONLY);

int findnext(struct ffblk *ffblk)	取匹配 finddirst 的文件,成功返回 0

续表

void fumerge(char *path,char *drive, char *dir,char *name,char *ext)	此函数通过盘符 drive(C:、A:等),路径 dir(\TC、\BC\LIB 等),文件名 name(TC、WPS 等),扩展名 ext(.EXE、.COM 等)组成一个文件名存与 path 中.
int fnsplit(char *path,char *drive, char *dir,char *name,char *ext)	此函数将文件名 path 分解成盘符 drive(C:、A:等),路径 dir(\TC、\BC\LIB 等),文件名 name(TC、WPS 等),扩展名 ext(.EXE、.COM 等),并分别存入相应的变量中。
int getcurdir(int drive,char *direc)	此函数返回指定驱动器的当前工作目录名称 drive 指定的驱动器(0=当前,1=A,2=B,3=C 等) direc 保存指定驱动器当前工作路径的变量 成功返回 0
char *getcwd(char *buf,iint n)	此函数取当前工作目录并存入 buf 中,直到 n 个字节长为止.错误返回 NULL。
int getdisk()	取当前正在使用的驱动器,返回一个整数(0=A,1=B,2=C 等)
int setdisk(int drive)	设置要使用的驱动器 drive(0=A,1=B,2=C 等),返回可使用驱动器总数。
int mkdir(char *pathname)	建立一个新的目录 pathname,成功返回 0
int rmdir(char *pathname)	删除一个目录 pathname,成功返回 0
char *mktemp(char *template)	构造一个当前目录上没有的文件名并存于 template 中
char *searchpath(char *pathname)	利用 MSDOS 找出文件 filename 所在路径,此函数使用 DOS 的 PATH 变量,未找到文件返回 NULL。

4. 进程函数, 所在函数库为 stdlib.h、process.h

void abort()	此函数通过调用具有出口代码 3 的_exit 写一个终止信息于 stderr, 并异常终止程序。无返回值。
int exec…	装入和运行其他程序。
int execl(char *pathname,char *arg0,char *arg1,…,char *argn,NULL)	exec 函数的作用是装入并运行程序 pathname, 并将参数 arg0(arg1,arg2,argv[],envp[])传递给子程序,出错返回-1 在 exec 函数族中,后缀 l、v、p、e 添加到 exec 后, 所指定的函数将具有某种操作能力 有后缀 p 时,函数可以利用 DOS 的 PATH 变量查找子程序文件。 l 时,函数中被传递的参数个数固定。 v 时,函数中被传递的参数个数不固定。 e 时,函数传递指定参数 envp,允许改变子进程的环境, 无后缀 e 时,子进程使用当前程序的环境。
int execle(char *pathname,char *arg0, char *arg1,…, char *argn, NULL, char *envp[])	
int execlp(char *pathname,char *arg0, char *arg1,…,NULL)	
int execlpe(char*pathname,char *arg0, char *arg1,…,NULL,char *envp[])	
int execv(char *pathname,char *argv[])	
int execve(char *pathname,char *argv[],char *envp[])	
int execvp(char *pathname,char *argv[])	
int execvpe(char *pathname,char *argv[],char *envp[])	

续表

void _exit(int status)	终止当前程序,但不清理现场
void exit(int status)	终止当前程序,关闭所有文件,写缓冲区的输出(等待输出),并调用任何寄存器的"出口函数",无返回值
int spawn...	运行子程序
int spawnl(int mode,char *pathname,char *arg0,char *arg1,…, char *argn,NULL)	
int spawnle(int mode,char *pathname,char *arg0,char *arg1,…, char *argn,NULL,char *envp[])	spawn 函数族在 mode 模式下运行子程序 pathname,并将参数 arg0(arg1,arg2,argv[],envp[])传递给子程序, 出错返回-1
int spawnlp(int mode,char *pathname, char *arg0,char *arg1,…, char *argn,NULL)	mode 为运行模式 mode 为 P_WAIT 表示在子程序运行完后返回本程序
int spawnlpe(int mode,char *pathname, char *arg0,char *arg1,…, char *argn,NULL,char *envp[])	P_NOWAIT 表示在子程序运行时同时运行本程序(不可用) P_OVERLAY 表示在本程序退出后运行子程序 在 spawn 函数族中,后缀 l、v、p、e 添加到 spawn 后,所指定的函数将具有某种操作能力
Int spawnv(int mode,char *pathname,char *argv[])	有后缀 p 时, 函数利用 DOS 的 PATH 查找子程序文件 l 时, 函数传递的参数个数固定
int spawnve(int mode,char *pathname, char *argv[],char *envp[])	v 时, 函数传递的参数个数不固定 e 时,指定参数 envp 可以传递给子程序,允许改变子程序运行环境
int spawnvp(int mode,char *pathname,char *argv[])	当无后缀 e 时,子程序使用本程序的环境
int spawnvpe(int mode,char *pathname, char *argv[],char *envp[])	
int system(char *command)	将 MSDOS 命令 command 传递给 DOS 执行

5. 转换子程序,函数库为 math. h、stdlib. h、ctype. h、float. h

char *ecvt(double value,int ndigit, int *decpt,int *sign)	将浮点数 value 转换成字符串并返回该字符串
char *fcvt(double value,int ndigit, int *decpt,int *sign)	将浮点数 value 转换成字符串并返回该字符串
char *gcvt(double value,int ndigit, char *buf)	将数 value 转换成字符串并存于 buf 中,并返回 buf 的指针
char *ultoa(unsigned long value,char *string,int radix)	将无符号整型数 value 转换成字符串并返回该字符串,radix 为转换时所用基数
char *ltoa(long value,char *string,int radix)	将长整型数 value 转换成字符串并返回该字符串,radix 为转换时所用基数
char *itoa(int value,char *string,int radix)	将整数 value 转换成字符串存入 string,radix 为转换时所用基数
double atof(char *nptr)	将字符串 nptr 转换成双精度数,并返回这个数,错误返回 0
int atoi(char *nptr)	将字符串 nptr 转换成整型数, 并返回这个数,错误返回 0
long atol(char *nptr)	将字符串 nptr 转换成长整型数,并返回这个数,错误返回 0
double strtod(char *str,char **endptr)	将字符串 str 转换成双精度数,并返回这个数
long strtol(char *str,char **endptr, int base)	将字符串 str 转换成长整型数,并返回这个数

int toascii(int c)	返回 c 相应的 ASCII
int tolower(int ch)	若 ch 是大写字母('A'-'Z')返回相应的小写字母('a'-'z')
int _tolower(int ch)	返回 ch 相应的小写字母('a'-'z')
int toupper(int ch)	若 ch 是小写字母('a'-'z')返回相应的大写字母('A'-'Z')
int _toupper(int ch)	返回 ch 相应的大写字母('A'-'Z')

诊断函数,所在函数库为 assert.h、math.h

void assert(int test)	一个扩展成 if 语句那样的宏，如果 test 测试失败，就显示一个信息并异常终止程序,无返回值
void perror(char *string)	本函数将显示最近一次的错误信息，格式如下： 字符串 string:错误信息
char *strerror(char *str	本函数返回最近一次的错误信息,格式如下： 字符串 str:错误信息
int matherr(struct exception *e)	用户修改数学错误返回信息函数(没有必要使用)
double _matherr(_mexcep why,char *fun,double *arg1p, double *arg2p,double retval)	用户修改数学错误返回信息函数(没有必要使用)

6. 输入输出子程序, 函数库为 io.h、conio.h、stat.h、dos.h、stdio.h、signal.h

int kbhit()	本函数返回最近所敲的按键
int fgetchar()	从控制台(键盘)读一个字符，显示在屏幕上
int getch()	从控制台(键盘)读一个字符，不显示在屏幕上
int putch()	向控制台(键盘)写一个字符
int getchar()	从控制台(键盘)读一个字符，显示在屏幕上
int putchar()	向控制台(键盘)写一个字符
int getche()	从控制台(键盘)读一个字符，显示在屏幕上
int ungetch(int c)	把字符 c 退回给控制台(键盘)
char *cgets(char *string)	从控制台(键盘)读入字符串存于 string 中
int scanf(char *format[,argument...])	从控制台读入一个字符串,分别对各个参数进行赋值,使用BIOS进行输出
int vscanf(char *format,Valist param)	从控制台读入一个字符串,分别对各个参数进行赋值,使用 BIOS 进行输出,参数从 Valist param 中取得
int cscanf(char *format[,argument...])	从控制台读入一个字符串,分别对各个参数进行赋值,直接对控制台作操作,比如显示器在显示时字符时即为直接写频方式显示
int sscanf(char *string,char *format[,argument,...])	通过字符串 string,分别对各个参数进行赋值
int vsscanf(char *string,char *format, Vlist param)	通过字符串 string,分别对各个参数进行赋值,参数从 Vlist param 中取得

int puts(char *string)	发送一个字符串 string 给控制台(显示器),使用 BIOS 进行输出
void cputs(char *string)	发送一个字符串 string 给控制台(显示器),直接对控制台作操作,比如显示器即为直接写频方式显示
int printf(char *format [,argument,…])	发送格式化字符串输出给控制台(显示器),使用 BIOS 进行输出
int vprintf(char *format,Valist param)	发送格式化字符串输出给控制台(显示器), 使用 BIOS 进行输出,参数从 Valist param 中取得
int cprintf(char *format[,argument,…])	发送格式化字符串输出给控制台(显示器),直接对控制台作操作,比如显示器即为直接写频方式显示
int vcprintf(char *format,Valist param)	发送格式化字符串输出给控制台(显示器),直接对控制台作操作,比如显示器即为直接写频方式显示,参数从 Valist param 中取得
int sprintf(char *string,char *format[,argument,…])	将字符串 string 的内容重新写为格式化后的字符串
int vsprintf(char *string,char *format,Valist param)	将字符串 string 的内容重新写为格式化后的字符串,参数从 Valist param 中取得
int rename(char *oldname,char *newname)	将文件 oldname 的名称改为 newname
int ioctl(int handle,int cmd[,int *argdx,int argcx])	此函数是用来控制输入/输出设备的,请见下表: cmd 值 功能 0 取出设备信息 1 设置设备信息 2 把 argcx 字节读入由 argdx 所指的地址 3 在 argdx 所指的地址写 argcx 字节 4 除把 handle 当设备号(0=当前,1=A,等)之外,均和 cmd=2 时一样 5 除把 handle 当设备号(0=当前,1=A,等)之外,均和 cmd=3 时一样 6 取输入状态 7 取输出状态 8 测试可换性;只对于 DOS 3.x 11 置分享冲突的重算计数;只对 DOS 3.x
int (*ssignal(int sig,int(*action)())()()	执行软件信号(没必要使用)
int gsignal(int sig)	执行软件信号(没必要使用)
int _open(char *pathname,int access)	为读或写打开一个文件, 按后按 access 来确定是读文件还是写文件,access 值见下表: access 值 意义 O_RDONLY 读文件 O_WRONLY 写文件 O_RDWR 既读也写 O_NOINHERIT 若文件没有传递给子程序,则被包含 O_DENYALL 只允许当前处理必须存取的文件 O_DENYWRITE 只允许从任何其他打开的文件读 O_DENYREAD 只允许从任何其他打开的文件写 O_DENYNONE 允许其他共享打开的文件

int open(char *pathname,int access[,int permiss])	为读或写打开一个文件，然后按 access 来确定是读文件还是写文件，access 值见下表： access 值意义 O_RDONLY 读文件 O_WRONLY 写文件 O_RDWR 既读也写 O_NDELAY 没有使用;对 UNIX 系统兼容 O_APPEND 既读也写,但每次写总是在文件尾添加 O_CREAT 若文件存在,此标志无用;若不存在,建新文件 O_TRUNC 若文件存在,则长度被截为 0,属性不变 O_EXCL 未用;对 UNIX 系统兼容 O_BINARY 此标志可显示地给出以二进制方式打开文件 O_TEXT 此标志可用于显示地给出以文本方式打开文件 permiss 为文件属性,可为以下值: S_IWRITE 允许写 S_IREAD 允许读 S_IREAD|S_IWRITE 允许读、写
int creat(char *filename,int permiss)	建立一个新文件 filename，并设定读写性 permiss 为文件读写性,可以为以下值: S_IWRITE 允许写 S_IREAD 允许读 S_IREAD|S_IWRITE 允许读、写
int _creat(char *filename,int attrib)	建立一个新文件 filename，并设定文件属性 attrib 为文件属性，可以为以下值: FA_RDONLY 只读 FA_HIDDEN 隐藏 FA_SYSTEM 系统
int creatnew(char *filenamt,int attrib)	建立一个新文件 filename，并设定文件属性 attrib 为文件属性，可以为以下值: FA_RDONLY 只读 FA_HIDDEN 隐藏 FA_SYSTEM 系统
int creattemp(char *filenamt,int attrib)	建立一个新文件 filename，并设定文件属性 attrib 为文件属性，可以为以下值: FA_RDONLY 只读 FA_HIDDEN 隐藏 FA_SYSTEM 系统
int read(int handle,void *buf,int nbyte)	从文件号为 handle 的文件中读 nbyte 个字符存入 buf 中
int _read(int handle,void *buf,int nbyte)	从文件号为 handle 的文件中读 nbyte 个字符存入 buf 中,直接调用 MSDOS 进行操作
int write(int handle,void *buf,int nbyte)	将 buf 中的 nbyte 个字符写入文件号为 handle 的文件中
int _write(int handle,void *buf,int nbyte)	将 buf 中的 nbyte 个字符写入文件号为 handle 的文件中

int dup(int handle)	复制一个文件处理指针 handle,返回这个指针
int dup2(int handle,int newhandle)	复制一个文件处理指针 handle 到 newhandle
int eof(int *handle)	检查文件是否结束,结束返回 1,否则返回 0
long filelength(int handle)	返回文件长度,handle 为文件号
int setmode(int handle,unsigned mode)	本函数用来设定文件号为 handle 的文件的打开方式

int getftime(int handle,struct ftime *ftime)	读取文件号为 handle 的文件的时间,并将文件时间存于 ftime 结构中,成功返回 0,ftime 结构如下:
	struct ftime
	{
	 unsigned ft_tsec:5; /*秒*/
	 unsigned ft_min:6; /*分*/
	 unsigned ft_hour:5; /*时*/
	 unsigned ft_day:5; /*日*/
	 unsigned ft_month:4;/*月*/
	 unsigned ft_year:1; /*年-1980*/
	}

int setftime(int handle,struct ftime *ftime)	重写文件号为 handle 的文件时间,新时间在结构 ftime 中.成功返回 0.结构 ftime 如下:
	struct ftime
	{
	 unsigned ft_tsec:5; /*秒*/
	 unsigned ft_min:6; /*分*/
	 unsigned ft_hour:5; /*时*/
	 unsigned ft_day:5; /*日*/
	 unsigned ft_month:4;/*月*/
	 unsigned ft_year:1; /*年-1980*/
	}

long lseek(int handle,long offset,int fromwhere)	本函数将文件号为 handle 的文件的指针移到 fromwhere 后的第 offset 个字节处. SEEK_SET 文件开关 SEEK_CUR 当前位置 SEEK_END 文件尾
long tell(int handle)	本函数返回文件号为 handle 的文件指针,以字节表示
int isatty(int handle)	本函数用来取设备 handle 的类型
int lock(int handle,long offset,long length)	对文件共享作封锁
int unlock(int handle,long offset,long length)	打开对文件共享的封锁
int close(int handle)	关闭 handle 所表示的文件处理,handle 是从_creat、creat、creatnew、creattemp、dup、dup2、_open、open 中的一个处调用获得的文件处理成功返回 0 否则返回-1,可用于 UNIX 系统
int _close(int handle)	关闭 handle 所表示的文件处理,handle 是从_creat、creat、creatnew、creattemp、dup、dup2、_open、open 中的一个处调用获得的文件处理成功返回 0 否则返回-1,只能用于 MSDOS 系统

	打开一个文件 filename,打开方式为 type，并返回这个文件指针，type 可为以下字符串加上后缀。

type	读写性	文本/2 进制文件	建新/打开旧文件
r	读	文本	打开旧的文件
w	写	文本	建新文件
a	添加	文本	有就打开无则建新
r+	读/写	不限制	打开
w+	读/写	不限制	建新文件
a+	读/添加	不限制	有就打开无则建新

FILE *fopen(char *filename,char *type)	可加的后缀为 t、b。加 b 表示文件以二进制形式进行操作，t 没必要使用 例: #include<stdio.h> main() { FILE *fp; fp=fopen("C:\\WPS\\WPS.EXE","r+b"); }
FILE *fdopen(int ahndle,char *type)	
FILE *freopen(char *filename,char *type,FILE *stream)	
int getc(FILE *stream)	从流 stream 中读入一个字符，并返回这个字符
int putc(int ch,FILE *stream)	向流 stream 中写入一个字符 ch
int getw(FILE *stream)	从流 stream 中读入一个整数，错误返回 EOF
int putw(int w,FILE *stream)	向流 stream 中写入一个整数
int ungetc(char c,FILE *stream)	把字符 c 退回给流 stream，下一次读进的字符将是 c
int fgetc(FILE *stream)	从流 stream 处读一个字符，并返回这个字符
int fputc(int ch,FILE *stream)	将字符 ch 写入流 stream 中
char *fgets(char *string,int n,FILE *stream)	从流 stream 中读 n 个字符存入 string 中
int fputs(char *string,FILE *stream)	将字符串 string 写入流 stream 中
int fread(void *ptr,int size,int nitems,FILE *stream)	从流 stream 中读入 nitems 个长度为 size 的字符串存入 ptr 中
int fwrite(void *ptr,int size,int nitems,FILE *stream)	向流 stream 中写入 nitems 个长度为 size 的字符串,字符串在 ptr 中
int fscanf(FILE *stream,char *format[,argument,…])	以格式化形式从流 stream 中读入一个字符串

int vfscanf(FILE *stream,char *format,Valist param)	以格式化形式从流 stream 中读入一个字符串,参数从 Valist param 中取得
int fprintf(FILE *stream,char *format[,argument,…])	以格式化形式将一个字符串写给指定的流 stream
int vfprintf(FILE *stream,char *format,Valist param)	以格式化形式将一个字符串写给指定的流 stream,参数从 Valist param 中取得
int fseek(FILE *stream,long offset,int fromwhere)	函数把文件指针移到 fromwhere 所指位置的向后 offset 个字节处,fromwhere 可以为以下值: SEEK_SET 文件开关 SEEK_CUR 当前位置 SEEK_END 文件尾
long ftell(FILE *stream)	函数返回定位在 stream 中的当前文件指针位置,以字节表示
int rewind(FILE *stream)	将当前文件指针 stream 移到文件开头
int feof(FILE *stream)	检测流 stream 上的文件指针是否在结束位置
int fileno(FILE *stream)	取流 stream 上的文件处理,并返回文件处理
int ferror(FILE *stream)	检测流 stream 上是否有读写错误, 如有错误就返回 1
void clearerr(FILE *stream)	清除流 stream 上的读写错误
void setbuf(FILE *stream,char *buf)	给流 stream 指定一个缓冲区 buf

给流 stream 指定一个缓冲区 buf,大小为 size,类型为 type,type 的值见下表:

void setvbuf(FILE *stream,char *buf,int type,unsigned size)	type 值	意义
	_IOFBF	文件是完全缓冲区,当缓冲区是空时,下一个输入操作将企图填满整个缓冲区.在输出时,在把任何数据写到文件之前,将完全填充缓冲区
	_IOLBF	文件是行缓冲区.当缓冲区为空时,下一个输入操作将仍然企图填整个缓冲区.然而在输出时,每当新行符写到文件,缓冲区就被清洗掉
	_IONBF	文件是无缓冲的.buf 和 size 参数是被忽略的.每个输入操作将直接从文件读,每个输出操作将立即把数据写到文件中

int fclose(FILE *stream)	关闭一个流, 可以是文件或设备(例如 LPT1)
int fcloseall()	关闭所有除 stdin 或 stdout 外的流
int fflush(FILE *stream)	关闭一个流, 并对缓冲区作处理即对读的流, 将流内容读入缓冲区; 对写的流, 将缓冲区内内容写入流。成功返回 0
int fflushall()	关闭所有流, 并对流各自的缓冲区作处理即对读的流, 将流内容读入缓冲区; 对写的流, 将缓冲区内内容写入流。成功返回 0
int access(char *filename,int amode)	本函数检查文件 filename 并返回文件的属性,函数将属性存于 amode 中, amode 由以下位的组合构成 06 可以读、写 04 可以读 02 可以写 01 执行(忽略的) 00 文件存在 如果 filename 是一个目录, 函数将只确定目录是否存在。函数执行成功返回 0,否则返回-1

int　chmod(char *filename,int permiss)	本函数用于设定文件 filename 的属性 permiss 可以为以下值： S_IWRITE 允许写 S_IREAD 允许读 S_IREAD|S_IWRITE 允许读、写
int　_chmod(char　*filename,int func[,int attrib])	本函数用于读取或设定文件 filename 的属性，当 func=0 时，函数返回文件的属性；当 func=1 时，函数设定文件的属性。若为设定文件属性，attrib 可以为下列常数之一： FA_RDONLY 只读 FA_HIDDEN 隐藏 FA_SYSTEM 系统

7. 接口子程序，所在函数库为：dos.h、bios.h

unsigned sleep(unsigned seconds)	暂停 seconds 微秒(百分之一秒)
int　unlink(char *filename)	删除文件 filename
unsigned FP_OFF(void far *farptr)	本函数用来取远指针 farptr 的偏移量
unsigned FP_SEG(void far *farptr)	本函数用来设置远指针 farptr 的段值
void　far　*MK_FP(unsigned seg, unsigned off)	根据段 seg 和偏移量 off 构造一个 far 指针
unsigned getpsp()	取程序段前缀的段地址，并返回这个地址
char *parsfnm(char *cmdline,struct fcb *fcbptr,int option)	函数分析一个字符串，通常，对一个文件名来说，是由 cmdline 所指的一个命令行。文件名是放入一个 FCB 中作为一个驱动器，文件名和扩展名。FCB 是由 fcbptr 所指定的。option 参数是 DOS 分析系统调用时，AL 文本的值
int　absread(int drive,int nsects,int sectno,void *buffer)	本函数功能为读特定的磁盘扇区，drive 为驱动器号(0=A,1=B 等)，nsects 为要读的扇区数，sectno 为开始的逻辑扇区号，buffer 为保存所读数据的保存空间
int　abswrite(int drive,int nsects,int sectno,void *buffer)	本函数功能为写特定的磁盘扇区，drive 为驱动器号(0=A,1=B 等)，nsects 为要写的扇区数，sectno 为开始的逻辑扇区号，buffer 为保存所写数据的所在空间

void getdfree(int drive,struct dfree *dfreep)	本函数用来取磁盘的自由空间，drive 为磁盘号(0=当前,1=A 等)。函数将磁盘特性的由 dfreep 指向的 dfree 结构中。
	dfree 结构如下：
	struct dfree
	{
	　unsigned df_avail; /*有用簇个数*/
	　unsigned df_total; /*总共簇个数*/
	　unsigned df_bsec;　/*每个扇区字节数*/
	　unsigned df_sclus; /*每个簇扇区数*/
	}

char far *getdta()	取磁盘转换地址 DTA
void　setdta(char far *dta)	设置磁盘转换地址 DTA

oid　getfat(int drive,fatinfo *fatblkp)	本函数返回指定驱动器 drive(0=当前,1=A,2=B 等)的文件分配表信息，并存入结构 fatblkp 中，结构如下：
	struct fatinfo
	{
	　char fi_sclus; /*每个簇扇区数*/
	　char fi_fatid; /*文件分配表字节数*/
	　int　fi_nclus; /*簇的数目*/
	　int　fi_bysec; /*每个扇区字节数*/
	}

void getfatd(struct fatinfo *fatblkp)	本函数返回当前驱动器的文件分配表信息,并存入结构 fatblkp 中,结构如下:
	
	 struct fatinfo
	 {
	   char fi_sclus; /*每个簇扇区数*/
	   char fi_fatid; /*文件分配表字节数*/
	   int fi_nclus; /*簇的数目*/
	   int fi_bysec; /*每个扇区字节数*/
	 }

int bdos(int dosfun,unsigned dosdx,unsigned dosal)	本函数对 MSDOS 系统进行调用,dosdx 为寄存器 dx 的值,dosal 为寄存器 al 的值,dosfun 为功能号
int bdosptr(int dosfun,void *argument, unsiigned d dosal)	本函数对 MSDOS 系统进行调用,argument 为寄存器 dx 的值,dosal 为寄存器 al 的值,dosfun 为功能号
int int86(int intr_num,union REGS *inregs,union REGS *outregs)	执行 intr_num 号中断,用户定义的寄存器值存于结构 inregs 中, 执行完后将返回的寄存器值存于结构 outregs 中
int int86x(int intr_num,union REGS *inregs,union REGS *outregs,struct SREGS *segregs)	执行 intr_num 号中断,用户定义的寄存器值存于结构 inregs 中和结构 segregs 中,执行完后将返回的寄存器值存于结构 outregs 中
int intdos(union REGS *inregs, union REGS *outregs)	本函数执行 DOS 中断 0x21 来调用一个指定的 DOS 函数,用户定义的寄存器值存于结构 inregs 中,执行完后函数将返回的寄存器值存于结构 outregs 中
int intdosx(union REGS *inregs, union REGS *outregs,struct SREGS *segregs)	本函数执行 DOS 中断 0x21 来调用一个指定的 DOS 函数,用户定义的寄存器值存于结构 inregs 和 segregs 中,执行完后函数将返回的寄存器值存于结构 outregs 中

void intr(int intr_num,struct REGPACK *preg)	本函数中一个备用的 8086 软件中断接口,它能产生一个由参数 intr_num 指定的 8086 软件中断.函数在执行软件中断前,从结构 preg 复制用户定义的各寄存器值到各个寄存器, 软件中断完成后,函数将当前各个寄存器的值复制到结构 preg 中.参数如下:
	 intr_num 被执行的中断号
	 preg 为保存用户定义的寄存器值的结构,结构如下:
	   struct REGPACK
	   {
	     unsigned r_ax,r_bx,r_cx,r_dx;
	     unsigned r_bp,r_si,r_di,r_ds,r_es,r_flags;
	   }
	 函数执行完后,将新的寄存器值存于结构 preg 中

void keep(int status,int size)	以 status 状态返回 MSDOS,但程序仍保留于内存中,所占用空间由 size 决定
void ctrlbrk(int (*fptr)())	设置中断后的对中断的处理程序.
Void disable()	禁止发生中断
void enable()	允许发生中断
void geninterrupt(int intr_num)	执行由 intr_num 所指定的软件中断
void interrupt(* getvect(int intr_num))()	返回中断号为 intr_num 的中断处理程序,例如: old_int_10h=getvect(0x10);

void setvect(int intr_num,void interrupt(* isr)())	设置中断号为 intr_num 的中断处理程序为 isr,例如: setvect(0x10,new_int_10h);
void mport(int (*fptr)())	定义一个硬件错误处理程序,每当出现错误时就调用 fptr 所指的程序
void hardresume(int rescode)	硬件错误处理函数
void hardretn(int errcode)	硬件错误处理函数
int mport(int prot)	从指定的输入端口读入一个字,并返回这个字
int inportb(int port)	从指定的输入端口读入一个字节,并返回这个字节
void outport(int port,int word)	将字 word 写入指定的输出端口 port
void outportb(int port,char byte)	将字节 byte 写入指定的输出端口 port
int peek(int segment,unsigned offset)	函数返回 segment:offset 处的一个字
char peekb(int segment,unsigned offset)	函数返回 segment:offset 处的一个字节
void poke(int segment,int offset,char value)	将字 value 写到 segment:offset 处
void pokeb(int segment,int offset,int value)	将字节 value 写到 segment:offset 处
int randbrd(struct fcb *fcbptr,int reccnt)	函数利用打开 fcbptr 所指的 FCB 读 reccnt 个记录
Int randbwr(struct fcb *fcbptr,int reccnt)	函数将 fcbptr 所指的 FCB 中的 reccnt 个记录写到磁盘上
void segread(struct SREGS *segtbl)	函数把段寄存器的当前值放进结构 segtbl 中
int getverify()	取检验标志的当前状态(0=检验关闭,1=检验打开)
void setverify(int value)	设置当前检验状态,value 为 0 表示关闭检验,为 1 表示打开检验
int getcbrk()	本函数返回控制中断检测的当前设置
int setcbrk(int value)	本函数用来设置控制中断检测为接通或断开。当 value=0 时,为断开检测; 当 value=1 时,为接通检测
int dosexterr(struct DOSERR *eblkp)	取扩展错误,在 DOS 出现错误后,此函数将扩充的错误信息填入 eblkp 所指的 DOSERR 结构中,该结构定义如下: struct DOSERR { int exterror;/*扩展错误*/ char class; /*错误类型*/ char action; /*方式*/ char locus; /*错误场所*/ }

int bioscom(int cmd,char type,int port)	本函数负责对数据的通信工作,cmd 可以为以下值: 0 置通信参数为字节 byte 值 1 发送字符通过通信线输出 2 从通信线接受字符 3 返回通信的当前状态 port 为通信端口,port=0 时通信端口为 COM1,port=1 时通信端口为 COM2,以此类推 byte 为传送或接收数据时的参数,为以下位的组合: byte 意义 byte 意义 byte 意义 0x027 数据位 0x038 数据位 0x001 停止位 0x042 停止位 0x00 无奇偶性 0x08 奇数奇偶性 0x18 偶数奇偶 0x00110 波特 0x20150 波特 0x40300 波特 0x60600 波特 0x801200 波特 0xA02400 波特 0xC04800 波特 0xE09600 波特 例如:0xE0|0x08|0x00|0x03 即表示置通信口为 9600 波特,奇数奇偶性,1 停止位,8 数据位 函数返回值为一个 16 位整数,定义如下: 第 15 位 超时 第 14 位 传送移位寄存器空 第 13 位 传送固定寄存器空 第 12 位 中断检测 第 11 位 帧错误 第 10 位 奇偶错误 第 9 位 过载运行错误 第 8 位 数据就绪 第 7 位 接收线信号检测 第 6 位 环形指示器 第 5 位 数据设置就绪 第 4 位 清除发送 第 3 位 δ 接收线信号检测器 第 2 位 下降边环形检测器 第 1 位 δ 数据设置就绪 第 0 位 δ 清除发送
int biosdisk(int cmd,int drive,int head,int track,int sector,int nsects,void *buffer)	本函数用来对驱动器作一定的操作,cmd 为功能号,drive 为驱动器号(0=A,1=B,0x80=C,0x81=D,0x82=E 等).cmd 可为以下值: 0 重置软磁盘系统,这强迫驱动器控制器来执行硬复位,忽略所有其他参数 1 返回最后的硬盘操作状态.忽略所有其他参数 2 读一个或多个磁盘扇区到内存,读开始的扇区由 head、track、sector 给出,扇区号由 nsects 给出,把每个扇区 512 个字节的数据读入 buffer 3 从内存读数据写到一个或多个扇区,写开始的扇区由 head、track、sector 给出,扇区号由 nsects 给出,所写数据在 buffer 中,每扇区 512 个字节 4 检验一个或多个扇区,开始扇区由 head、track、sector 给出,扇区号由 nsects 给出 5 格式化一个磁道,该磁道由 head 和 track 给出,buffer 指向写在指定 track 上的扇区磁头器的一个表,以下 cmd 值只允许用于 XT 或 AT 微机 6 格式化一个磁道,并置坏扇区标志 7 格式化指定磁道上的驱动器开头 8 返回当前驱动器参数,驱动器信息返回写在 buffer 中(以四个字节表示) 9 初始化一对驱动器特性

函数	说明
int biosdisk(int cmd,int drive,int head,int track,int sector,int nsects,void *buffer)	10 执行一个长的读,每个扇区读 512 加 4 个额外字节 11 执行一个长的写,每个扇区写 512 加 4 个额外字节 12 执行一个磁盘查找 13 交替磁盘复位 14 读扇区缓冲区 15 写扇区缓冲区 16 检查指定的驱动器是否就绪 17 复核驱动器 18 控制器 RAM 诊断 19 驱动器诊断 20 控制器内部诊 函数返回由下列位组合成的状态字节: 0x00 操作成功 0x01 坏的命令 0x02 地址标记找不到 0x04 记录找不到 0x05 重置失败 0x07 驱动参数活动失败 0x09 企图 DMA 经过 64K 界限 0x0B 检查坏的磁盘标记 0x10 坏的 ECC 在磁盘上读 0x11 ECC 校正的数据错误(注意它不是错误) 0x20 控制器失效 0x40 查找失败 0x80 响应的连接失败 0xBB 出现无定义错误 0xFF 读出操作失败
int biodquip()	检查设备,函数返回一字节,该字节每一位表示一个信息,如下: 第 15 位 打印机号 第 14 位 打印机号 第 13 位 未使用 第 12 位 连接游戏 I/O 第 11 位 RS232 端口号 第 8 位 未使用 第 7 位 软磁盘号 第 6 位 软磁盘号, 　　00 为 1 号驱动器,01 为 2 号驱动器,10 为 3 号驱动器,11 为 4 号驱动器 第 5 位 初始化 第 4 位 显示器模式 　　00 为未使用,01 为 40x25BW 彩色显示卡 　　10 为 80x25BW 彩色显示卡,11 为 80x25BW 单色显示卡 第 3 位 母插件 第 2 位 随机存储器容量,00 为 16K,01 为 32K,10 为 48K,11 为 64K 第 1 位 浮点共用处理器 第 0 位 从软磁盘引导
int bioskey(int cmd)	本函数用来执行各种键盘操作,由 cmd 确定操作。cmd 可为以下值: 0 返回敲键盘上的下一个键。若低 8 位为非 0,即为 ASCII 字符;若低 8 位为 0,则返回扩充了的键盘代码 1 测试键盘是否可用于读。返回 0 表示没有键可用;否则返回下一次敲键之值。敲键本身一直保持由下次调用具的 cmd 值为 0 的 bioskey 所返回的值

int bioskey(int cmd)	2 返回当前的键盘状态, 由返回整数的每一个位表示, 见下表: 位为 0 时意义　　　　 为 1 时意义 7 插入状态　　　　　改写状态 6 大写状态　　　　　小写状态 5 数字状态, NumLock 灯亮　光标状态, Num 灯熄 4ScrollLock 灯亮　　　ScrollLock 灯熄 3Alt 按下　　　　　　Alt 未按下 2Ctrl 按下　　　　　 Ctrl 未按下 1 左 Shift 按下　　　 左 Shift 未按下 0 右 Shift 按下　　　 右 Shift 未按下
int biosmemory()	返回内存大小, 以 K 为单位
int biosprint(int cmd,int byte,int port)	控制打印机的输入/输出。port 为打印机号,0 为 LPT1,1 为 LPT2,2 为 LPT3 等。cmd 可以为以下值: 　　0 打印字符,将字符 byte 送到打印机 　　1 打印机端口初始化 　　2 读打印机状态 函数返回值由以下位值组成表示当前打印机状态 　　0x01 设备时间超时 　　0x08 输入/输出错误 　　0x10 选择的 　　0x20 走纸 　　0x40 认可 　　0x80 不忙碌
int biostime(int cmd,long newtime)	计时器控制,cmd 为功能号,可为以下值: 　　0 函数返回计时器的当前值 　　1 将计时器设为新值 newtime

struct country *country(int countrycmode, struct country *countryp)	本函数用来控制某一国家的相关信息,如日期,时间,货币等。若 countryp=-1 时,当前的国家置为 countrycode 值(必须为非 0);否则,由 countryp 所指向的 country 结构用下列的国家相关信息填充:
	　(1)当前的国家(若 countrycode 为 0 或 2)为 countrycode 所给定的国家。
	 结构 country 定义如下:
	　　struct country
	　　{
	　　 int co_date;　　　/*日期格式*/
	　　 char co_curr[5];　　/*货币符号*/
	　　 char co_thsep[2];　　/*数字分隔符*/
	　　 char co_desep[2];　　/*小数点*/
	　　 char co_dtsep[2];　　/*日期分隔符*/
	　　 char co_tmsep[2];　　/*时间分隔符*/
	　　 char co_currstyle;　　/*货币形式*/
	　　 char co_digits;　　　/*有效数字*/
	　　 int (far *co_case)(); /*事件处理函数*/
	　　 char co_dasep;　　　/*数据分隔符*/
	　　 char co_fill[10];　　 /*补充字符*/
	　　}
	 co_date 的值所代表的日期格式是:
	　　0 月日年　1 日月年　2 年月日
	 co_currstrle 的值所代表的货币显示方式是
	　　0 货币符号在数值前,中间无空格
	　　1 货币符号在数值后,中间无空格
	　　2 货币符号在数值前,中间有空格
	　　3 货币符号在数值后,中间有空格

8. 操作函数, 所在函数库为 string. h、mem. h

	这些函数 mem…系列的所有成员均操作存储数组。在所有这些函数中, 数组是 n 字节长。memcpy 从 source 复制一个 n 字节的块到 destin。如果源块和目标块重叠, 则选择复制方向, 以正确地复制覆盖的字节
mem…操作存储数组	memmove 与 memcpy 相同
void *memccpy(void *destin,void *source,unsigned char ch,unsigned n)	memset 将 s 的所有字节置于字节 ch 中。s 数组的长度由 n 给出 memcmp 比较正好是 n 字节长的两个字符串 s1 和 s2。这些函数按无符号
void *memchr(void *s,char ch, unsigned n)	字符比较字节,因此, memcmp("0xFF","\x7F",1)返回值大于 0 memicmp 比较 s1 和 s2 的前 n 个字节,不管字符大写或小写
void *memcmp(void *s1,void *s2, unsigned n)	memccpy 从 source 复制字节到 destin.复制一结束就发生下列任一情况: (1)字符 ch 首选复制到 destin
int memicmp(void *s1,void *s2, unsigned n)	(2)n 个字节已复制到 destin memchr 对字符 ch 检索 s 数组的前 n 个字节
void *memmove(void *destin,void *source,unsigned n)	返回值:memmove 和 memcpy 返回 destin memset 返回 s 的值
void *memcpy(void *destin,void *source,unsigned n)	memcmp 和 memicmp ┬─ 若 s1<s2 返回值小于 0 ├─ 若 s1=s2 返回值等于 0
void *memset(void *s,char ch, unsigned n)	└─ 若 s1>s2 返回值大于 0 memccpy 若复制了 ch,则返回直接跟随 ch 的在 destin 中的字节的一个指针; 否则返回 NULL memchr 返回在 s 中首先出现 ch 的一个指针;如果在 s 数组中不出现 ch,就返回 NULL
void movedata(int segsrc,int offsrc, int segdest,int offdest, unsigned numbytes)	本函数将源地址(segsrc:offsrc)处的 numbytes 个字节复制到目标地址 (segdest:offdest)
void movemem(void *source,void *destin,unsigned len)	本函数从 source 处复制一块长 len 字节的数据到 destin.若源地址和目标地址字符串重叠,则选择复制方向,以便正确的复制数据
void setmem(void *addr,int len,char value)	本函数把 addr 所指的块的第一个字节置于字节 value 中
str…字符串操作函数	
char stpcpy(char *dest,const char *src)	将字符串 src 复制到 dest
char strcat(char *dest,const char *src)	将字符串 src 添加到 dest 末尾
char strchr(const char *s,int c)	检索并返回字符 c 在字符串 s 中第一次出现的位置
int strcmp(const char *s1,const char *s2)	比较字符串 s1 与 s2 的大小,并返回 s1-s2

char　strcpy(char *dest,const char *src)	将字符串 src 复制到 dest
size_t strcspn(const char *s1,const char *s2)	扫描 s1,返回在 s1 中有,在 s2 中也有的字符个数
char　strdup(const char *s)	将字符串 s 复制到最近建立的单元
int　stricmp(const char *s1,const char *s2)	比较字符串 s1 和 s2,并返回 s1-s2
size_t strlen(const char *s)	返回字符串 s 的长度
char　strlwr(char *s)	将字符串 s 中的大写字母全部转换成小写字母,并返回转换后的字符串
char　strncat(char *dest,const char *src,size_t maxlen)	将字符串 src 中最多 maxlen 个字符复制到字符串 dest 中
int　strncmp(const char *s1,const char *s2,size_t maxlen)	比较字符串 s1 与 s2 中的前 maxlen 个字符
char　strncpy(char *dest,const char *src,size_t maxlen)	复制 src 中的前 maxlen 个字符到 dest 中
int　strnicmp(const char *s1,const char *s2,size_t maxlen)	比较字符串 s1 与 s2 中的前 maxlen 个字符
char　strnset(char *s,int ch,size_t n)	将字符串 s 的前 n 个字符置于 ch 中
char　strpbrk(const char *s1,const char *s2)	扫描字符串 s1,并返回在 s1 和 s2 中均有的字符个数
char　strrchr(const char *s,int c)	扫描最后出现一个给定字符 c 的一个字符串 s
char　strrev(char *s)	将字符串 s 中的字符全部颠倒顺序重新排列,并返回排列后的字符串
char　strset(char *s,int ch)	将一个字符串 s 中的所有字符置于一个给定的字符 ch
size_t strspn(const char *s1,const char *s2)	扫描字符串 s1,并返回在 s1 和 s2 中均有的字符个数
char　strstr(const char *s1,const char *s2)	扫描字符串 s2,并返回第一次出现 s1 的位置
char　strtok(char *s1,const char *s2)	检索字符串 s1,该字符串 s1 是由字符串 s2 中定义的定界符所分隔
char　strupr(char *s)	将字符串 s 中的小写字母全部转换成大写字母,并返回转换后的字符串

9. 存储分配子程序,所在函数库为 dos.h、alloc.h、malloc.h、stdlib.h、process.h

int　allocmem(unsigned size,unsigned *seg)	利用 DOS 分配空闲的内存,size 为分配内存大小,seg 为分配后的内存指针
int　freemem(unsigned seg)	释放先前由 allocmem 分配的内存,seg 为指定的内存指针
int　setblock(int seg,int newsize)	本函数用来修改所分配的内存长度,seg 为已分配内存的内存指针,newsize 为新的长度

int brk(void *endds)	本函数用来改变分配给调用程序的数据段的空间数量,新的空间结束地址为 endds
char *sbrk(int incr)	本函数用来增加分配给调用程序的数据段的空间数量,增加 incr 个字节的空间
unsigned long coreleft()	本函数返回未用的存储区的长度,以字节为单位
void *calloc(unsigned nelem,unsigned elsize)	分配 nelem 个长度为 elsize 的内存空间并返回所分配内存的指针
void *malloc(unsigned size)	分配 size 个字节的内存空间,并返回所分配内存的指针
void free(void *ptr)	释放先前所分配的内存,所要释放的内存的指针为 ptr
void *realloc(void *ptr,unsigned newsize)	改变已分配内存的大小,ptr 为已分配有内存区域的指针,newsize 为新的长度,返回分配好的内存指针
long farcoreleft()	本函数返回远堆中未用的存储区的长度,以字节为单位
void far *farcalloc(unsigned long units,unsigned long unitsz)	从远堆分配 units 个长度为 unitsz 的内存空间,并返回所分配内存的指针
void *farmalloc(unsigned long size)	分配 size 个字节的内存空间,并返回分配的内存指针
void farfree(void far *block)	释放先前从远堆分配的内存空间,所要释放的远堆内存的指针为 block
void far *farrealloc(void far *block,unsigned long newsize)	改变已分配的远堆内存的大小,block 为已分配有内存区域的指针,newzie 为新的长度,返回分配好的内存指针

10. 时间日期函数, 函数库为 time.h、dos.h

在时间日期函数里,主要用到的结构有以下几个:

总时间日期存储结构 tm:

```
struct tm
{
 int tm_sec;   /*秒,0-59*/
 int tm_min;   /*分,0-59*/
 int tm_hour;  /*时,0-23*/
 int tm_mday;  /* 天数,1-31*/
 int tm_mon;   /* 月数,0-11*/
 int tm_year;  /*自 1900 年的年数*/
 int tm_wday;  /*自星期日的天数0-6*/
 int tm_yday;  /*自 1 月 1 日起的天数,0-365*/
 int tm_isdst; /*是否采用夏时制,采用为正数*/
}
```

时间存储结构 time:

```
struct time
{
  unsigned char ti_min;  /*分钟*/
  unsigned char ti_hour; /*小时*/
  unsigned char ti_hund;
  unsigned char ti_sec;  /*秒*/
```

日期存储结构 date:

```
struct date
{
  int da_year; /*自 1900 的年数*/
  char da_day; /*天数*/
  char da_mon; /*月数  1=Jan*/
}
```

char　　*ctime(long *clock)	本函数把 clock 所指的时间(如由函数 time 返回的时间)转换成下列格式的字符串:Mon Nov 21 11:31:54 1983\n\0
char　　*asctime(struct tm *tm)	本函数把指定的 tm 结构类的时间转换成下列格式的字符串:Mon Nov 21 11:31:54 1983\n\0
double　　difftime(time_t　　time2, time_t time1)	计算结构 time2 和 time1 之间的时间差距(以秒为单位)
struct tm *gmtime(long *clock)	本函数把 clock 所指的时间(如由函数 time 返回的时间) 转换成格林威治时间,并以 tm 结构形式返回
struct tm *localtime(long *clock)	本函数把 clock 所指的时间(如函数 time 返回的时间) 转换成当地标准时间,并以 tm 结构形式返回
void　　tzset()	本函数提供了对 UNIX 操作系统的兼容性
long　　dostounix(struct　　date *dateptr,struct time *timeptr)	本函数将 dateptr 所指的日期,timeptr 所指的时间转换成 UNIX 格式,并返回自格林威治时间 1970 年 1 月 1 日凌晨起到现在的秒数
void　　unixtodos(long utime,struct date *dateptr,struct time *timeptr)	本函数将自格林威治时间 1970 年 1 月 1 日凌晨起到现在的秒数 utime 转换成 DOS 格式并保存于用户所指的结构 dateptr 和 timeptr 中
void　　getdate(struct date *dateblk)	本函数将计算机内的日期写入结构 dateblk 中以供用户使用
void　　setdate(struct date *dateblk)	本函数将计算机内的日期改成由结构 dateblk 所指定的日期
void　　gettime(struct time *timep)	本函数将计算机内的时间写入结构 timep 中,以供用户使用
void　　settime(struct time *timep)	本函数将计算机内的时间改为由结构 timep 所指的时间
long　　time(long *tloc)	本函数给出自格林威治时间 1970 年 1 月 1 日凌晨至现在所经过的秒数,并将该值存于 tloc 所指的单元中
int　　stime(long *tp)	本函数将 tp 所指的时间(例如由 time 所返回的时间)写入计算机中

附录Ⅵ 第三届"蓝桥杯"全国软件专业人才设计与创业大赛预选赛（本科组C语言）试题

1. 微生物增殖

假设有两种微生物 X 和 Y

X 出生后每隔 3 分钟分裂一次（数目加倍），Y 出生后每隔 2 分钟分裂一次（数目加倍）。一个新出生的 X，半分钟之后吃掉 1 个 Y，并且，从此开始，每隔 1 分钟吃 1 个 Y。现在已知有新出生的 X=10，Y=89，求 60 分钟后 Y 的数目。如果 X=10，Y=90 呢？本题的要求就是写出这两种初始条件下，60 分钟后 Y 的数目

答案写在"解答.txt"文件中

2. 古堡算式

福尔摩斯到某古堡探险，看到门上写着一个奇怪的算式：

ABCDE * ? = EDCBA

他对华生说："ABCDE 应该代表不同的数字，问号也代表某个数字！"华生："我猜也是！"于是，两人沉默了好久，还是没有算出合适的结果来。请你利用计算机的优势，找到破解的答案。把 ABCDE 所代表的数字写出来。

答案写在"解答.txt"文件中

3. 比酒量

有一群海盗（不多于 20 人），在船上比拼酒量。过程如下：打开一瓶酒，所有在场的人平分喝下，有几个人倒下了。再打开一瓶酒平分，又有倒下的，再次重复……直到开了第 4 瓶酒，坐着的已经所剩无几，海盗船长也在其中。当第 4 瓶酒平分喝下后，大家都倒下了。

等船长醒来，发现海盗船搁浅了。他在航海日志中写到："……昨天，我正好喝了一瓶……奉劝大家，开船不喝酒，喝酒别开船……"

请你根据这些信息，推断开始有多少人，每一轮喝下来还剩多少人。

如果有多个可能的答案，请列出所有答案，每个答案占一行。

格式是：人数,人数, …

例如,有一种可能是：20,5,4,2,0

答案写在"解答.txt"文件中

4. 奇怪的比赛

某电视台举办了低碳生活大奖赛。题目的计分规则相当奇怪：

每位选手需要回答 10 个问题（其编号为 1 到 10），越后面越有难度。答对的，当前分数

翻倍；答错了则扣掉与题号相同的分数（选手必须回答问题，不回答按错误处理）。

每位选手都有一个起步的分数为 10 分。

某获胜选手最终得分刚好是 100 分，如果不让你看比赛过程，你能推断出他（她）哪个题目答对了，哪个题目答错了吗？

如果把答对的记为 1，答错的记为 0，则 10 个题目的回答情况可以用仅含有 1 和 0 的串来表示。例如：0010110011 就是可能的情况。

你的任务是算出所有可能情况。每个答案占一行。

答案写在"解答.txt"文件中

5. 转方阵

对一个方阵转置，就是把原来的行号变列号，原来的列号变行号

例如，如下的方阵：

```
 1  2  3  4
 5  6  7  8
 9 10 11 12
13 14 15 16
```

转置后变为：

```
1  5   9  13
2  6  10  14
3  7  11  15
4  8  12  16
```

但，如果是对该方阵顺时针旋转（不是转置），却是如下结果：

```
13  9   5  1
14 10   6  2
15 11   7  3
16 12   8  4
```

下面的代码实现的功能就是要把一个方阵顺时针旋转。

```c
void rotate(int* x, int rank)
{
    int* y = (int*)malloc(_____);   // 填空
    for(int i=0; i<rank * rank; i++)
    {
        y[ _____ ] = x[i];   // 填空
    }
    for(i=0; i<rank*rank; i++)
    {
        x[i] = y[i];
    }
    free(y);
}
```

```c
int main(int argc, char* argv[])
{
int x[4][4] = {{1,2,3,4},{5,6,7,8},{9,10,11,12},{13,14,15,16}};
int rank = 4;

rotate(&x[0][0], rank);

for(int i=0; i<rank; i++)
{
        for(int j=0; j<rank; j++)
        {
                printf("%4d", x[i][j]);
        }
        printf("\n");
}
return 0;
}
```

请分析代码逻辑，并推测划线处的代码。

答案写在"解答.txt"文件中

6. 放棋子

6×6 的棋盘如图附录1所示。

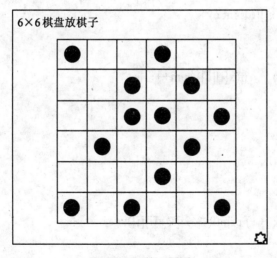

图附录1　第6题图

今有 6×6 的棋盘格。其中某些格子已经预先放好了棋子。现在要再放上去一些，使得：每行每列都正好有 3 颗棋子。我们希望推算出所有可能的放法。下面的代码就实现了这个功能。

初始数组中，"1"表示放有棋子，"0"表示空白。

```c
int N = 0;
bool CheckStoneNum(int x[][6])
{
    for(int k=0; k<6; k++)
    {
        int NumRow = 0;
        int NumCol = 0;
        for(int i=0; i<6; i++)
        {
            if(x[k][i]) NumRow++;
            if(x[i][k]) NumCol++;
        }
        if(___!(NumRow= =3&&NumCol= =3)_____) return false;   // 填空
    }
    return true;
}
int GetRowStoneNum(int x[][6], int r)
{
    int sum = 0;
    for(int i=0; i<6; i++)      if(x[r][i]) sum++;
    return sum;
}
int GetColStoneNum(int x[][6], int c)
{
    int sum = 0;
    for(int i=0; i<6; i++)      if(x[i][c]) sum++;
    return sum;
}
void show(int x[][6])
{
    for(int i=0; i<6; i++)
    {
        for(int j=0; j<6; j++) printf("%2d", x[i][j]);
        printf("\n");
    }
    printf("\n");
}
void f(int x[][6], int r, int c);
```

```
void GoNext(int x[][6],   int r,   int c)
{
    if(c<6)
        ___f(x,r,c+1)_____;     // 填空
    else
        f(x, r+1, 0);
}
void f(int x[][6], int r, int c)
{
    if(r= =6)
    {
        if(CheckStoneNum(x))
        {
            N++;
            show(x);
        }
        return;
    }
    if(_____)   // 已经放有了棋子
    {
        GoNext(x,r,c);
        return;
    }
    int rr = GetRowStoneNum(x,r);
    int cc = GetColStoneNum(x,c);

    if(cc>=3)   // 本列已满
        GoNext(x,r,c);
    else if(rr>=3)   // 本行已满
        f(x, r+1, 0);
    else
    {
        x[r][c] = 1;
        GoNext(x,r,c);
        x[r][c] = 0;

        if(!(3-rr >= 6-c || 3-cc >= 6-r))   // 本行或本列严重缺子，则本格不能空着！
            GoNext(x,r,c);
    }
}
```

```
int main(int argc, char* argv[])
{
        int x[6][6] = {
                {1,0,0,0,0,0},
                {0,0,1,0,1,0},
                {0,0,1,1,0,1},
                {0,1,0,0,1,0},
                {0,0,0,1,0,0},
                {1,0,1,0,0,1}
        };
        f(x, 0, 0);

        printf("%d\n", N);

        return 0;
}
```

请分析代码逻辑，并推测划线处的代码。

答案写在 "解答.txt" 文件中

注意：只写划线处应该填的内容，划线前后的内容不要抄写。

7. 密码发生器

　　在对银行账户等重要权限设置密码的时候，我们常常遇到这样的烦恼：如果为了好记用生日吧，容易被破解，不安全；如果设置不好记的密码，又担心自己也会忘记；如果写在纸上，担心纸张被别人发现或弄丢了……

　　这个程序的任务就是把一串拼音字母转换为 6 位数字（密码）。我们可以使用任何好记的拼音串(比如名字，王喜明，就写：wangximing)作为输入，程序输出 6 位数字。

　　变换的过程如下：

　　第一步：把字符串 6 个一组折叠起来，比如 wangximing 则变为：

wangxi

ming

　　第二步：把所有垂直在同一个位置的字符的 ascii 码值相加，得出 6 个数字，如上面的例子，则得出：

228 202 220 206 120 105

　　第三步：再把每个数字"缩位"处理：就是把每个位的数字相加，得出的数字如果不是一位数字，就再缩位，直到变成一位数字为止。例如: 228 => 2+2+8=12 => 1+2=3

　　上面的数字缩位后变为：344836，这就是程序最终的输出结果！

　　要求程序从标准输入接收数据，在标准输出上输出结果。

　　输入格式为：第一行是一个整数 n（<100），表示下边有多少输入行，接下来是 n 行字符串，就是等待变换的字符串。

　　输出格式为：n 行变换后的 6 位密码。

例如，输入：

5

zhangfeng

wangximing

jiujingfazi

woaibeijingtiananmen

haohaoxuexi

则输出：

772243

344836

297332

716652

875843

注意：

请仔细调试！您的程序只有能运行出正确结果的时候才有机会得分！

在评卷时使用的输入数据与试卷中给出的实例数据可能是不同的。

请把所有函数写在同一个文件中，调试好后，存入与【考生文件夹】下对应题号的"解答.txt"中即可。

相关的工程文件不要拷入。

源代码中不能使用诸如绘图、Win32API、中断调用、硬件操作或与操作系统相关的API。

允许使用 STL 类库，但不能使用 MFC 或 ATL 等非 ANSI C++标准的类库。例如，不能使用 CString 类型（属于 MFC 类库）。

8．夺冠概率

球比赛具有一定程度的偶然性，弱队也有战胜强队的可能。

假设有甲、乙、丙、丁四个球队。根据他们过去比赛的成绩，得出每个队与另一个队对阵时取胜的概率表：

	甲	乙	丙	丁
甲	-	0.1	0.3	0.5
乙	0.9	-	0.7	0.4
丙	0.7	0.3	-	0.2
丁	0.5	0.6	0.8	-

数据含义：甲对乙的取胜概率为 0.1，丙对乙的胜率为 0.3，…

现在要举行一次锦标赛。双方抽签，分两个组比，获胜的两个队再争夺冠军。如图附录2 所示。

请你进行 10 万次模拟，计算出甲队夺冠的概率。

注意：

请仔细调试！您的程序只有能运行出正确结果的时候才有机会得分！

在评卷时使用的输入数据与试卷中给出的实例数据可能是不同的。

请把所有函数写在同一个文件中，调试好后，存入与【考生文件夹】下对应题号的"解答.txt"中即可。

相关的工程文件不要拷入。

源代码中不能使用诸如绘图、Win32API、中断调用、硬件操作或与操作系统相关的 API。

允许使用 STL 类库，但不能使用 MFC 或 ATL 等非 ANSI C++标准的类库。例如，不能使用 CString 类型（属于 MFC 类库）。

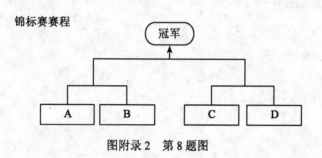

图附录2　第8题图

9. 取球游戏

今盒子里有 n 个小球，A、B 两人轮流从盒中取球，每个人都可以看到另一个人取了多少个，也可以看到盒中还剩下多少个，并且两人都很聪明，不会做出错误的判断。

我们约定：

每个人从盒子中取出的球的数目必须是：1，3，7 或者 8 个。

轮到某一方取球时不能弃权！

A 先取球，然后双方交替取球，直到取完。

被迫拿到最后一个球的一方为负方（输方）。

请编程确定出在双方都不判断失误的情况下，对于特定的初始球数，A 是否能赢？

程序运行时，从标准输入获得数据，其格式如下：

先是一个整数 n(n<100)，表示接下来有 n 个整数。然后是 n 个整数，每个占一行（整数<10000)，表示初始球数。

程序则输出 n 行，表示 A 的输赢情况（输为 0，赢为 1）。

例如，用户输入：

4

1

2

10

18

则程序应该输出：

0

1

1

0

注意：

请仔细调试，您的程序只有能运行出正确结果的时候才有机会得分。

在评卷时使用的输入数据与试卷中给出的实例数据可能是不同的。

请把所有函数写在同一个文件中，调试好后，存入与【考生文件夹】下对应题号的"解答.txt"中即可。

相关的工程文件不要拷入。

源代码中不能使用诸如绘图、Win32API、中断调用、硬件操作或与操作系统相关的 API。

允许使用 STL 类库，但不能使用 MFC 或 ATL 等非 ANSI C++标准的类库。例如，不能使用 CString 类型（属于 MFC 类库）。

参 考 文 献

[1] 谭浩强著.C 程序设计（第 3 版）.北京：清华大学出版社.2005

[2] 谭浩强著.C 程序设计题解与上机指导（第 2 版）.北京：清华大学出版社.2001

[3] 周察金著.C 语言程序设计（第 1 版）.北京：高等教育出版社.2000

[4] 杨路明著.C 语言程序设计（第 2 版）.北京：北京邮电大学出版社.2006

[5] 杨路明著.C 语言程序设计上机指导与习题选解（第 2 版）.北京：北京邮电大学出版社.2006

[6] 何兴恒著.C 程序设计实践指导书.武汉：中国地质大学出版社.2003

[7] 陈英著.C 语言程序设计习题集（第 1 版）.北京：人民邮电出版社.2000

[8] 张冬梅著.C 语言课程设计与学习指导（第 1 版）.北京：中国铁道出版社.2008

[9] 白羽著.C 语言实用教程序.北京：电子工业出版社.2010

[10]王先水著.C 语言程序设计实用教程.天津：天津大学出版社.2010

[11]丁亚涛著.C 语言程序设计上机实训与考试指导（第三版）.北京：中国水利水电出版社.2011

[12]黄维通著.C 语言设计教程（第 2 版）.北京：清华大学出版社.2011